KB089643

군대와 사회

군대와 사회

초판인쇄일 | 2014년 3월 31일
초판발행일 | 2014년 4월 19일

지은이 | 온만금
펴낸곳 | 도서출판 황금알
펴낸이 | 金永馥

주간 | 김영탁
편집실장 | 조경숙
인쇄제작 | 칼라박스
주 소 | 110-510 서울시 종로구 동숭동 201-14 청기와빌라2차 104호
물류센타(직송 · 반품) | 100-272 서울시 중구 필동2가 124-6 1F
전 화 | 02) 2275-9171
팩 스 | 02) 2275-9172
이메일 | tibet21@hanmail.net
홈페이지 | http://goldegg21.com
출판등록 | 2003년 03월 26일 (제300-2003-230호)

값 25,000원

ISBN 978-89-97318-67-4-93390

군대와 사회

온만금 지음

저자 서문

인류의 역사는 전쟁과 함께하였다고 할 만큼 전쟁은 오랜 역사를 거슬러 올라갈 수 있다. 원시시대에는 부족 간 투쟁이 빈번하였고, 고대시대가 도래하면서 전쟁은 일상화되고, 근대에는 과학기술의 발달과 새로운 무기체계의 등장으로 전쟁은 더욱 치열해졌다. 특히 서구 열강들이 세력 확장에 몰두하면서 국가 간 갈등이 심화하고 국가의 모든 자원을 동원하는 총력전이 전개되면서 전쟁은 대규모화하고 파괴적인 결과를 가져왔다. 2차대전 이후 냉전체제를 거쳐 탈근대 시대가 도래하면서 전쟁의 성격과 군대의 역할도 변화하고 있다.

이렇듯 인류의 역사와 함께 한 군대와 전쟁은 정치사회적 여건과 무기체계의 발달과 더불어 변해왔고 인간 사회와 상호 밀접한 관계를 맺고 있음에도 불구하고 이에 관한 연구는 부진하였다. 근래 들어 군대에 관한 연구는 학문의 자유가 보장되고 지적 분위기가 조성되어 있는 나라를 중심으로 활발해져 오늘날 주요 학문영역으로 정착하게 되었다. 그럼에도 불구하고 군대에 관한 연구는 군대의 규범적 역할이나 지위 또는 민군관계 영역 등에 집중되어 있어서 이 분야에 관심 있는 사람들이 접할 수 있는 연구가 그리 흔하지 않았다.

이 책은 과학기술과 정치사회적 여건 변화에 따라 변화, 발전하여 온 군대에 관한 분석을 시도하였다. 이를 위해 전쟁과 군대의 역사적 변화와 발전을 개괄적으로 살피고 군에 관한 다양한 관점을 정리하였다. 다음으로, 직업군인의 충원 및 경력이동 그리고 복지문제 등 군 관련 주제를 다루었고, 탈근대 이후 군대의 변화와 민주화, 정보화 시대의 민군관계, 기타 군대와 관련된 쟁점들을 다루었다. 그러나 여러 현실적 어려움과 제한으로 인해 몇몇 주제들을 만족스럽게 다루지 못했다는 점을 인정한다. 그럼에도 불구하고 이 책이 군대와 전쟁에 관심 있는 분들께 조금이나마 유용한 참고자료가 되었으면 한다.

이 책이 나오기까지 여러분들로부터 힘입은 바 크다. 우선 육사에서 오랜 근무한 경험과 동료 교수들의 도움이 컸다. 그리고 이 책을 출판하는데 수고해주신 김영탁 사장님을 비롯한 관계관 여러분께 진심으로 감사드린다.

2014. 2월 저자 씀

차 례

저자 서문 • 4

제1장 전쟁과 군대의 역사적 전개 • 11

1. 원시시대의 전투 • 13
2. 고대의 전쟁과 군대 유형 • 14
3. 중세의 전쟁과 군대 유형 • 20
4. 근대의 전쟁과 군대유형 • 28
5. 세계대전 • 41
6. 최근의 전쟁 • 42

제2장 고전적 군 전문직업주의 • 45

1. 현대 장교단의 성격 • 46
2. 전문직업의 특징: 전문성, 책임, 및 단체성 • 47
3. 전문직업으로서 장교단 • 50
4. 군 직업윤리와 보수적 현실주의 • 59

제3장 경험적 군 전문직업주의 • 71

1. 군대조직의 권위변화 • 73
2. 군대와 민간 엘리뜨 간 기술격차의 감소 • 79
3. 장교충원의 사회적 기반 확대 • 83
4. 경력관리의 중요성 증대 • 84
5. 정치적 교화(political indoctrination)의 경향 • 86

제4장 군대의 발전론적 관점 • 93

1. 헌팅턴과 자노비츠의 비교 • 93
2. 제도적 군대와 직업적 군대 • 95
3. 직업적 군대의 결과 • 104
4. 발전론적 관점에 대한 주요 쟁점과 이견 • 107

제5장 직업군인의 충원과 교육 • 113

1. 근대 군대의 장교단: 귀족 출신 아마추어 장교단 • 113
2. 19세기 프러시아 군대: 직업적 장교단 • 117
3. 현대 장교단의 충원과 교육 • 118

제6장 군대복지 • 135

1. 군대 복지의 의미와 범주 • 135
2. 장교단의 사회적 지위 • 140
3. 외국군의 복지제도 • 143
4. 한국군의 복지실태와 개선방향 • 149

제7장 장교단의 경력이동 • 159

1. 도입 • 159
2. 기존의 연구검토 • 160
3. 연구방법 • 163
4. 연구대상에 대한 기술적 분석 • 166
5. 성적의 주요변수 분석 • 168
6. 진급에 대한 사건사 분석 • 173

제8장 군대에 관한 사회적 쟁점과 변혁 • 185

1. 여성의 군대 참여 • 186
2. 양심적 병역거부와 대체 복무 • 197
3. 병영 내 동성애 문제 • 204

제9장 군대 문화의 제 측면 • 213

1. 군대 문화의 의미 • 214
2. 조직문화로서 군대문화의 요소와 특성 • 216
3. 군대문화의 지속과 변화 • 228

제10장 군 직업주의의 변화와 도전 • 241

1. 군 전문직업주의 유형 • 242
2. 군부의 정치개입 수준과 결과 • 253
3. 군 전문 직업주의에 대한 도전 • 258

제11장 민군관계의 이론과 유형 • 265

1. 민군관계의 차원 • 266
2. 문민통제의 제 이론 • 267
3. 민군관계의 유형 • 274
4. 문민우위 원칙과 불복종 의무 • 282

제12장 과학기술의 발전과 군대 • 287

1. 과학기술과 전쟁 양상의 변화 • 288
2. 군사 과학기술과 군대의 상호관계 • 295
3. 군사기술 혁신의 성공 및 실패 요인 • 303

제13장 탈근대 시대의 군대 변화 • 309

1. 새로운 위협의 등장 • 310
2. 다국적 평화유지활동 전망 • 316
3. 변화하는 사회 환경과 군 조직 • 322

제14장 과학화, 정보화 시대의 군대 • 331

1. 군사 패러다임의 변화 • 332
2. 군사혁신과 미래군대 건설 • 340

참고문헌 • 359

제1장
전쟁과 군대의 역사적 전개

전쟁과 군대의 시대적 유형

오늘날의 전문 직업군은 서구 사회의 역사적 산물이다. 따라서 현대 군대를 제대로 이해하기 위해서는 서구 사회에서 전쟁과 군대가 역사적으로 어떻게 변하였는가를 검토할 필요가 있다. 지금까지 전쟁의 역사를 편의상 동물들의 싸움을 포함한 원시 전쟁(primitive war), 고대 전쟁(ancient war), 중세 전쟁(medieval war), 근대 전쟁(modern war), 현대 전쟁(recent war)으로 구분하고 각 시대의 전형적인 전쟁 양상과 군대 유형을 검토하자 한다(Wright, 1980).

태초 인간들이 어떻게 싸웠는가는 동물들의 싸움 양상을 통해 유추할 수 있는데, 대부분 동물들은 자신의 신체 부위를 활용하여 싸운다. 원숭이와 같은 고등동물은 때로 돌을 던지기도 하고 더 진화된 원숭이들은 막대기를 이용하여 싸우기도 하지만 대부분 동물들은 타고난 자신의 신체 부위를 활용하여 싸운다. 이런 동물들은 공격과 방어에서 사용하는 부위가 각기 다르며, 자기 신체를 변화시킬 수는 없지만, 그것을 활용하는 기술을 경험을 통해 터득해간다. 같은 유형의 동물끼리 다툼의 경우, 치명적인 싸움은 그리 흔하지 않다. 그러나 암컷을 차지하려는 수컷끼리 싸움이나 자기 둥지를 침입한 경우, 그리고 무리의 우두머리를 차지하기 위한 싸움은 동종의 동물끼리도 매우 치열하다. 포식동물들은 먹이를 얻기 위하여 다른 동물을 공격하는데, 이 경우 먹이동물은 포식자들로부터 잽싸게 도망을 쳐서 자신을 보호하기도 한다. 이런 포식자와 먹이가 되는 동물들의 다툼은 싸움이라기보다는 동물을 잡기 위한 인간의 사냥행위와 비슷하다.

이렇듯 동물들의 싸움을 통해서 인간을 공격으로 이끄는 충동이나 공격과 방어에서 활용하는 전문적인 기술의 영향, 그리고 개인이나 집단의 생존에 관한 단서를 찾을 수 있다. 사자의 폭발적인 공격력이나 영양의 민첩성, 그리고 곤충의 협동적 행위 등은 인간의 군사적 도구나 전술과 매우 흡사하여 이러한 동물들의 관계, 싸움의 유형, 그리고 싸움의 도구에 관한 연구를 통해 학자들은 인간의 조직적인 전투행위에 관한 통찰력을 얻기도 한다.

역사적으로 전쟁과 군대의 성격이 어떤 요인이나 대내외적 여건에 따라 어떻게 변화, 발전하였는가를 살펴볼 필요가 있다. 군대 유형이나 전쟁 양상은 무엇보다 과학기술과 무기체계의 변화, 개별 국가의 대외정책의 성격, 그리고 국가 간의 관계를 규제하는 국제법이나 세계정부 존재여부 등 세 가지 요건에 따라 크게 달라졌다. 첫째로, 과학기술과 무기체계의 발전과 변화는 시대별 군대 유형이나 전쟁 양상을 크게 변화시켰다. 둘째, 개별 국가의 대외정책이 팽창적이고 공격적일수록 국가 간의 전쟁이 빈번해지고 군대 규모 역시 점차 커졌다. 셋째, 국가 간의 관계를 규정할 수 있는 국제법이나 국제기구의 존재 여부에 따라 전쟁의 빈도나 수준 그리고 군대 규모나 유형도 달라졌다.

원시사회에서는 자기 부족을 지키기 위해 구성원 모두가 돌이나 창 활로 무장하고 전투에 참여한 반면, 정치 공동체가 커지고 청동과 철을 이용하게 된 고대 시대에는 칼과 창 투창으로 무장하고 전투를 주 임무로 하는 전문적인 전투집단이 출현하였다. 일부 고대 국가에서는 남자 시민이 군에 입대하여 정규군(regular army)을 조직한 반면, 다른 국가에서는 시민 가운데 일정 기준에 따라 전시에 소집하여 군복무를 하는 민병대(militia)를 유지하거나 아니면 보수를 받고 대신 싸우는 용병을 활용하기도 하였다. 산업혁명 이후 과학기술이 발달하여 소총과 야포 및 전차와 항공기는 물론 정밀무기가 발달한 오늘날 군대의 장교는 기본적으로 전문 직업 군제에 기초하고 있고 병사들의 경우는 지원병제에 기초하여 충원되거나 아니면 모든 국민이 의무적으로 군대에 복무하는 국민개병제에 바탕을 두어 병력을 충원하고 있다.

1. 원시시대의 전투

지금으로부터 약 50만 년 전부터 원시인들은 언어를 사용하여 의사를 교환하기 시작하였고, 집단 간의 투쟁이 시작되었다. 문명과 접촉 이전의 원시인들은 혈연관계에 기초하여 친족이나 마을 그리고 부족을 형성하였고, 이들은 사냥이나 전투에서 상대방을 공격하기 위해 돌이나 장대 그리고 창과 활 등의 도구를 사용하고, 방호를 위해서는 동물의 가죽과 방패를 활용하였다. 일부 예외가 있었지만, 대부분 원시인에게 전투라는 관행이 있었는데, 그런 사실은 동굴 속에 남아있는 원시인들의 벽화에 그려진 전투행위로 확인할 수 있다. 원시인의 전투에는 각 부족의 남자들이 참가하였고 그들의 적대적인 전투행위는 기습적이고 단기간의 공격으로 이루어졌다. 그들에게 전투란 다른 부족의 주술적 저주나 부녀자 납치행위로 인해 훼손된 부족의 명예를 회복하기 위한 제도화된 사회적 관행이었다. 초기에는 전쟁의 목적이 경제적 이득이나 정치적 정복이 아니었으나 목축 및 농경시대가 도래한 뒤 경제적 이득이나 정치적 정복이 점차 전쟁의 가장 중요한 목적이 되었다.

전쟁의 목적이 무엇이었든 간에 전쟁은 각 부족의 결속을 강화하기 위해 중요하였고 각 부족에는 전쟁의 관행과 제도가 있었다. 전쟁은 친밀한 내집단과 적대적인 외집단을 구별함으로써 부족의 사회적 결속력을 강화하는데 크게 이바지하였다. 단일 혈족이 궁극적인 내집단이지만 점차 다른 혈족과의 평화로운 관계가 형성, 유지되면서 집단의 규모가 커져서 부족으로 발전하였다. 이후 원시인들이 한 곳에 정착하여 농업과 목축업을 발전시키면서 여러 부족이 하나의 왕국으로 통합하여 내집단의 규모가 커지고 전사들이 전문화되고 무기와 전술이 발전함에 따라 전쟁의 피해가 더욱 커졌다.

2. 고대의 전쟁과 군대 유형

고대의 전쟁

고대는 시대적으로 문명이 발생하고 번창하여 고대 국가가 형성, 발전을 시작한 이후 서로마 제국이 멸망한 5세기 말(AD 476년)까지라고 분류할 수 있다. 이때에 문자가 발명되고 목축과 농업이 체계적으로 발전되고 일정한 영토를 통치하는 위계적인 정치 공동체가 출현하였다. 정치 공동체 내부적으로 경제적, 정치적 계급이 형성되었고 상업 중심지가 발달하면서 인구가 증가하였는데, 국가 간에는 약탈이나 영토 확장 혹은 무역과 종교나 이념의 확산을 위한 전쟁이 빈번하게 일어났다. 전쟁에서는 말이나 전차를 활용하여 기동력을 향상시켰고, 군대 훈련수준이 강화되었으며 도시는 적의 침입에 대비하여 견고하게 요새화되었다(두산 동아, 1996). 전쟁에 대비하고 전쟁을 수행하는 것이 국가의 주요 업무가 되면서 바빌론이나 그리스 로마와 같이 고대 국가들은 점차 병영국가의 성격을 보였다.

고대 문명은 여러 도시 국가에서 발전하였는데 각 도시 국가는 그들의 종교와 정치조직, 경제적 필요성과 각각의 목표를 명확히 인식하는 지도자가 있었다. 각 도시 국가는 주변 국가의 압력에 대항하여 각국의 이익을 확보하고 국력과 자원을 증대시키기 위하여 싸웠다. 대체로 고대 국가들은 자신의 영토를 넓히고 타국의 국민들을 노예로 활용하기 위하여 전쟁을 일으키곤 하였는데 그 과정에서 소규모 국가들은 거대 국가에 합병되고 행정은 더욱 효율화되고, 기습전술이 대규모 부대전술로 교체되면서 영웅의 시대는 갈등과 동란의 시대로 바뀌어갔다. 이 시기에 국가 간에 전쟁이 빈번해지고 일상화됨에 따라 전투를 전담하는 무사집단이 출현하였고 전쟁을 통해 얻은 이익은 지위와 부 그리고 명예를 유지하거나 강화시키려는 지배집단과 지배자에게 돌아갔다. 고대문명이 발전하면서 칼이나 창, 그리고 투창과 투석기 등의 새로운 무기와 밀집대형과 기병과 전차를 활용한 기동전의 전술의 개발로 인해 전쟁의 효율과 파괴력이 크게 증대되었다. 이런 변화과정에서 초창기 문명의 통합에 기여하였던 전쟁은 그 후 기존 문명을 파괴하는 주범이 되었다.

고대 문명사에서 일어난 대규모 전쟁은 다른 나라에 대한 정복으로부터 시작되었다. 서기전 4세기에 알렉산더 대왕[1)]은 창병들을 네모꼴로 배치, 형성한 밀집대형인 방진(phalanx)과 공성용 무기를 활용하여 인도로부터 이집트까지, 그리고 이란으로부터 그리스까지 포함하는 대제국을 건설하였다. 로마제국은 잘 훈련된 대규모의 보병과 기병을 활용하여 그리스,

1) 필립포스 2세의 아들로(BC 356-BC 323) 13년 재임기간 동안 페르시아 제국을 무너뜨리고 마케도니아 군사력을 인도까지 진출시켜 그리스 페르시아 인도에 이르는 대제국을 건설한 마케도니아의 왕.

중동, 북부 아프리카, 스페인 등지에서 3세기에 걸친 전쟁을 통해 대제국을 건설하였다. 로마제국의 건설에는 더욱 많은 식량을 얻으려는 경제적 이유가 크게 작용하였고, 마케도니아 제국의 알렉산더는 영토를 확장하여 제국의 평화와 안전 그리고 영광을 얻으려는 정치적 동기가 크게 작용하였다.

고대 국가는 넓게는 기원전 세계 4대 문명의 발상 이래 로마 제국이 붕괴할 때까지 국가를 이루고 있었는데 기록상에 나타난 대표적인 고대 국가로는 그리스와 로마였다. 서양에서 고대 국가는 노예제도를 바탕으로 성립되고 번창한 국가였는데 특히 그리스와 로마의 경우 대규모 노예노동이 사회의 기본적 생산양식의 원천으로 고대 국가는 노예소유 국가라고 말할 수 있다. 따라서 이 두 국가의 군대를 중심으로 고대 국가의 군대와 사회와의 관계, 무장병기, 전술 등을 살펴보고자 한다.

스파르타 정규군

기원전 수세기 고대 그리스의 아테네를 포함한 여러 도시 국가에서는 일정한 재산을 보유하고 자기 비용으로 갑옷 창 칼 등을 무장할 수 있는 시민만이 군대에 갈 수 있는 민병대(militia)를 유지하고 있었다. 이런 국가에서 군대에 간다는 것은 시민이 되기 위한 필수 조건임과 동시에 시민으로서 갖는 특권과 같은 것이었다. 그러나 같은 그리스 도시국가이지만 스파르타의 경우는 인근 지역의 영토를 정복하여 그들의 세력을 넓혀가기 위해 모든 스파르타 남자들을 의무적으로 군대에 복무시키는 정규군을 유지하며 병영국가(garrison state) 형태를 유지하였다.

스파르타는 본래 도리아인들이 토착 원주민을 정복하고 세운 도시국가인데, 토착 원주민을 국유 노예로 삼아 농사를 짓게 하여 공물을 징수하고, 반자유민들은 상공업에 종사하도록 하여 공납을 받았다. 전체 주민의 10% 미만이었던 스파르타인은 반항적인 다수의 피지배층을 통제하기 위해서 모든 시민에게 이른바 '스파르타식 교육'이라는 엄격한 군사 훈련을 시켰다. 그들은 전체 국민으로부터 차출한 중무장의 보병 엘리트 집단을 중심으로 갑옷과 방패 그리고 칼 창 등으로 무장한 정규군을 조직하였으며 여기에 선발 안 된 남자들은 궁수나 투석수와 같은 경무장한 보병으로 차출되어 전투에 참여하였다. 군인들은 군 복무에 대한 보상으로 국가가 할당해 준 토지를 받았는데 몇 명의 농노가족으로 하여금 이 토지를 경작시켜 가족을 부양하면서 검소하게 살았다. 스파르타에서 시민은 남자건 여자건 혹독한 유아교육을 했는데 이런 훈련을 성공적으로 받은 자에 한해 국적이 주어지고, 수적으로 많고 훌륭한 투사를 양육하기 위하여 어린이들의 양육과정도 법제화하였다.

스파르타 어린이들은 7세까지 자기 집에서 어머니가 양육하였고 그 이후에는 모든 아이는 13년간 엄격한 교육을 거쳐 21세부터 60세까지 의무적으로 하는 군 복무에 필요한 자질을 배양하였다. 교육 내용은 주로 도덕적 및 육체적 자질을 기르는 것으로 모든 운동경기는 전문 직업교육에 방해된다고 판단하여 금지하였다(하키트, 1982: 13). 그 결과, 스파르타는 인근 국가에서 가장 두려워하는 우수한 중보병을 양성하여 스파르타 군대는 다른 도시국가의 민병대와 싸우면 매번 승리하였는데, 그것은 스파르타가 전쟁에 대비하여 어릴 때부터 젊은이들을 대상으로 철저히 행한 전문 직업교육의 결과였다.

시민이 되기 위해 필수 요건인 군 복무로 인해 병영국가 스파르타는 혁혁한 군사적 업적을 남겼지만 엄격한 훈련과 오랜 군대 복무로 인해 정치적, 경제적, 사회적 손실은 매우 컸다. 학문과 예술은 쇠퇴하였으며 남자들이 전장에 나가 싸우고 여자들만 거주하는 도시에는 출생률이 급감하여 인구부족 문제가 심각하였다. 이렇듯 전쟁이 발발하면 모든 남자가 차출되어 전장에 나가 싸워야 하는데 그것은 일반 시민들의 전반적 삶에 비극적 장애요소로 작용하였다.

장군들은 시민의회에서 선출되어 군사령관으로 임명되었다. 이 의회에서 어떤 전쟁의 사령관이 군 최고사령관으로 선출되지 않으면 장군들은 각자의 임무를 분담하였다. 군대 장군들은 아테네에 머무는 동안 각자가 하루씩 번갈아 그들의 위원회를 맡아 사회를 보았다. 만약 두 명 이상의 장군이 같은 전쟁터에 있을 경우 하루씩 번갈아 가며 사령관의 직책을 수행하였다. 오늘날 대령에 해당되는 장교가 시민회의에서 군 최고사령관으로 선출되는데 그는 대위급 장교의 도움을 받아 보병부대를 지휘하였다(하키트, 1982: 63). 이런 장교 선출방식은 로마 공화국 초기와 로마제국 세대까지 계속되었으며 이와 유사한 제도는 미국과 프랑스 및 러시아 혁명 당시까지 시도되었지만 그렇게 오래 가지는 않았다.

로마제국의 시민군

로마 제국의 군사제도는 스파르타의 정규군과 달리 로마 시민 가운데서 선발하여 군 복무를 시키는 민병대(militia) 혹은 시민군을 유지하였다. 군인 자신의 비용으로 구매하여 무장하는 철모, 갑옷, 철제 방패, 창과 칼과 같은 무기류는 상당히 고가품으로서 상당한 재산이 없으면 군인이 되기 어려웠다. 계층에 따라 군인들이 스스로 무기와 장비를 구입하여 각기 다른 유형의 군대에 소속되어 복무하였다. 가장 부유한 시민계층은 기병으로 선발되었고, 그 다음 계층은 중보병으로, 그 다음 신분이 낮은 4계층은 경보병으로 각각 선발되었다. 재산 기준에 의해 편성된 로마 보병은 다섯 종류로 구분되는데, 제1종 보병은 가장 정교하게 만든 갑옷을 입고 있었으나 제5종 보병은 아무것도 입지 않고 칼이나 창 등의 무기류만 보유하였다. 사회적 신분이 가장 낮은 계층이나 가난한 계층은 군대 복무를 하지 않는 경우도 많았다(하키트, 1982: 18). 군대는 자유민이나 노예는 복무할 수 없고 로마 시민만이 군에 들어갈 수 있어서 군 복무는 의무라기보다는 특권이었고 로마인에게 무기 휴대를 금지하는 것은 최고로 엄한 처벌이었다.

로마의 시민군은 복무기간 동안 전쟁에 참가하고 있었기 때문에 언제나 다수의 고참병을 보유하고 있었다. 로마인들은 청년 초기부터 직업적인 훈련을 받는데, 만 17세가 되는 생일에 군에 입대하여 45세까지 복무하였고 그 이후에는 지원하여 군 복무를 연장할 수 있었다. 로마에는 그리스 방진의 영향을 받아 독자적으로 창안된 로마 특유의 전술로 로마 군단(Roman Legion)이 있었는데 이것은 그리스 방진과 더불어 고대의 중요한 전술이었다.

로마 군단의 주력은 중보병으로서 하스타티(Hastati), 프린시페(Principes) 및 트리아리(Triarii)의 세 종류로 구성되어 있다. 25세에서 30세까지로 구성된 하스타티는 제1전열, 30세에서 40세로 구성된 프린시페는 제2전열, 40세에서 45세까지의 트리아리는 참전 경험이 많은 병사들로 제3전열을 형성하고 있었으며 여기에 부가하여 17세부터 24세로 구성된 경보병이 최전열에서 정찰 임무를 담당하였다(육사, 2004: 53). 로마군대의 특색 있는 무기는 로마검과 중창이 있다. 로마검은 양쪽에 날이 있어서 적의 팔이나 다리를 신속히 절단할 수 있었는데, 이 로마검으로 100만 명의 적군을 살해하여 역사상 가장 많은 군인들을 살해한 무기로 알려져 있으며 중창은 근거리에서 던지면 아무리 튼튼한 갑옷도 뚫었다. 이러한 편성 및 장비 외에도 로마 군단은 기동력과 강한 훈련, 엄정한 군기 그리고 변함없는 단결력이 그 특징이었다.

시민만으로 편성된 로마 군대의 군인들은 국가를 방위하는 직업이라는 점에 대단한 자부심을 가지고 있었다. 그러나 제정 로마시대 이후 로마 군대의 대부분 군인들이 영토 변경에 사는 이민족들로부터 징집되면서 군대에 대한 자부심이나 애국심은 찾기가 어려웠다. 로마 군단이 쇠퇴하기 시작한 것은 아드리아노플 전투(제2의 칸나전투라고도 불림)에서부터였다. 900여년에 걸쳐 보병은 그리스와 마케도니아 그리고 로마 군단의 전사로서 전장의 주역을 담당하였으나 아드리아노플 전투에서 부족 기병이 로마 군단의 보병을 제압함으로써 보병의 시대가 지나고 새로운 중세 기병의 시대가 막을 올렸다.

로마 군대의 기강은 가혹할 정도였다. 그들은 군대의 규율을 강화할 목적으로 규정대로 칼을 차지 않고 야전에서 축성 작업을 할 경우에 처형되기도 하였다. 그들의 급료는 보잘것없는 수준이었지만 약탈의 욕망에 사로잡혀 복무자세가 흐트러지는 경우는 드물었고 전리품은 균등하게 분배되었다. 로마 군단의 장교들에게 결혼이 허락되었고 병사들에게는 허용되지 않았으나 실제로는 병사들도 결혼한 부인과 함께 살았고 아이들도 법적 인정을 받았다. 초기 제국 시대와 후기 공화국 시대 로마 사람들은 군대를 중요하게 여겼다. 교육을 받거나 사회적 지위가 높은 남자들은 군대 장교, 특히 군단 사령관으로 임명되었고 이런 지위는 유능하고 야망에 찬 많은 남자의 출세의 첩경이었다. 로마 사람들은 그들의 개인적 성격, 사회구조 및 정치조직을 군대 조직과 정교하게 일치시켜 나갔다(하키트, 1982: 24).

3. 중세의 전쟁과 군대 유형

유럽에서 게르만 민족의 이동과 함께 서로마 제국이 멸망한 서기 476년부터 동로마 제국이 오스만 터어키에 의해 멸망한 1453년까지 중세로 분류된다. 흔히 중세 1천 년의 시기를 암흑시대 또는 야만시대로 지칭하는데, 그것은 르네상스기의 인문주의자들이 중세 사회를 기독교의 영향력이 너무 광범위하여 모든 현상을 신의 의지나 섭리로 설명하고 이해하려는 암흑기라고 비난한 데에서 비롯되었다. 중세의 봉건사회는 강력한 중앙정부가 없는 상황에서 주군과 봉신 사이에 봉토를 매개로 계약에 의한 쌍무적 주종관계가 형성되었으며, 다른 한편으로 봉건제는 토지 소유자인 영주와 토지가 없는 농노 사이의 지배와 예속의 관계로 맺어진 장원제를 특징으로 하고 있다.

중세는 학문적 차원뿐만 아니라 군사적 차원에서 전략과 전술이나 무기체계 면에서도 발전이 정체된 암흑기라고 할 수 있다. 중세 기사들이 활용한 무기류는 칼, 창, 검 등이고 보병은 활을 사용하여 고대와 크게 차이 나지 않았다. 중세 후기로 갈수록 화약의 발명으로 소총, 포 등이 전쟁에 활용되면서 활을 대신하여 소총으로 무장한 용병의 비율이 증가하였다. 중세의 대표적인 전쟁으로는 십자군 전쟁과 영국과 프랑스 간의 100년 전쟁, 모하메드와 그의 후계자들이 이슬람 제국을 건설하면서 일으킨 전쟁 그리고 몽골의 유럽 침공 등을 들 수 있다.

몽골군은 전법의 암흑기라는 중세에 전격전을 구사함으로써 전 유럽을 진동시키고 아시아 강대국을 차례로 멸망시켰는데, 이런 성공의 배경에는 개병제를 근간으로 기동력이 우수한 기병 위주의 군대편성과 조직과 훈련이 강한 군대가 있었기 때문이다(육사, 2004: 67). 중세의 군대는 기사와 용병이 함께 활용되었는데, 그 이유는 십자군 전쟁이나 백년전쟁과 같이 장거리 원정작전이 빈번해지면서 기사로 군대를 충당하기가 점차 어려워지자 보수를 주는 대신 전쟁에 참가하는 용병을 활용하였다.

십자군 전쟁(1096-1270)은 예루살렘 성지를 이슬람교의 영향권으로부터 기독교의 세력권하에 두기 위해 유럽 제국이 벌인 원정전쟁이었다. 중세 유럽 사람들은 수세기 동안 예루살렘 성지에 대한 종교적 순례를 하는 습관이 있었는데, 셀주크와 터키인 세력이 예루살렘 지역에서 증가함에 따라 성지 순례가 어려워지자. 유럽의 기독교도들을 중심으로 예루살렘 지역에서 점증하는 이슬람 세력을 축출하고 성지 순례를 자유롭게 하기위해 여러 차례 이 지역에 십자군을 보낸 전쟁이었다. 십자군 전쟁은 174년 동안 공식적으로 총 4차례에 걸쳐 중동과 스페인에서 이슬람권과 비잔틴 왕국에 대해 벌인 종교전쟁이었다. 십자군은 팔레스타인에 단기간 생존한 왕국을 수립하였고 기독교권의 내부적 유대를 강화하기도 하였으나 십자군 전쟁을 계기로 유럽에서 교권이 급격히 쇠퇴하였다.

1300년을 전후로 한 중세 전성기에 기사들의 싸움은 1대1 백병전으로서 중세 봉건시대에는 집단적인 전쟁기술을 거의 찾아볼 수 없었다. 십자군 시대는 기병이 전장을 지배하던 시기로서 모든 전투는 주로 중기병과 경기병의 싸움이었다. 프랑스나 영국 기사가 소속된 부대에는 보병들도 있었으나 이들은 기병처럼 잘 무장되지 않았다. 그들은 정상적인 사회생활을 하며 군 복무에 임하는 자들로 무장도 허술하고 효율적이지도 않았다.

13세기 후반부터 중세의 전쟁 양상이 변화하였다. 일련의 결혼정책으로 프랑스에 많은 봉토를 소유하게 된 영국 왕 에드워드는 프랑스 전역에 대한 소유권을 주장하며 프랑스를 침공하였다. 이를 계기로 1339년부터 1453년까지 영국과 프랑스 간 간헐적으로 일어난 전쟁이 백년전쟁이었고, 그 결과 양국, 특히 프랑스의 국민의식을 강화하는데 이바지하였다. 당시 영국의 주 무기는 장궁으로 궁수는 오랜 기간 훈련을 쌓아 장궁의 정확성과 파괴력으로 전투에서 큰 효과를 발휘하였다. 영국군은 파리로 진격을 시도하였으나 파리 방비가 매우 견고하였기 때문에 해안으로 후퇴하여 프랑스의 내습을 기다리고 있었다. 프랑스군은 당시 봉건영주의 기병을 주축으로 제노바의 석궁 용병을 포함하여 영국군의 세배에 달하는 수적 우세를 점하고 있었다. 그러나 수적으로 열세인 영국의 궁수와 보병의 조화로 프랑스 기병이 패퇴하자 천 년 동안 전장을 지배해온 기사의 시대가 종말을 고하고 다시 보병이 전장의 주역으로 등장하게 되었다. 이 전투에서 훈련이 잘된 보병은 기동력이 없는 장갑 기병을 화력으로 제압할 수 있었고 위력적이지는 않았지만 대포와 화약이 최초로 사용됨으로써 장차 화약을 활용한 총포가 전쟁 양상을 크게 바꿀 것이라는 사실을 예고하였다.

기사와 용병

봉건제도는 중세 유럽사회를 특징짓는 가장 중요한 제도이다. 중세 봉건제도는 소지주들을 제압할만한 강력한 중앙권력이 없고 수적으로 열세한 정복자들이 피정복민을 예속시키기 위해 나온 제도였다. 중세 봉건시대 핵심적인 군대는 중무장한 기병과 용병이었다. 봉건시대 군 복무는 매우 한정되어 있는데, 군 복무 중인 군인들의 충성 대상은 국가가 아니라 특정 개인인 봉건영주였다. 군 복무의 대가로 받은 보상은(흔히 토지의 임차가 가장 흔한 형태) 요구되는 군 복무의 성격에 따라 달랐다. 기사들은 보통 일 년에 40일 동안 군역의무를 수행하는 대신 영주로부터 봉토를 받았는데 이런 군역에 지급하는 대가는 막대하였다. 12세기 영국이나 프랑스의 기사가 사용한 무기나 말을 포함한 장비를 유지하는데 드는 비용은 꽤 큰 시골 지역의 몇 년 동안 전체 소득에 해당하였다.

중세 영주가 운용했던 병력 규모는 지주로서 그 지위에 따라 달랐다. 한 영주가 동원 가능한 병력은 봉건제도 관습에 의해 허용되던 병력 규모보다 가끔 더 많았다. 봉건시대 기사가 군대를 직업으로 택한 이유는 그 가족이 토지를 보유하고 경제적 사회적 지위를 유지하거나 향상하는데 필요한 재산을 얻기 위해서였다. 당시 귀족들이 많은 부와 사회적 지위를 획득하는 방법은 성직자가 되는 것과 군 복무인데, 이 가운데 군 복무가 더욱 많은 부와 지위를 보장해 주었다. 특히 전쟁에서 혁혁한 공을 세울 경우 기사는 엄청난 부와 지위를 기대할 수 있으며, 전쟁에서 승리할 경우 약탈품은 물론 포로를 얻을 수 있었다. 기사는 군 복무의 대가로 토지를 소유하게 되고 기사의 아들은 아버지의 영향으로 자연히 무기류를 다루고 사냥을 하며 전쟁과 관계있는 격렬한 운동을 하며 성장해갔다.

기사들의 주요 무기는 말, 창, 중검 외에 단도와 단검과 같은 자상용 무기와 곤봉이나 미늘창 같은 구타용 무기류였고 가죽과 금속으로 만든 방호용 갑옷을 입고 있었다(하키트, 1982: 30). 1300년을 전후로 한 중세 전성기에 기사들의 싸움은 1대1 백병전으로 중세 봉건시대에는 집단적 전쟁기술을 찾아볼 수 없었다. 십자군 시대는 기병이 전장을 지배하던 시기로서 모든 전투는 주로 중기병과 경기병의 싸움이었다. 프랑스나 영국 기사가 소속된 부대에는 보병들도 있었으나 이들은 기병처럼 잘 무장되어 있지 않았다. 이들은 정상적인 사회생활을 하다가 군 복무에 임하는 자들로 무장도 허술하였고 효율적이지도 않았다. 기사제도가 발전하면서 특히 십자군 원정 때 이상적인 기사상이 널리 퍼졌다.

기사도란 기사가 갖추어야 할 규범이나 바람직한 행동양식을 지칭하는 것으로 용맹, 성실, 명예, 예의, 경건, 약자보호 등의 덕목들이다. 기사의 존립조건이기도 한 용맹성과 성실성은 초기 기사도의 핵심을 이룬 덕목이었고 그 후 십자군 시대 기독교도 윤리를 받아들여 경건 겸양 약자보호라는 덕목이 첨가되었다(브리태니커 동아, 1993: 109). 이렇듯 유럽의 기사들은 질서와 문화의 전통도 있었지만 감옥수를 대량 살상하고 적들을 공개적으로 고문하고 사리사욕에 더 몰두하기도 하였다. 아래 내용은 프랑스 내의 영국령을 회복하기 위하여 영국이 일으킨 100년 전쟁[2] 기간 중 가스꼬니 지역(Province of Gascony)에 대한 원정길에 벌인 1346년 크레시 전투(Campaign of Crecy)[3]전투에서 영국 기사들의 만행을 기록한 내용이다.

---

2) 프랑스 영내에 있는 영국 영토를 회복한다는 명분과 함께 영국이 프랑스를 전역으로 일으킨 전쟁으로 1337년부터 1453년까지 113년 동안 간헐적으로 계속된 전쟁.

3) 백년전쟁 초기 1346년 영국의 에드워드 3세 휘하의 군대와 프랑스 군대 사이에서 일어난 전투로 영국은 당시 병력규모가 영국군의 세배가 넘고 세계에서 막강하다는 프랑스 기병대를 물리치고 압승을 거두었음.

> 영국함대는 해안선을 따라 항해하였으며, 항해도중 큰 배든 작은 배든 닥치는 대로 모두 약탈했다. 궁수들도 바다가 보일 수 있게 거리를 유지하며 전진하였고 이들도 닥치는 대로 탈취하고 노략질을 했다. 주민들의 항복에도 불구하고 무자비하게 도시의 금, 은, 보화들을 털어갔다. …… 영국인들은 이런 식으로 노르만디의 땅을 짓밟고 방화하고 약탈했으며 마침내 프랑스 왕이 이런 소식을 듣고 전국에서 전투 가능한 병력을 총동원하여 프랑스 100년 역사상 가장 큰 부대를 편성하였다.

중세 봉건기사들의 문제점은 승리의 원칙을 추구하는 탐구열이 없어서 오래전부터 군사력에 충격력을 배가하였던 기동의 중요성을 무시하고 돌격과 중량에만 의존하였다는 점이다. 중세 기사들은 자기 무기뿐만 아니라 자신을 방호하는 호신장구의 무게를 계속 증가시켜 갔다. 그 결과 기동성을 상실하고 전략이나 전술이 부재함으로써 중세는 군사적으로도 암흑시대였다. 기사들로 이루어진 기병대가 보병과 궁수부대에 참패를 당하는 일이 발생하였고 대포의 발달과 중앙집권제를 통한 왕권 강화 등으로 14-15세기 전통적인 기사제도가 무너졌다. 기사제도는 16세기 이후 군사적인 의미를 잃고 단지 국왕이 원할 때 수여하는 명예직위로 전락하였다(브리태니커 동아, 1993: 109).

원래 용병은 자국민의 보호를 위해서나 부족한 병력을 보충하기 위하여 고대 그리스는 물론 로마 제국과 중국의 송나라에서도 활용하였고, 중세 십자군 전쟁 이후부터 널리 보편화하여 근대 절대군주제까지 활용되었다. 중세 이후 용병이 보편화한 이유는 11세기 말부터 13세기 중반에 걸쳐 유럽 사회의 봉건제와 기사제도의 관계가 변하기 시작했기 때문이었다. 봉건영주들은 기사들에게 봉토를 주는 대신, 기사는 봉건 영주의 영토를 지키고 일정 기간 군 복무를 해야 했다. 그러나 십자군 전쟁을 비롯하여 백년전쟁과 같은 장기간 원정작전이 잦아짐에 따라 원정작전에 적절하지 않은 토지 소유자에게 기사가 되라고 강요하는 경우가 많아졌다. 그리하여 장기간의 원정작전을 위해 기사 대신 돈을 주고 고용한 용병들이 늘어남에 따라 과거 군 병력의 주류를 이루었던 기사들은 소수가 되고 그 자리를 용병이 차지하게 되었다. 12-13세기 화폐경제가 발달함에 따라 금전을 매개로 한 영주와 용병 간의 계약제도가 성행하였고 하급 귀족의 기사들을 중심으로 직업적인 용병이 생겨났다. 특히 14세기 이탈리아 도시국가들은 그들의 필요에 상응하는 군대조직을 모색하였는데, 그것이 고용된 직업군을 운용하는 용병제도였다.

용병은 전투를 직업으로 한다는 점에서 직업군인이지만 오늘날의 전문 직업군과는 근본적으로 달랐다. 그들은 돈을 벌기 위해 고용되어 고용주 대신 싸우는 말하자면 전쟁상인이었다. 이러한 용병은 용병대장(condottiere)에 의해 체결된 계약으로 동원되었다. 도시국가에 고용되어 용병대장은 도시국가가 그의 급료를 지급하였다. 용병대장은 대원들을 무장시키고 훈련하는 책임과 전장에서 용병들을 지휘하는 책임도 지고 있다. 이후 15세기부터 17세기 유럽의 대다수 국가가 병력 대부분을 용병으로 충원하였다. 금전 때문에 고용되어 싸우는 용병으로부터 충성심이나 우수한 자질을 기대하기는 어려웠다. 어떤 경우는 자기를 고용한 영주를 배반하고 민간인의 재물을 약탈하는 경우도 있었다. 이렇듯 고용주를 배신하는 행위는 대부분 고용주가 돈을 주지 않거나 줄 능력이 없는 데서 비롯되었다. 더욱이 용병이라는 성격상 급료나 기타 계약조건에 따라 수시로 소속을 바꾸고, 외국인으로 구성된 이들이 자국 군인들과 공동생활을 하거나 협동작전을 하는데 어려움이 뒤따랐다. 용병을 고용하여 정치적 안정을 추구하려 했던 국가들은 득보다 실이 큰 경우가 많았다. 그리하여 마키아벨리(Machiavelli)[4]는 "그들(용병)은 분열되어 있고, 야욕으로 가득 차 있으며, 군기도 문란하고, 신념도 없고, 친구사이엔 무례했으며, 전쟁터에선 비겁했고, 하나님을 두려워하지 않았고, 인간에 대한 신념도 없었다." (Earle, 1944: 12)고 용병제도를 신랄하게 비판하였다.

더욱이 병사들은 용병대장의 입장에서는 동적인 자산이었기 때문에 이런 자산을 소실하기를 원치 않았다. 그들은 평시에도 도망갔고 전시에는 더 말할 나위도 없었다. 용병들의 전투는 지극히 의례적이고 형식적이어서 그 결과 이탈리아에서 일어난 전쟁은 대부분 무혈전쟁이었다. 마키아벨리는 군사와 정치가 밀접히 연관되어 있어서 도시국가 간의 경쟁적 발전은 결국 강력한 군사력을 바탕으로 치열한 군사적 투쟁으로 나갈 수밖에 없다는 사실을 알고 있었기 때문에 이 같은 용병을 비판하였다.

중세의 전투 양상은 영국과 프랑스 간 백년전쟁(1339-1453), 특히 크레시(Crecy) 전투를 계기로 크게 변화하였다. 당시 영국군은 주로 기병과 궁수들로 편성되었고 궁수들의 주 무기는 장궁이었는데 이것은 오랫동안 훈련을 쌓아야 제대로 실력을 발휘할 수 있었다. 노련한 영국 궁수들은 정확하고 집중적인 공격으로 프랑스 기병을 패배시켰다. 또한, 크레시 전투에서 최초로 화약을 사용하였는데 1418년 루헨 포위 전에서 포병을 운용한 이래 프랑스 화포가 영국의 전술을 능가할 정도로 발전하였다. 십자군 원정 이후 무역의 증가와 화폐경제 그리고 백년전쟁의 영향과 함께 기사의 시대로부터 용병의 시대로, 그리고 기병의 시대로부터 보병의 시대로 전환되면서 기사들은 상비군의 장교가 되었다.

중세의 봉건제도와 교회가 몰락하면서 13세기 후반부터 엄청난 변화가 일기 시작하였다. 정치적으로 십자군 원정 이후 교회의 권위가 떨어지고 봉건영주의 세력이 약화되는 대신 세속군주의 지위가 강화되면서 중앙집

---

4) Niccolô Machiavelli(1469-1527)는 이태리의 피렌체 출신 정치가이자 문필가로 군주론을 저술하였음.

권적 절대 국가가 출현하게 되었다. 특히 30년 전쟁[5]을 계기로 절대 군주제가 확립되면서 용병 가운데 일부가 국왕 직속의 상비군으로 전환되면서 상비군의 효시를 이루었다. 특히 프랑스 혁명 이후 도입된 국민개병제에 의해 국민군이 보편화되자 유럽에서 용병은 차츰 그 모습을 감추었다.

4. 근대의 전쟁과 군대유형

인류의 근대사는 전쟁에서 화력이 본격적으로 사용되고 발달한 인쇄술이 국가홍보에 적극적으로 활용되고, 다른 한편으로, 중세적 우주관과 세계관이 붕괴하는 15세기 중엽 이후의 시기를 대상으로 한다. 근대 이후의 기술전쟁 시대를 세분하면 여명기(1450-1520), 종교전쟁 시대(1520-1648), 전제주의 시대(1648-1789), 산업 및 국가주의 시대(1789-1914), 세계대전 시대(1914-1945)와 최근세로 구분할 수 있다(두산 동아, 1996). 초창기 근대사회는 새로 발견된 영토를 개척, 활용하고 발견된 문명권과 항구적인 교류가 이루어지면서 더욱 발전하였다. 르네상스로 인해 더욱 발달된 인본주의 개념이 확산하고, 마키아벨리나 보당 그리고 홉스와 같은 정치 사상가들이 정치권력의 기반으로서 군사력을 강조하면서 절대 주권국가의 개념이 확산하였다.

종교개혁 이후 1618년부터 1648년까지 지속한 30년 전쟁은 신교와 구교도 간의 종교적 갈등으로 시작되어 유럽 각국의 세력다툼으로 확산하였다. 프랑스와 독일 및 스웨덴의 3개국이 연합하여 신성 로마제국에 대항하였는데 30년 전쟁을 계기로 민족국가의 성장은 물론 분쟁의 국제

5) 독일내 기독교도와 카도릭교도간 1618년부터 1648년까지 30년간 계속된 종교전쟁으로 전쟁 후반기로 갈수록 스웨던, 덴마크, 프랑스, 스페인 등 외국이 참여하여 국제전화한 전쟁

화에 이바지하였으며 이 전쟁은 교회에 대한 세속국가의 지배를 인정한 1648년 웨스트팔리아 평화조약[6]으로 끝났다.

30년 전쟁에서 스웨덴의 구스타프 아돌프스(Gustavus Adolphus)[7]는 18년간 6차례의 전역을 통해 많은 군사적 업적을 남겼다. 그는 전쟁 중 얻은 교훈을 바탕으로 군대의 편제와 훈련 및 장비의 개혁을 이룩하여 군대의 획기적 발전에 기여하였다. 그는 가볍고 작으면서도 강력한 화력을 지닌 새로운 소총을 개발하였고 부대 편제를 바꾸어 고도의 기동력을 확보하였고 훈련도 체계적이고 유기적으로 실시하여 강한 군대를 육성하였다. 그는 부대의 협동이 매우 중요하다는 사실을 인식하고 보포기병을 통합하여 실질적인 단일 전투단을 편성하였다. 30년 전쟁에 참가한 다른 국가의 군대는 주로 용병들로 구성된 보병이었으나, 그는 모든 국민을 대상으로 병력을 충원하는 징병제를 도입하여 상비군을 편성하였다(Hackett, 1982: 63). 당시 무기와 장비는 창과 검 기마 등의 고전적 무기류와 더불어 소총 야포 등의 근대적 무기들을 함께 활용하였는데, 산업혁명의 결과 소총 기관총 대포 등 각종 정교한 무기류가 개발되고 이 무기들을 대량 생산하여 전쟁은 더욱 치명적이고 파괴적인 결과를 가져왔다.

프러시아의 프리드릭 대왕[8]은 1740년 신성 로마제국의 황제이자 오스트리아의 황제인 카를 6세가 죽고 테레사가 그 후계자로 선포되자 셀레시아를 무력으로 점령하였다. 프러시아는 영국이나 프랑스 등 다른 나라에 비해 군대 규모가 훨씬 작았지만, 프리드릭 대왕은 합리적인 목표를 설정하고 군사력을 꾸준히 증강하고 유럽의 실질적인 강대국이 되었다. 이에

---

6) 30년 전쟁을 종결시킨 국제적 조약으로, 그 결과 신교와 신교를 기초로 한 국가가 국제적으로 인정을 받았음.

7) 30년 전쟁(1618-1648) 당시 스웨덴의 왕으로 신교국의 일원으로 참전하여 군대를 개혁하고 보포기병을 통합하고 기동 전을 전개하여 신교국에 유리하게 전쟁을 끝내는데 공헌하였다.

8) 프러시아의 왕으로서 18세기 유럽이 한창 전쟁의 와중에 있을 때 대해 기동전을 포함한 새로운 전법으로 숫적 열세를 극복하고 주변국을 격파하여 프러시아를 강대국 반열에 끌어 올렸다.

프랑스, 오스트리아, 러시아, 스웨덴 및 삭소니 등이 프러시아 타도를 위해 모의하자 프리드릭 대왕은 주변국을 상대로 기선을 제압하기 위하여 7년 전쟁에 돌입하고, 절대적인 병력 열세에도 불구하고 기동력과 기마포로 주변국을 제압하였다.

근대에 가장 대표적인 전쟁은 프랑스 혁명 이후 나폴레옹 전쟁이다. 나폴레옹 전쟁은 인권의 자각과 자유민주주의 혁명의 이상에 불타 앙샹레짐(ancient regime)[9]의 타파에 총궐기하여, 혁명의 열기를 전 인류에게 전파하고자 하는 정열에 자극된 프랑스와 다른 절대 군주국가 간의 전쟁이었다. 이에 프랑스 주변의 구 제도의 국가들은 프랑스 국경으로 군대를 출동시켰다. 나폴레옹 전쟁은 국가 대 국가, 국민 대 국민의 사활을 건 투쟁이었고 과거의 군주간의 전쟁으로부터 국민 간의 전쟁으로 변화하여 전쟁은 국민적 관심사로 국가 총동원의 개념이 적용되는 현대적 총력전의 시발이었다. 이에 국가는 막대한 재산을 보유하고 있던 특권 계급에 대한 징세권을 발동하여 군대유지와 전쟁에 필요한 전비를 징수할 수 있게 되었고 징집권을 발동하여 저렴한 비용으로 병력을 모집하여 대규모 군대를 보유하게 되었다. 나폴레옹 전쟁은 자유 평등 박애라는 혁명 이념을 유럽 전역에 광범위하게 전파하였으나, 구 체제 열강의 끊임없는 협공과 장기간의 총력전 결과 프랑스 군대가 패배하여 나폴레옹이 유배되고 비엔나 조약으로 프랑스의 구 체제가 회복되었다.

상비 왕군의 출현

국민국가(nation-state)란 민족을 단위로 형성된 국가를 지칭하는데, 혈연적 근친의식에 기초하여 공동의 사회 및 경제생활을 영위하고 같은

9) 프랑스 혁명 이전 신분에 따라 특권을 인정하는 신분제도와 그러한 계급이 존재하는 절대왕정 치하의 구체제를 칭함.

언어를 사용하며 동일한 문화와 전통적 심리를 바탕으로 형성된 인간 공동체를 말한다. 이러한 국가는 중세 말기에 자연경제의 붕괴, 상업의 발달, 자본주의적 생산의 발전과 함께 출현하였다. 서유럽의 왕권은 14-15세기 무렵부터 급속히 세력을 신장하여 생산과 교환의 자유를 바라던 신흥 상공업자와 손을 잡고 봉건귀족의 세력을 눌러, 민족의 국가적 정치적 통일을 성취하였다. 그 과정에서 당시 자주 발생했던 전쟁도 국민의식을 불러일으켰고 국내의 각 세력 간 단합의 계기를 마련해주어 중앙집권적 통일을 촉진하고 절대 군주를 중심으로 국민국가의 기틀이 마련되었다.

당시 절대 군주국가들은 해외시장의 개척과 값싼 원료 공급지 확대를 뒷받침하는 군사력이 필요하였는데, 17세기 이후 유럽의 절대 군주들은 상공업자들의 재정적 지원으로 상비군을 보유하였고 대신 절대 군주는 이들이 상품의 생산과 판매를 자유롭게 할 수 있는 해외시장과 원료 공급지를 개척하였다. 이렇듯 상비군은 유럽 사회가 봉건제에서 자본주의로 이행하는 과도기에 필요한 군대로, 절대 군주는 당시 용병 가운데 일부를 왕실에 상시 주둔시킴으로써 근대 상비군의 기원을 이루게 되었다. 상비군은 최초 청부적인 용병대장에 속하는 상비용병이었으나 왕실에 주둔하면서 군주가 이들에게 급료를 지불하였다. 이런 용병이 18세기 루이 14세 시대에는 군주에게 직속되어 국가의 현물 보급에 의존하는 소위 상비 왕군으로 그 성격이 변하였다. 상비 왕군의 출현으로 이제는 전쟁수단을 독점할 수 없게 된 중세 기사들이 그들의 사회적 지위를 유지하기 위해서 상비군의 장교가 되었다. 절대 군주제 하의 왕은 여전히 토지의 영유관계를 기반으로 하였기 때문에 토지 영유권자와 교회를 자기 휘하에 종속시키면서 동시에 시민계급의 지지를 얻으려 하였다. 기병이 여전히 수색정찰 등에 활용되었고 화포의 발달과 함께 상비군의 무기가 활과 창으로부터 소총과 화포로 대치되면서 군대 대형도 융통성 있게 변하였다. 절대 군주국가는 중앙집권적 통일국가였다는 점에서 분권적인 중세 봉건국가와 근본적으로 다르지만, 동시에 시민의 권리가 보장되지 않고 신분적 계층을 유지하고 있다는 점에서 근대 국민국가와도 구별된다.

30년 전쟁 이후 상비군

30년 전쟁(1618-1648)에서 스웨덴의 구스타프 아돌프스(Gustav Adolpus)는 전쟁 중 얻은 교훈을 바탕으로 군대의 편제와 훈련 및 장비 개혁을 이룩하여 군대의 획기적 발전에 기여한 인물이다. 전쟁에 참가한 다른 국가의 군대는 주로 비상근(part-time) 용병들로 구성되어 있었는데, 그는 모든 국민을 대상으로 군대를 충원하는 개병제에 의해 상비군을 편성하였다(하키트, 1982: 63). 당시 스웨덴은 완전한 봉건사회도 아니었고 기마병이 주류를 이루는 사회도 아니었다. 그는 전 국민을 대상으로 군대를 편성하는 개병제에 기초하여 상비군을 조직하였는데, 신병을 모집하는데도 엄격한 기준을 적용하여 군대의 질적 향상을 이루고 훈련과 장비를 개선하여 기동력을 향상시켰고 보포기병을 통합하여 실질적인 단일 전투부대를 조직하였다(육사, 2004: 79). 이렇듯 그는 스웨덴에 상비군 제도를 정착시켜 군주가 군대를 직접 지휘하며 군대의 징집, 보수, 장비와 거주문제까지 직접 통제하였다. 이렇게 국왕이 지휘하는 상비군이 편성되자 국민군으로 발전할 수 있는 기반이 마련되었다.

프랑스 혁명 이전 프랑스 군대는 시종이나 마차꾼 그리고 기사를 돕는 근로자가 최하층 구조를 이루었고, 그다음으로 군대 주류인 보병집단이 있었고, 부르주아 출신인 중급 장교와 귀족출신인 고급 지휘관, 그리고 군대의 최정점에 군주가 있었다. 당시 프랑스 귀족들이 군대에서 맡은 역할은 고급 장교였다. 특이한 점은 루이 14세 이후 프랑스 정규군은 혁명 때까지 지원제로 유지되었다.

신 · 구교도 간 종교전쟁이 웨스트팔리아 평화협정으로 종식되어 평화가 유지되었던 18세기 군대 장교들은 과거 장교들 못지않게 귀족적이었다. 17세기에는 일반 평민들도 프러시아와 프랑스 군대에서 장교로 복무하였다. 그러나 18세기 들어서는 포병과 공병을 제외한 모든 병과의 장교들은 귀족 출신이어야 한다는 규정 때문에 평민들은 장교가 될 수 없었으며 프랑스 시민군에서조차 평민 출신은 장교가 될 수 없었다. 프러시아 프리드릭 빌헬름 1세(1713-1740)는 귀족에게 군 복무를 강요하였으며, 특히 프리드릭 대왕(1740-1786)은 귀족만이 명예심, 충성심, 그리고 용기를 보유하고 있다고 생각하여 부르조아 출신을 장교단에서 철저히 배척하였다. 1789년 당시 프랑스 장교단을 보면 총 9,578명 가운데 귀족 출신 6,333명, 평민 출신 1,845명, 그리고 1,100명의 운 좋은 사병 출신으로 구성되었다(Huntington, 1957: 22).

국민국가와 국민군

왕을 중심으로 근대 국민국가의 기틀이 마련되기는 하였으나 그것은 어디까지나 봉건적 사회 질서를 기반으로 절대 군주제하에서 유지되었다. 귀족 계급은 모든 신분적 특권을 향유하며 국가의 중요 의사결정에 참여할 수 있는 반면, 시민계급은 조세 부담자로서 국가 재정을 부담하면서도 정치적으로는 아무런 권리를 누리지 못하는 피지배 계급의 위치에 머물렀다. 자본주의가 발달하여 시민계급이 성장하자 그들은 노동자 농민과 함께 정치적 자유와 봉건적 사회 질서의 변혁을 외치면서 보수적 세력에 도전하였다. 프랑스 혁명은 정치적 혁명이며 동시에 사회적 혁명이며 사상적 혁명으로 봉건제도를 타파하고 자유와 평등을 기본으로 하는 근세 사회를 확립하고 자유민주주의를 확보하였다. 혁명은 군주와 승려 귀족 등 특권 계급을 타파하고 전제 군주제를 공화정으로 바꾸고 국민이 국가의 주인임을 천명하였다. 이것이 시민혁명이었고 그 결과 진정한 근대 사회가 성립되고 국민국가로 더욱 발전하였는데 영국에서는 17세기에, 프랑스에서는 프랑스 혁명을 계기로 변화된 상황이었다.

프랑스 혁명이 발발하자 구제도하의 절대 군주 국가들은 프랑스 혁명사상이 국내에 유입되는 것을 우려한 나머지 프랑스 혁명정부를 타도할 목적으로 군대를 동원하였다. 이에 프랑스는 혁명에 대한 제국의 무력간섭을 전 국민에 대한 위협으로 간주하고 구 제도에 대항하여 나폴레옹 전쟁을 일으켰다. 따라서 전쟁은 국가 대 국가, 국민 대 국민의 사활을 건 전쟁으로 과거 군주전에서 국민전으로 변화하였다. 모든 국민이 국가를 방위할 책임이 있다는 인식하에 과거의 지원병제 대신 전 국민에게 병역의무를 부여하는 국민 개병제를 도입하여 군대를 조직하였다(하키트, 1982: 100). 개병제에 의해 군대를 조직한 결과, 프랑스 혁명군은 주변 제국의 무력공격에 맞서 이전보다 4-5배 이상 군대 규모를 확장할 수 있었다. 이렇게 동원된 병사들은 용병의 교묘한 대형과 전술을 적용할 수는 없었으나 병사 개개인의 능력을 충분히 발휘할 수 있는 산개대형을 취할 수 있었다. 혁명군으로 징집된 병사들은 단체훈련을 할 시간도 부족한데다 강력한 포병화력의 위력 때문에 밀집대형 대신 산개대형을 취하였다. 산개대형에 적합한 편재인 사단의 영구적 편성이 이루어져 독립작전을 효과적으로 수행할 수 있었다.

용병과 국민군의 병사와 장교의 전문성을 비교하면, 과거 용병은 전투기술 차원에서는 오랫동안의 군 복무와 많은 전투경험으로 능숙한 프로급인데 반해, 국민군의 병사들은 복무기간도 짧고 전투경험도 적어 전투기술 차원에서 미숙한 아마추어들이다. 과학기술의 발전과 산업혁명으로 군대 무기와 장비는 날이 갈수록 정교해지고 있었지만 장교단의 충원은 여전히 재산과 출신에 의해 제한되고 전문성은 갖추어져 있지 않았다. 당시 장교단은 군대의 효율적 기능보다 귀족계급의 필요에 부응하도록 고안되었다. 그리하여 어린애와 무능력자가 종종 군 고위직에 임명되었고 군에 전문적 지식체계는 존재하지 않았다. 국민군대 출현으로 병사들의 전투기술은 과거 용병이나 상비군에 비해 낮아졌지만, 산업혁명의 영향으로 새로운 무기와 장비가 개발되고 성능이 획기적으로 개선됨에 따라 이들의 운용과 관리뿐만 아니라 새로운 전략 전술을 개발하고 적용하기 위해 전문성이 갈수록 요구되었다. 그럼에도 불구하고 몇몇 기술학교를 제외하고는 군사지식을 제공하는 기관도 없었고, 장교들은 마치 귀족처럼 행동하였다. 당시 군대에서 능력은 타고난 자질이지 후천적으로 배워서 얻을 수 있는 것이 아니라는 인식이 팽배하였다. 군대는 법률가나 의사와 비교할 때도 매우 낙후되어 있었고 전문직업으로서 군은 존재하지 않았다 (Huntington, 1957: 30).

전문 직업군의 출현과 발전

프랑스 혁명을 계기로 누구나 보편적으로 복무하는 국민 개병제가 정착되고 그다음 세기에는 진정한 의미의 군의 전문직업화가 시작되었다. 군 직업의 발전 추이의 시기와 방법은 나라마다 각기 다르지만 가장 먼저 완벽한 수준으로 군 직업이 발전한 나라는 독일이었다. 17세기 이래 프러시아에서는 효율적인 군대를 확보하기 위한 논의가 분분하였는데, 예나전투(Jena)[10] 패배 이후 프러시아의 당면과제는 나폴레옹 군대에 대항하는 방법이었다. 여기에 대해 많은 장교들이 프랑스식 국민 개병제를 지지하여 프러시아의 모든 남자는 예외 없이 군 복무를 의무화하고 귀족 출신만 장교가 될 수 있다는 규정도 폐지하였다. 1808년 프러시아 정부는 군대에서 모든 계층적 차별이 폐지되고 누구든지 출신 성분과 관계없이 동등한 의무와 권리를 가진다고 선언하였다. 1808년 8월 6일 프러시아 정부는 전문

10) 예나는 독일의 한 도시이름으로 1806년 예나 전투에서 프러시아군이 나폴레옹 군대에 격파되었음.

직업주의의 기본적 기준을 제시하는 장교임용에 관한 칙령을 발표하였다 (Huntington, 1957: 31).

> 평시에, 장교임용에서 가장 중요한 자격요건은, 평시에는 교육과 전문지식이고, 전시에는 특출한 용기와 통찰력이다. 따라서 이런 자질을 보유한 모든 사람은 군의 최고 직위에 오를 자격이 있다. 군대조직에서 과거에 존재했던 신분 특혜는 폐지되고, 모든 사람은 출신과 관계없이 동일한 의무와 권리를 가진다.

샤른호스트(Sharnhorst), 그나이제나우(Gneisenau), 그롤만(Grolmann), 그리고 프러시아 군사위원회가 서구에서 진정한 군 전문직업화의 시작을 알렸다. 프리드릭 대왕과 그의 부친이 아니라 샤른호스트와 그나이제나우가 현대 독일군의 진정한 창설자였다. 그들은 19세기 내내 프러시아 군대를 지배한 이상과 제도를 확립하였고 실제로 다른 나라의 장교단이 수용할 모델을 제시하였다. 군의 전문직업화는 19세기 두 시점에 이루어졌다. 먼저, 나폴레옹 전쟁이 끝난 직후 대부분 국가는 초보적인 군대 교육기관을 설치하고 장교단으로 충원하는데 신분상의 제한을 폐지하였다. 다음으로, 19세기 후반부에 장교단 선발을 위해 일반적이고 특수한 교육요건, 시험제도, 일반 참모부를 조직하고 고급 군대 교육기관을 설립하였다. 다른 나라들은 군의 전문화를 위해 초보적 요건을 갖춘데 반해, 프러시아에서는 전문 직업군의 필수적 요소들이 완벽하게 체계를 갖추어 발전되었다.

전문 직업군으로 발전하기 위한 프러시아 군대의 주요 개혁 내용은 첫째, 장교 선발에서 사회 신분적 우선권을 폐지하여 중산층의 유능한 사람들을 장교단에 채용하였고, 둘째, 부사관과 장교의 진급에 시험제도를 도입함으로써 진급이 신분이나 금전적 거래대상이 되는 것을 방지하였고, 셋째, 장교교육을 강화하기 위하여 장교 양성과정을 개설하고 고등군사교육기관을 설치하고, 넷째, 공훈과 업적에 기초하여 진급시키고, 다섯째, 효율적이고 정교하게 조직된 참모제도를 운영하고, 마지막으로, 군대의 단결과 책임의식을 중시하였다. 이 모든 것들이 새로운 전문 직업을 위한 이론적 정당화에 기여하였다. 프러시아에서 전문 직업군이 정착되기 전에는 어느 나라도 전문직업적 장교단을 찾을 수 없었으나 1900년 이후에는 선후진국을 막론하고 어느 나라에서건 전문직업적 장교단이 없는 나라를 찾기 어려웠다. 물론 각국마다 역사적 특수성과 발전 수준에서 오는 차이로 인해 각국의 군대발전에는 차이가 있지만, 전문 직업군의 발전과 정착은 보편적인 현상이 되었다.

이런 군의 전문직업화를 촉진한 주요 요소로 첫째, 기술발전과 산업화와 그리고 이에 따른 기능적 전문화와 노동 분화를 지적할 수 있다. 과학기술의 발전과 산업화로 인해 다른 여타의 분야와 같이 전쟁은 더는 단순한 업무가 아니며 군대 규모는 갈수록 커지고 복잡해지고, 다양한 요소들로 구성되어 갔다. 과거 군대는 모든 구성원이 하나같이 창과 활을 들고 적과 싸우는 역할을 담당하였으나 오늘날 군대는 수백 가지 서로 다른 전문영역을 포함하는 복합적인 유기체로서 각기 다른 유형의 전문가들 즉, 하나의 목표를 위해 다양한 분야를 집중시키고 조정하는 전문가를 요구하게 되었다. 그 결과 군대의 기술적 분화와 전문화가 이루어지면서 군의 전문직업화도 필연적으로 뒤따랐다.

군 전문직업화를 촉진한 두 번째 요소는 국민국가의 성장이다. 국민국가의 군대는 모든 국민을 대상으로 징집하고 군대를 조직하여 그 규모가 전에 비해 크게 확대되었다. 국민군대는 과거 용병이나 상비군의 군대 성원보다 전투기술 면에서 떨어져서 이들을 관리하고 운용하는 장교들이 어느 때보다 전문성이 필요하게 되었다. 그리하여 다른 국가기관으로부터 자율적인 장교단의 육성 필요성과 그런 군대를 지원할 수 있는 충분한 자원이 요구되었다. 이 두 가지는 국민국가의 발전으로 충족되었는데 국가 간의 경쟁으로 각국은 군사적 안전에 평생 전념할 전문가 집단이 필요하였다. 프러시아는 1806년과 1848년 전쟁에서 패한 뒤 전문직업적 장교단을 선도하였다.

군 전문직업주의의 성장에 영향을 준 세 번째 요소는 민주주의적 이상이다. 민주주의적 이념으로서 평등개념은 군대 충원의 대상을 모든 국민으로 확대하였으며 군대를 민주주의 기본 틀 내에서 구성하려 하였다. 그것은 귀족적 이상을 민주적 이상으로 바꾸어 장교단은 출생신분에 의해서가 아니라 일정한 자격에 의해 선발되어야 한다는 것이다. 그리하여 장교는 그들의 출신성분에 의해서가 아니라 일정한 자격을 갖춘 모든 시민을 대상으로 선발하고 양성함으로써 장교단에 대한 귀족들의 독점을 깨트릴 수 있었고, 다른 한편으로 군의 전문화를 촉진하였다. 마지막으로 군직업주의를 촉진하는 요소는 군사력에 대한 유일 합법적 권위로서 국가의 출현을 들 수 있다. 직업장교는 국가에 헌신한다는 이상으로 가득 차 있어서 현실적으로 국가의 권위를 구체화한 단일기관 즉, 정부에 충성을 바치게 되었다. 장교의 정치적 충성은 정부한테는 장교의 직업적 능력보다 더 중요하였다.

전문 직업군의 발전과 정착

프러시아에서 전문 직업군이 출범한 이래 베를린에 사관학교가 설립되어 전쟁에 관해 본격적인 연구가 진행되었고 장교들을 교육하는 고등 군사교육기관으로서 임무를 수행하였다. 이 학교는 최소한 5년간의 군 복무를 마친 장교들을 대상으로 엄격한 시험을 거쳐 매년 40명을 선발하였는데, 사관학교를 졸업하는 것이 군대 고위직으로 승진의 기본 요건이 되었다. 수준 높은 군대교육이 얼마나 중요한가는 19세기 중엽 유럽에서 군사 관련 문헌 중 대다수가 독일에서 출간되었다는 사실만으로도 당시 독일 군사교육의 수준을 미루어 짐작할 수 있다.

19세기 프랑스에서는 여러 군사학교가 설립되었으나 제대로 된 군사학교는 1818년 상 시르(St. Cyr)가 설립한 참모학교뿐이었다. 1860년 당시 베를린에 주재했던 프랑스 무관은 독일의 수준 높은 군사 교육제도에 감명받고 프랑스의 모든 군사학교는 독일의 군사교육 기관에 비하면 농업학교 수준에 불과하다고 생각하였고, 1870년 보불전쟁을 겪은 이후 프랑스 군사대학을 창건하여 장교들을 대상으로 한 본격적인 군사교육을 시작하였다. 영국군의 전문직업화 역시 프랑스와 마찬가지로 독일보다 훨씬 뒤처져 있었다. 1857년 왕립 군사학교(Royal Military College)에서 고등 군사과정을 분리하여 참모대학 교육과정의 핵심으로 발전한 이래 영국에서 전문적인 군사교육이 시작되었으나 프러시아보다는 여전히 초보적인 수준이었다(존 하키트, 125).

산업혁명이 본격화한 영국에서는 바다가 대내적인 안전을 보장해 주었고, 대외적으로는 우세한 해군력의 뒷받침으로 식민지 정책과 외국무역 정책을 추진하여 영국 해군의 역할이 두드러졌다. 그 결과 영국 해군 장교의 직업군인으로서 지위가 발전하고 있었으나 육군 장교의 전문직업화의 수준은 낮은 수준이었다. 영국의 육군 장교들은 기본적으로 신사였으며 토지를 소유하고 있는 상류층 출신으로 직업군인은 결코 아니었다. 반면, 영국 해군 장교는 육군에서 볼 수 있었던 외적인 영향력에 의해 좌우되지 않았고 그들의 전문적 자질은 당시 세계적으로 높이 평가되고 명성 또한 대단했다(존 하키트, 131).

미국 육군의 전문직업화 속도 역시 부진하여 영국보다도 훨씬 늦게 진전되었다. 헌법 초안자들은 미국 군대의 전문직업화에 반대하였다. 그리하여 헌법 자체도 상당히 개방적이어서 군에서 요구하는 전문직업화를 수용하는 것은 불가능하였다. 그 대신 장교들은 민간인과 같이 특정 전문 분야에 능통하도록 요구받았다. 이와 동시에 미국에는 시민군 개념이 보편화하여 군 전문직업과 관련된 제반 제도들이 발달하지 않았다. 심지어 미국의 기술교육 발전에 기여한 미국 육사에서 인문학은 거의 가르치지 않았고 군사과학도 가르치지 않아서 헌팅턴은 "미국 육사가 장군보다도 철도 역장을 더 많이 배출했다"고 꼬집을 정도였다(존 하키트, 133).

이후 자유 개방적인 잭슨(Andrew Jackson)시대에는 군대 문제에 무관심하여 시민들은 정규군이건 시민군이건 그 필요성을 인식하지 못하였다. 군대에서 진급은 선임 순에 의해 이루어졌고 퇴역제도도 없었다. 해군에서는 계급도 세 종류뿐이어서 평생 진급은 두 번밖에 없는 셈이다. 이런 평화주의로 인해 군대는 개척지 경찰의 지위로 전락하여 전문직업집단으로서 미국군의 위치는 고립되고 위축되어 갔다.

그러나 미국군의 고립이 오히려 군대의 전문직업적 발전에 중요한 기폭제가 되었다는 점은 흥미로운 사실이다. 군은 민간사회로부터 격리되어 군대 자체를 충실하게 발전시켜 갔는데 이러한 변화를 이끌어내는데 외국군의 전문직업적 발전을 중시하는 개혁가들의 영향이 크게 이바지하였다. 그 결과 미국군은 19세기 말 독자적인 전문직업적 윤리가 형성되었으며 미국군 장교들은 자신들을 이제 누구나 할 수 있는 싸움을 하는 직업의 일원으로 보는 대신, 전문적 지식이 필요하고 평생토록 노력을 기울여야 하는 직업의 성원으로 간주하게 되었다. 이러한 생각 속에는 분쟁의 불가피성을 인정하고 그런 분쟁은 불변하는 인간의 본성 때문에 발생한다고 보았다.

19세기 후반, 각국이 처한 안보위협의 수준과 이에 대한 국민들의 인식에 따라 정도 차이는 있지만 대부분 국가에서 군의 전문직업화가 본격적으로 진행되었다. 전문직업화에서 독일은 선도적 역할을 담당하였는데 이런 전문화된 군대의 효율성은 보오전쟁, 보불전쟁에서 승리로 입증되었다. 앞서 언급하였듯이 프랑스와 영국이 독일에 이어 전문 직업군제도를 정착시켰고 미국이 빠른 속도로 전문 직업군제도를 발전시켰다. 서유럽 국가의 일반적 상황은 군대의 전문화가 이루어지는데 긍정적으로 작용했다. 복잡한 군사기술의 발전, 국가 간 치열한 경쟁과 경제력의 증강, 중산층의 세력 향상, 민주정치 제도의 발전 등은 군대의 전문직업화를 촉진하는 주요 변수로 작용하였다. 더욱이 각국이 징병제를 도입하면서 국민군대를 편성하게 되자 과거 직업군인이었던 병사들은 아마추어 군인으로 바뀌게 되었고 이를 계기로 아마추어 병사들을 교육하고 지휘할 장교단은 아마추어에서 전문 직업적 장교단으로 변화되는 촉진제 역할을 하였다고 판단된다. 그 결과 20세기 들어서 대부분 국가에서 전문화된 군대를 보유하게 되었다.

1, 2차 세계대전에서 비록 패전했지만, 전문 직업적 자질에서 가장 우수한 군대는 독일 군대였다는 점을 부정할 수 없다. 독일군은 자질과 임무수행 능력에서 전문 직업적 장교단으로서 우수한 면모를 보여 주었으며 특히 훌륭한 지휘체제하에 잘 통솔되어 여러 전투에서 그들의 탁월한 능력을 발휘하였다.

5. 세계대전

20세기 이후 발발한 대표적인 전쟁은 제1차, 제2차 대전을 들 수 있다. 1914년부터 1918년까지 계속된 제1차 세계대전에서는 900만 명의 군인과 3000만 명의 민간인이 희생되었다. 러시아에서는 독일에 패배한 뒤 곧바로 소비에트 정부가 수립되었고, 제1차 대전은 독일과 오스트리아, 불가리아, 터키로 구성된 동맹국들의 패배로 끝이 났다. 종전 이후 베르사유 조약과 각각의 독일 동맹국과 체결한 조약을 통해 국제연맹이 결성되었고, 유럽의 국경이 주민자결의 원칙에 따라 개편되었고 독일과 터키의 식민지를 국제연맹이 관리하는 신탁통치를 시행하였다. 패전국 독일에 부과된 가혹한 징벌 의무가 결국 히틀러의 등장과 독일의 재무장을 가져왔고 제2차 대전을 촉발시키는 계기가 되었다.

1939년부터 1945년까지 6년에 걸친 제2차 세계대전에서는 1,700만 명의 군인과 3,400만 명의 민간인이 희생되었다. 2차 대전은 독일과 이탈리아 그리고 일본으로 구성된 주축국에 의해 발발하였고, 유럽에서 히틀러와 무솔리니가 사망하고 일본의 히로시마와 나가사키에 원자탄이 투하되면서 일본의 무조건 항복으로 전쟁은 종결되었다. 연합국은 이탈리아, 일본, 그리고 독일을 포함한 주축국을 점령하였고 이들 패전국과 연합국간 조약이 체결될 때까지 연합국이 주둔하였으며, 그 결과 독일은 물론 과거 일본의 식민지였던 한국이 양분되어 공산권과 자유진영으로 각각 분리되었다. "정의의 전쟁"(Just war)이 보다 중시되었던 중세보다 근대 법적 정당성은 크게 중요시되지 않았다. 전쟁은 일반적으로 주권국가의 특권으로 인식되어 "국가이성"(Reason of State)으로 전쟁을 정당화하였다. 그러나 전쟁을 홍보하는 데 힘의 균형유지나, 역사적 전략적 경제적 영토의 수정, 식민통치로부터 독립을 위해 필요한 전쟁이라고 정당화하기도 하였다.

6. 최근의 전쟁

현대 전쟁사는 제2차 대전 이후 원자무기의 사용과 함께 시작되어 비행기의 제트 엔진, 대륙 간 탄도탄, 그리고 우주선의 개발 등 고도 과학기술의 발달과 함께하였다. 과학기술의 급속한 발달은 근대 화약의 발명이나 포와 총의 발명보다도 전쟁 양상에 혁명적인 영향을 주었다. 2차 대전 이후 인도-파키스탄 전쟁, 한국전쟁, 월남전, 걸프전 등 여러 전쟁이 발발하였으나 어디에서도 원자탄이 직접 사용된 적은 없었다. 그것은 핵무기의 가공할 파괴력으로 인하여 적대적 대치상황을 핵전쟁으로 확대되는 것을 억제하는 강한 성향 때문이다. 최근세 발발한 전쟁 가운데 절반 정도는 내전이었으며 대부분의 국제전은 유엔이나 다른 국제기구의 개입으로 휴전에 이르렀다. 이 가운데 공산주의자들이 열두 번 전쟁에 개입하였고, 네 번의 혁명전쟁과 열두 번의 식민지 독립전쟁, 그리고 아홉 번의 영토분쟁 등으로 구분할 수 있다. 냉전기간에는 미국과 소련 그리고 양대 진영의 동맹국 간 전복, 침투, 게릴라전, 국경충돌 등이 계속되었는데, 이런 갈등 가운데 그리스, 한국, 베트남 전쟁이 가장 치열하게 싸운 전쟁이었다.

과학기술, 특히 고도 정밀무기와 정보기술이 획기적으로 발전함에 따라 전장 중심의 전쟁으로부터 정밀 무기와 첨단 정보기술을 접합시킨 원격 통제의 새로운 전쟁 양상이 펼쳐지고 있다. 최근의 아프가니스탄 전쟁이나 걸프전, 그리고 이라크전은 침공이나 테러를 일으킨 집단이나 국가에 대한 응징을 위한 전쟁이면서 동시에 그동안 출현한 고도 정밀무기와 첨단 정보기술이 총동원된 기술전 정보전이었다.

제2장
고전적 군 전문직업주의

군 전문직업주의에 대한 논의는 어느 시대, 어떤 성격의 군대와 직업군인을 대상으로 하느냐에 따라서 군 전문직업의 성격과 내용을 각각 달리하고 있다. 헌팅턴(Huntington, 1957)의 저서 『The Soldier and the State』에서는 가족제도나 종교제도와 같이 군대를 역사적으로 발전된 제도라고 정의하고, 국가의 핵심적 가치와 이익을 보호하기 위해 군대를 적극적으로 활용되었던 시대의 이상적인 전문 직업군인의 모습에 초점을 맞추고 있다. 한편, 자노비츠(Morris Janowitz, 1960(1971))는 그의 저서 『The Professional Soldier』에서 규범적이고 이상적인 직업군인의 모습 대신 핵무기의 출현으로 전면전이 불가능하고 정치와 군사영역이 명확하게 구분되지 않는 현 상황에서 직업군인의 실제 모습이 어떤 것인가에 보다 초점을 맞추고 있다. 마지막으로, 냉전체제가 붕괴하고 난 이후 새로운 시대의 군대 구성원들의 가치관이 달라진 상황에서, 개인의 헌신과 희생을 중시하는 전통적인 군대관으로부터, 군대를 선택 가능한 여러 직업 가운데 하나로 접근하려는 모스코스(Moskos, 1977)나 시걸(Segal, 1986) 등의 발전론적 혹은 제도-직업 분석모형이 제시되었다.

이렇듯 어떤 군대를 어떤 관점에서 접근하느냐에 따라 전문직업군에 대한 내용이 크게 달라진다. 헌팅턴의 전통적인 군 전문직업주의에서는 군대를 역사적으로 발전한 제도로 파악하여 규범적이고 이상적인 군대와 직업군인에 초점을 맞추고 있지만, 자노비츠는 냉전 이후 미국의 군대와 직업군인을 대상으로 경험적인 전문직업군을 분석하였고, 모스코스나 시걸은 냉전 해체 이후 군대를 제도라기보다 선택 가능한 여러 직업 가운데 하나로 파악하려는 제도-직업모형으로 파악하고 있는데, 이 세 가지 군에 대한 이론적 관점을 차례로 살펴보기로 한다.

1. 현대 장교단의 성격

현대 장교단은 전문 직업집단이고, 현대 군 장교는 전문직업 종사자라는 것이 군대를 보는 헌팅턴의 기본 명제이다. 원래 전문직업(profession)이란 고도로 전문화된 특징을 보유한 전형적인 직업집단을 가리킨다. 조각가나 속기사, 또는 광고제작자는 나름대로 독특한 재능을 갖고 있지만, 이들은 본질에서 전문직업인이 아니며, 의사나 변호사와 함께 현대 장교단은 전문직업의 전형이라고 할 수 있다. 전문직업주의(professionalism)야말로 오늘날의 군인과 과거의 무사를 구별 짓는 가장 근본적인 특징이며 전문직업 집단으로서 현대 장교단이 존재한다는 사실은 현대 민군관계에 새로운 문제점을 제기하고 있다(Huntington, 1957: 7).

헌팅턴은 지금까지 다른 전문직업은 심층적으로 검토됐으나, 현대 장교단의 전문직업주의적 성격에 대해서는 등한시됐다고 지적한다. 그에 의하면, 사회에서 기업인은 더 많은 수입을, 정치가는 더 많은 권력을, 전문직 종사자는 더 높은 사회적 존경을 누리고 있다. 그럼에도 불구하고 학자들은 물론 일반인들도 군인이라는 직업을 의사나 변호사와 같은 전문직업으로 인정하지 않으며 다른 전문직에 표현하는 존경심을 장교단에는 보이지 않는다. 심지어 장교 자신도 일반인에 의해 각인된 이런 이미지의 영향을 받아 자기의 전문직업적 지위를 인정하지 않으려 한다.

군대와 관련하여 전문직업(professional)이라는 용어는 아마추어와 반대되는 프로라는 뜻으로 사용되었고, 생계유지를 위한 수단으로서 단순한 직업(trade)이나 특수한 기능 혹은 기술이 필요한 기술직(craft)과 대비되는 전문직업(profession)의 개념으로는 사용되지 않았다. 직업군인이란 말 속에는 금전적인 보수를 위해서 근무하는 장기복무 사병(career enlisted men)과 사회에 봉사하기 위해 고귀한 소명(higher calling)을 추구하는 의미의 전문직업 장교(professional officer)가 혼용됐는데 헌팅턴은 바로 이 둘을 명확하게 구분하고자 하였다.

2. 전문직업의 특징: 전문성, 책임, 및 단체성

헌팅턴은 현대 장교단의 전문직업적 성격을 밝히기에 앞서, 생계유지를 위한 생업과 구별되는 특수한 직업으로서 전문직업의 특징을 전문성(expertise), 사회적 책임(responsibility) 그리고 단체성(corporateness)이라고 제시하였다.

우선 전문직업인이란 인간 사회의 유지, 존속에 필요한 영역에 관한 전문화된 지식과 기술을 보유한 전문가를 의미한다. 전문적 지식과 기술은 장기간의 교육과 경험을 통해서 이루어지는데, 이러한 장기간의 교육과 경험이야말로 전문직업인과 문외한을 구분하고 같은 영역에 종사하는 전문인들의 상대적 실력을 측정할 수 있는 객관적 기준이 된다. 여기서 객관적 기준이란 말은 전문직업의 기준이 그 지식과 기술에 내재하고 있어서 시간과 공간에 구애받지 않고 보편적으로 적용 가능한 기준을 의미한다. 일상적인 기술(skill)이란 현재 존재하는 것으로 과거 기술과 무관하게 현재 기술을 배움으로써 그 분야에 능통해질 수 있다. 그러나 전문지식은 본질에서 지적이고, 문자로서 보존될 수 있다. 따라서 전문직업의 전문지식에는 역사가 있으며 그런 역사에 관한 상당한 지식을 보유하는 것이 전문직업적 능력을 갖추는 데 필수적이다. 이를 위해 전문지식과 기술을 발전, 보급하고 교육하는 연구기관과 교육기관이 필요하며, 전문직업의 학술적 분야와 실용적 분야의 접촉은 연구논문집, 각종 학술회의 및 교육과 실무의 인적교류를 통해 이루어진다.

또한, 전문직업의 전문성에는 다른 일반 직업에서 볼 수 없는 폭넓은 측면이 있다. 즉, 전문직업인의 전문적 기술과 지식은 사회의 전체 문화적 전통의 일부이기 때문에, 전문직업인은 그 자신이 일부이기도 한 보편적인 문화적 전통에 대해 알고 있을 때, 그의 전문적 기술을 성공적으로 활용할 수 있다. 전문직업은 그것이 사회의 전체 교육체계의 통합된 부분을 이루고 있기 때문에 정식교육을 통해서 이루어진다. 따라서 사회의 전 교육체계의 일부를 이루고 있는 전문 직업교육은 문화적 배경 전반에 걸친 폭넓은 교양을 쌓는 첫 번째 단계와 주어진 전문직업의 전문기술과 지식을 배우는 두 번째 단계의 두 과정으로 구분된다. 첫째 단계의 교육, 즉 교양교육은 사회의 일반 교육기관에서 시행되고 있지만, 전문직업 교육의 기술적 단계인 둘째 단계의 교육은 전문직업 자체에서 스스로 실시하거나 전문직업과 관련된 특수 교육기관에서 담당하고 있다.

다음으로 전문직 종사자는 사회적 차원에서 의료, 교육, 정의실현 등과 같이 사회에 필수적인 직무를 수행함으로써 그의 전문성을 실천하고 봉사하는 사람들이다. 따라서 각 전문직업의 고객은, 개인적이건 집단적이건, 전체 사회가 그 대상이다. 실험실에서 연구에 몰두하고 있는 화학자는 그 연구가 결과적으로 사회에 유익하다고 할지라도, 사회의 존속과 역할에 직접 필수적이지 않기 때문에 그를 전문 직업인이라고 말할 수 없다. 이렇게 전문직업은 사회에 필수적인 역할을 수행하고 각 전문가가 관련 지식을 독점하고 있기 때문에, 그들은 사회가 필요할 때 봉사할 사회적 책임이 부과된다. 이 사회적 책임이야말로 전문 직업인을 단순한 기술자와 구별 짓는다. 연구에 전념하는 화학자가 자신의 지식을 사회에 해롭게 활용하더라도 그는 화학자일 수 있지만, 전문 직업인이 자신의 사회적 책임을 수용하지 않으면 그는 더는 전문 직업인으로 활동할 수 없다. 봉사의 책임 및 자기 전문기술에의 헌신, 이것의 바로 전문 직업인의 직업적 동기를 이루고 있다. 금전적 보수는 전문직업의 일차적인 목표가 될 수 없다. 따라서 전문직업의 보상은 부분적으로만 공개시장에서 계약으로 결정되고, 실제로 전문 직업의 관습과 법에 따라 규제되고 있다.

사회에 필수적인 봉사가 금전적 보수에 규제되지 않고도 제대로 잘 이루어지기 위해서 전문 직업과 사회의 관계를 통제하는 규정이 필요하다. 전문직 종사자와 고객 사이에, 그리고 같은 전문직 종사자 간 발생할 수 있는 여러 갈등상황이 그러한 규정을 만들게 하는 직접적 요인이 된다. 다시 말하자면, 전문 직업은 전문직 종사자가 일반사람들을 상대하는 데 지침이 되는 일정한 이상적 가치들을 전제로 하고 있다. 전문직업의 이러한 행동지침은 전문교육을 통해서 전해오는 불문율일 수도 있고, 직업윤리로 성문화된 법전일 수도 있다.

같은 전문직의 사람들은 유기체적 단체성을 갖게 되어, 자신들이 다른 사람들과 구별되는 별개의 집단을 이루고 있다는 의식을 가진다. 이러한 집단의식은 전문지식을 습득하는데 소요되는 장기간의 수련과정과 업무수행에서 공동연대와 자기들만의 독특한 사회적 책임을 공유함으로써 우러나는 것이다. 단체성은 전문직업의 자격을 규정하고, 구체적으로 사회적 책임을 밝히며 그 책임이 이행되도록 요구하는 전문 직업단체에 잘 반영되어 있다. 따라서 전문 직업단체의 성원자격은 전문직업적 지위의 기준이 되고, 그들과 문외한을 구분함으로써, 전문 기술의 소유나 특별한 책임의 수락 등과 더불어 전문직업의 기본요건이 되는 것이다.

전문 직업단체는 일반적으로 협회나 관료조직의 형태로 되어 있다. 의사나 변호사처럼 협회를 구성하고 있는 전문직업의 경우, 이들은 개별적으로 봉사하고 고객과 직접 개인적인 관계를 맺는다. 한편, 외교관처럼 관료조직을 형성하고 있는 경우에는 직업 내에 고도의 노동과 책임의 전문화가 이루어져 있고 전체 사회에 집단으로 봉사하고 있다. 그러나 이런 두 가지 유형이 반드시 상호 배타적인 것은 아니다. 왜냐하면, 관료 조직의 요소가 협회 조직에도 있고, 협회 회원들이 고객과 다른 동료에 대해 취해야 할 태도들을 규정해주는 직업윤리가 성문화되어 있기 때문이다. 이와 달리, 관료 조직화한 전문인인 경우에는 바람직한 전문직업의 사회적 역할과 집단적 책임이라는 보편적 의식을 발전시키는 경향이 있다 (Huntington, 1957: 8-10).

3. 전문직업으로서 장교단

헌팅턴에 의하면, 장교단은 전문직업으로서 필요한 기본적 요건을 충족하고 있다. 그러나 현실적으로 법률가를 포함한 어떤 전문직업도 이념형으로서 전문직업의 특성을 모두 다 갖추고 있지는 않다. 장교단은 의사나 변호사와 비교하면 이념형(ideal type)으로서 전문직과 거리가 있지만, 전문직업으로서 본질적인 특성을 갖추고 있다는 점을 부정할 수 없다. 실제로 장교단이 전문직업의 이상에 가까울수록 강력하고 효율적이지만, 전문직업의 이상으로부터 멀어질수록 약하고 문제점으로 가득 차 있다.

장교단의 전문성: 폭력 관리

그러면 군 장교의 전문기술이란 과연 무엇인가? 헌팅턴은 민간인에게서 찾을 수 없고 모든 장교가 공통으로 보유한 기술이 무엇이냐는 질문에 답하기는 그리 쉽지 않다고 지적한다. 왜냐하면, 장교단 내에는 여러 종류의 기술자들이 있고 민간사회에도 이들과 같은 기술을 보유한 사람들이 많이 있기 때문이다. 엔지니어, 의사, 조종사, 화기전문가, 인사관리자, 통신전문가, 홍보 담당자 등은 모두 군대 내외에서 다 같이 찾아볼 수 있는 전문기술자들이다. 이처럼 전문가들을 각자의 독특한 기술체계에 따라 특정한 기술 분야로 구분하지 않더라도 군대가 육군 해군 공군으로 크게 나뉘어 있다는 사실만으로 군대의 기능과 기술이 매우 다양하다는 점을 알 수 있다. 즉, 순양함의 함장과 보병 사단의 사단장은 다른 능력이 요구되고 각기 다른 문제에 봉착하게 된다.

이렇듯 군대 내 다양한 기술 때문에 군대 고유의 전문기술이란 없는 듯 보이지만, 모든 군 장교들이 공유하고 있고 군 장교를 민간 기술자와 구별해주는 군대의 전문기술이 분명히 존재한다는 것이다. 헌팅턴은 이러한 군대의 핵심적 전문기술을 폭력관리(management of violence)"라고 칭한 라스웰(Harold Lasswell)의 표현으로 대신하고 있다. 헌팅턴에 의하면 군대의 기능이란 한 마디로 성공적인 전투를 수행하는 것이며, 따라서 군 장교의 주요 임무는 첫째로, 병력을 조직하고, 장비를 갖추고, 이들을 훈련하며, 둘째로, 군대 활동을 기획하고, 셋째로, 군대를 지휘하고 전시에 작전을 수행하는 것이다. 다시 말해서 장교의 전문기술이란 폭력행사가 핵심 기능인 군대 집단을 지휘하고, 통솔하고 관리하는 것이다. 이러한 기술은 지상이나, 공중이나, 해상에서 모두 공통이며 바로 이러한 점이 오늘날 군대 속의 다른 전문가와 폭력 관리자로서 장교를 구별 짓는 핵심적 요소이다. 군대 내에 근무하는 다른 전문가도 군대의 목표를 달성하는 데 이바지하나 그런 전문가들은 본질에서 보조적 직무를 수행하고 있다. 이는 병원에서 간호사나 약제사, 그리고 엑스레이 기사와 영양사 등이 의사의 전문성에 보조적인 것과 마찬가지이다. 따라서 의사를 보조해주는 전문가들이 환자를 진단하고 병을 치료할 수는 없는 것과 마찬가지로, 군대에서 근무하거나 군을 위해 일하는 일반 전문가들이 "폭력관리"를 담당할 수는 없다. "함대를 지휘하라(fight the fleet)"라는 미국 해사 출신들의 전통적인 좌우명 속에는 장교직무의 정수가 담겨 있다. 군의관처럼 장교단의 일원이기는 하지만, 폭력관리 능력이 없는 사람들은 특별한 병과나 휘장으로 구별되고 지휘관에서 제외되는 것이 관례화되어 있다. 이들은 군대 장교단의 일원으로 소속되어 있지만, 전문 직업집단으로서 장교단의 일원이라고 볼 수는 없다.

의사 가운데 심장전문의, 위장전문의, 안과 전문의가 있는 것과 같이, 군대에도 해상과 육상 그리고 공중에서 폭력관리의 전문가들이 있으며 군사 전문가란 일정한 여건에서 폭력 사용에 대해 지휘, 감독하는 전문가들이다. 폭력이 사용되는 여러 조건과 형태는 군대직업 내에서 전문화의 기초일 뿐만 아니라 상대적 능력을 평가하는 기준이 된다. 그리하여, 한 장교가 지휘할 수 있는 조직체가 크고 복잡할수록, 그리고 폭력을 사용할 수 있는 여건과 상황이 다양할수록 그의 전문 직업인으로서 능력은 크다. 예를 들면, 보병 분대를 지휘하는 자는 전문직업인으로서 능력은 아주 작지만, 공수사단이나 항공모함을 지휘할 수 있는 자는 전문직업인으로서 능력은 매우 크고, 육해공군을 포함한 대규모 합동작전을 지휘할 수 있는 사람은 군의 최고 지위에 도달해 있는 군 전문직업인이다.

군사적 임무를 수행하는데 있어서 고도의 전문성이 필요하다는 사실은 더 말할 나위가 없다. 아무리 천부적 재질과 리더십을 타고났더라도 오랜 교육훈련과 경험 없이 군의 전문적 임무를 효과적으로 수행할 수 있는 사람은 없다. 물론 긴급사태에서 정식훈련을 받지 않은 민간인이 낮은 직위의 장교 역할을 일시적으로 수행할 수 있는 있다. 그러나 이는 마치 응급 사태에서 약간의 의학지식이 있는 사람이 의사가 도착할 때까지 환자를 돌보는 것과 흡사하다.

오늘날과 같이 폭력관리가 극도로 복잡해지기 전에는 특별한 교육을 받지 않는 사람이 장교 역할을 수행하기도 하였다. 그러나 현대는 자기 시간을 전적으로 군대 업무에 전념하는 사람만이 상당한 수준의 군대 전문성을 개발할 수 있다. 장교의 전문적 기술이란 기계적인 손재주도 아니요, 그렇다고 독특한 재능이 필요한 예술도 아니다. 군 장교의 전문적 기술이란 극도로 복잡한 지적 기술로서 폭넓은 연구와 집중적인 교육훈련이 필요한 것이다. 또한, 군 장교 특유의 전문기술이란 폭력의 관리이지 폭력행위 그 자체가 아니라는 점이다. 예를 들자면, 소총 사격은 근본적으로 하나의 기계를 다루는 기술이요, 소총중대의 작전을 지휘하는 일은 사격과 전혀 다른 능력으로 책에서 배우고 실제 훈련과 경험을 통해서 얻어질 수 있다. 군대직업은 이렇듯 고도의 지적 내용을 포함하기 때문에 현대 장교는 복무연한의 약 3분의 1 정도를 정식교육에 할당한다. 이와 같은 교육시간은 군대 직업이 다른 어느 전문직보다 많은 것이다. 이렇게 교육에 큰 비중을 둠으로써 실무 경험을 쌓을 기회가 한정되지만 더욱 중요한 이유는 군 전문기술이 그만큼 고도로 복잡해졌기 때문이다.

헌팅턴은 군 장교의 전문적 기술은 시간과 장소의 변화에 따라 별 영향을 받지 않기 때문에 보편적이라고 주장한다. 훌륭한 의사로서 자질이 장소에 무관하게 같듯이, 전문 직업인으로서 군인의 자질 역시 장소와 시간에 무관하게 똑같이 적용될 수 있다는 것이다. 이런 전문직업적 기술 공유로 인해 군 장교들은 여러 가지 차이점을 넘어서서 일종의 유대감을 형성한다. 또한, 폭력관리는 단순히 현존하는 기술에 숙달됨으로써 얻을 수 있는 기술은 아니다. 장교 직업은 그 역사가 있고 군의 전문기술은 끊임없는 발전과정 속에 있으므로 무릇 군 장교는 군사기술의 발전과 그 추세와 방향에 대해서 알아야 한다는 것이다. 장교는 또한 병력을 조직하고 지휘하는 기술 발전사를 충분히 이해하고 있을 때 비로소 자기 직업의 정상에 도달할 수 있다. 전쟁사와 군대문제가 군 관련서적이나 군대교육에서 끊임없이 중요시되고 있는 이유가 바로 여기에 있다.

헌팅턴은 군의 전문기술에 능통하기 위해서는 문화 전반에 걸친 폭넓은 보편적인 교육 또한 필요하다고 주장한다. 역사의 어느 단계에서 폭력을 조직하고 행사하는 일은 사회의 전반적 문화유형과 밀접히 연관되어 있다. 법학이 역사학, 정치학, 경제학, 사회학, 심리학 등과 연결되듯이, 군사학의 경우도 마찬가지다. 군 장교도 자기 역할을 올바르게 이해하기 위해서 자기 분야와 다른 분야와의 관계는 물론 다른 분야의 지식이 자기 분야의 업무수행에 어떻게 기여하는가에 대해서도 능통해야 한다. 더군다나 단순히 직업적 훈련만으로는 분석력, 통찰력, 상상 및 판단력을 진정으로 개발할 수 없다. 전문분야에서 요구되는 정신력과 기질은 폭넓은 학습과정을 통해서 얻어질 수 있다. 법률가나 의사와 마찬가지로 항상 인간을 다루고 있기 때문에, 군인은 일반교육에 대한 폭넓은 이해가 필수적으로 요구된다. 법률이나 의학을 전공하려면 일반 대학과정을 이수해야 하는 것처럼, 전문 직업군인이 되기 위해서는 일반 교양과정을 이수해야 한다는 점은 보편적으로 인정되고 있다(Huntington, 1957: 11-14).

장교단의 사회적 책임: 폭력관리와 군사적 안전

장교 직의 전문성은 장교에게 특별한 사회적 책임을 부여한다. 만일 장교가 자기의 전문기술을 개인적 이익을 위하여 분별없이 사용한다면 사회를 완전히 파멸시킬 수 있을 것이다. 그렇게 때문에 헌팅턴은 의술의 경우와 같이 폭력관리 기술도 사회적으로 용인된 목적을 위해서만 사용해야 한다고 주장한다. 모든 사회는 자체의 군사적 안보를 확립하기 위해서 군의 폭력관리 기술의 사용에 직접 그리고 지속해서 관심을 두고 있다. 국가는 다른 전문직업은 간접적으로 규제하지만, 폭력행사를 주요 임무로 하는 군대에 대해서는 국가가 전적으로 통제하고 있다. 의사의 전문기술은 진찰과 치료이고 자기 환자의 건강에 대해 책임을 지는 반면, 장교의 전문지식은 폭력관리이며 그의 고객인 사회의 군사적 안전에 대해 책임을 지고 있다. 장교가 자신의 책임을 이행하기 위해서는 폭력관리 기술에 통달해야 하는데, 폭력관리에 통달한다는 것은 곧 사회적 책임을 수용하는 것이다. 이렇게 군인의 책임과 기술은 다른 부류의 직업인과 명확히 구별된다. 사회의 모든 구성원이 사회의 안보에 관심을 두고, 국가 역시 다른 사회적 가치와 더불어 사회적 안보를 구현하기 위해 직접 관여한다. 그러나 장교단은 다른 사회적 목표를 외면한 체, 군사적 안보에 대해서 전적으로 책임을 진다.

그렇다면, 군 장교는 전문직업적 동기를 가지고 있는가? 장교는 본질에서 경제적 동기 때문에 행동하지는 않는다. 서구사회에서 장교에 대한 금전적 보수는 전통적으로 별로 좋지 않았으며, 장교들의 직업상 행위가 경제적 보수나 처벌로 좌우되는 것도 아니다. 또한, 전문직업 장교란 높은 보수를 위해 이곳저곳 옮겨 다니는 용병도 아니고, 그렇다고 일시적인 애국심이나 의무감에 감화되어 단기적으로 근무하는 시민군과도 다르다. 장교의 복무 동기는 폭력관리 기술에 대한 사랑과 이 기술을 사회의 안녕 복지를 위해 사용하고자 하는 사회적 책임의식이며, 이 두 가지가 결합하여 장교의 직업적 동기를 형성한다고 할 수 있다. 한편, 사회 입장에서는 현역일 때나 예편한 이후거나 군인에 대한 지속적이고 충분한 보상을 제공할 때에 그러한 직업주의적 동기를 확보할 수 있다.

장교는 지적으로 훈련된 기술의 소유자로서, 그러한 지적 기술에 통달하기 위해서는 집중적인 연구와 노력이 요구된다. 그렇다고 해서 장교가 비현실적인 이론가는 결코 아니다. 의사나 변호사와 마찬가지로 장교라는 직업은 끊임없이 사람들을 다루어야 한다. 다시 말해서 장교의 직업적 능력은 자신의 전문지식을 인간적 맥락에 적용함으로써 자신의 능력을 검증할 수 있다. 그러나 장교의 전문지식 활용은 경제적 수단에 의해 결정되는 것이 아니므로 장교들은 동료나 부하 상급자 그리고 그가 봉사하는 국가에 대해 자기 책임을 명확하게 밝히는 실질적인 지침이 필요하다.

군대조직 내에서 장교의 행동은 여러 가지 군대규율과 관습 및 전통 등의 복잡한 규범에 의해 규제되고 있다. 또한, 사회와 관련된 행위는 사회의 정치적 대리인인 국가에 의해 승인된 목적을 위해서만 자신의 전문기술을 사용해야 한다는 인식에 바탕을 두고 있다. 의사는 환자에 대하여, 변호사는 소송의뢰인에 대하여 일차적인 책임을 지지만, 장교는 국가에 대해 책임을 진다. 국가에 대한 장교의 책임은 일종의 전문적인 자문가와 같은 것으로 자기 고객인 국가에 대해 군사 영역에 한정되고 (마치 의사나 법률가가 자기 고객의 한 분야만을 다루듯이), 따라서 자기 전문분야를 넘어선 문제에 대해서는 자기 결정을 고객에게 강요할 수 없다.

장교가 고객에게 할 수 있는 것은 자기 전문영역에서 필요한 것이 무엇이며 그러한 필요를 충족시키기 위해서 어떻게 해야 할 것인가를 조언해 줄 뿐이며, 자신의 고객인 국가가 결정을 내렸을 때는 국가가 원하는 바가 이루어지도록 도와주는 것이다. 장교의 국가에 대한 행위는 법조문에 의해 제시되며 그것은 의사나 법률가의 직업윤리 실천요강과 비슷하다. 장교의 대부분의 행동준칙은 관습, 전통 또는 장교단 내에 전승되어 오는 군인정신에 나타나 있다(Huntington, 1957: 14-16).

장교단의 단체성: 자율적 사회집단

군 장교직은 관료적 형태를 갖춘 공공 직업으로 이 전문직을 수행할 수 있는 법적 권리는 엄격히 규정된 단체의 성원에 한정되어 있어서, 장교임관은 의사가 면허장을 받는 것과 비슷하다. 그러나 조직적 차원에서 장교단은 국가가 만든 창조물 그 이상이다. 즉, 국가안보라는 기능적 필요성 때문에 복잡한 군 직업주의가 정착되고 자율적인 사회적 단위로서 군 장교단을 만든 것이다. 장교단에 가입은 도중에는 불가능하고 일정한 선발 과정을 거친 자들이 양성과정에서 소정의 교육과 훈련을 받고 임관한 직후, 가장 낮은 계급으로부터 시작된다.

장교단의 집단적 구조에는 공식적인 장교 관료조직뿐만 아니라, 전체 사회를 포함하여 결사체, 학교, 신문, 잡지, 관습, 전통이 포함된다. 다른 직업과 달리 장교의 직업 세계는 특성상 개인 활동의 거의 전부를 포괄하고 있다. 군인은 일반사회와 격리된 채 생활하고 근무함으로써, 장교는 다른 어느 전문직보다 물리적이건 사회적이건 비직업적인 접촉을 적게 하는 경향이 있다. 또한, 장교와 일반인과는 제복과 계급장으로 확연히 구별되고 있다.

장교단은 관료적인 전문직업인 동시에 하나의 관료적 조직체이다. 직업적 관점에서 볼 때에 능력 수준은 계급에 의해 위계서열로 구분되며, 관료조직의 제반 임무는 직위의 서열에 의해 구분된다. 계급은 개인에게 부여되는 것으로 경험, 선임, 교육 정도 및 개인의 능력으로 측정된 개인의 직업적 성취를 나타내는 것이다. 특정 계급으로 진급은 국가에 의해 확립된 보편적 원칙에 따라 장교단 자체에서 실시하는 것이 일반적이다. 모든 관료조직에서 권위는 직책으로부터 유래하는데, 군대 관료조직에서 직책에 임명될 자격은 계급에서 유래한다. 장교는 자기의 계급 때문에 소정의 임무와 기능을 수행하는 것이지 직책에 임명되었기 때문에 계급을 수여받는 것은 아니다. 물론 현실적으로 이런 원칙에 예외가 없는 것은 아니지만, 전문직으로서 장교단의 기본적 성격은 계급이 직책에 우선한다.

장교단에는 일반적으로 비전문적인 예비역 장교 다수를 포함하고 있다. 그것은 장교단의 수요변동과 비상시 필요한 장교단을 평시에 지속해서 유지할 수 없어서 불가피한 조치이다. 예비역 장교는 장교단의 임시적 보충역으로서 교육과 훈련을 마치고 군대 계급의 취득자격을 얻는다. 장교단의 일원으로 복무할 동안 그들은 직업군인이 누리는 모든 특전과 의무를 동시에 가진다. 그러나 그들과 직업장교는 법적으로 구별되고 전문직업 장교단으로 유입은 더욱 제한되어 있다. 예비역 장교가 전문적 책임을 떠맡는 것은 일시적이며, 따라서 그들의 동기, 가치, 그리고 행동은 흔히 전문 직업장교와는 구별된다.

장교에 종속된 사병들은 군대라는 관료 조직체의 일부이지만, 전문직업적 관료라고 할 수는 없다. 사병들에게는 장교의 지적 기술도 없고 직업적 책임도 지지 않는다. 이들은 폭력사용(application of violence)의 전문가이지 폭력관리의 전문가는 아니며, 단순한 기능직이고 전문직은 아니다. 장교와 사병의 이런 근본적 차이점은 세계 어느 군대에서도 장교와 사병 간 명확한 구분이 있다는 사실로도 알 수 있다. 그러한 차이가 없었다면 군대는 말단 사병으로부터 최고위 장성에 이르기까지 같은 계급조직으로 구성되었겠지만, 장교와 사병 간의 근본적 차이로 불연속적인 계급구조로 되어 있다. 장교와 사병 직무의 근본적인 차이점 때문에 사병에서 장교로 승진이 불가능하며, 설사 사병 출신 중에서 개인적으로 장교가 되더라도 이는 예외적인 경우이지 보편적인 현상은 아니다. 장교에게 필요한 교육과 훈련이 사병으로서 장기복무에 적합하지 않다(Huntington, 1957: 16-18).

4. 군 직업윤리와 보수적 현실주의

군인정신으로서 군 직업윤리

헌팅턴은 군대로부터 유래하는 태도나 가치가 군인정신을 반영한다고 보고 군대 가치와 태도와 밀접한 군 직업윤리에 대해 탐구함으로써 군인정신을 파악하고자 한다. 똑같은 방식으로 오랫동안 생활하는 자는 나름대로 독특하고 지속적인 사고방식을 갖게 된다는 것이다. 그들은 세상과의 독특한 관계로 인해 특이한 세계관을 형성하고 자기 활동과 역할을 합리화하는데 그들이 만일 전문직업인일 경우에는 더욱 그렇다는 것이다. 그리하여 전문직업은 다른 직업에 비해 엄격하게 규정되고 철저하게 배타적이어서 다른 사람들의 활동과 확실히 구분된다. 전문적 역할을 오래 수행하다 보면 전문직업의 독특한 세계관 혹은 정신을 갖게 되는데, 이런 의미에서 군인정신은 군대의 전문적 역할 수행에 내재하고, 그것으로부터 유래하는 가치, 태도, 그리고 관점으로 구성된다. 군대의 역할은 국가의 군사적 안전을 책임지고 폭력관리의 전문가인 관료화된 공적 전문직에 의해 수행된다. 특정 가치나 태도가 만약 군 전문직업의 특수한 전문기술, 책임 및 조직에 함축되어 있거나 연유된다면, 그것이 바로 군 직업윤리라는 것이다. 군 직업윤리는 비전문가에 대한 전문가의 행동을 규제하는 좁은 의미의 직업윤리보다 광범하며 군대직업을 지속해서 수행하면서 기대할 수 있는 바람직한 가치나 기대까지 포함된다.

따라서 헌팅턴은 군인정신을 실제 사람과 집단의 믿음을 분석할 수 있는 베버의 이념형으로 본다. 개인이나 집단은 군사적 관점에 의해서만 동기화되지 않기 때문에, 그런 개인과 집단이 이념형으로서 군 직업윤리를 모두 수용하지는 않을 것이다. 어느 장교단이 군 직업윤리를 따르는 것은 그 윤리가 전문직업적 명령에 의해 형성된 수준만큼 따른다는 것이다. 군 직업윤리는 군사적 역할에 본질적인 변화가 없는 한 그 내용 역시 변하지 않는다. 페니실린의 발견이 의사윤리를 변화시키지 않았듯이 단순한 군사기술의 변화가 군 직업윤리의 특성을 변화시키지는 않는다. 따라서 군대 직업윤리는 어느 시대, 어느 장소, 어떤 장교단의 전문직업주의라도 평가할 수 있는 불변의 규범이며, 이런 이념형을 군 직업윤리라고 명명할 수 있다. 그리하여 헌팅턴은 군 직업윤리를 인간과 사회와 역사, 국가의 군사정책, 군과 국가의 관계로 분리하여 살펴보았다.

인간과 사회와 역사에 대한 군대 관점

군대 전문직의 존재는 상충하는 인간의 이익과 그런 이익을 증진하기 위해 폭력사용을 가정하고 있다. 따라서 군 직업윤리는 갈등을 자연계의 보편적 현상으로 그리고 폭력을 생물학적으로나 심리학적으로 인간의 지속적인 본성에 기초하고 있다고 전제한다. 이는 인간의 선악 가운데, 군대 윤리는 인간의 악한 본성에 주목한다. 인간은 이기적이며 권력과 부 그리고 안전에 대한 충동으로 동기화된다. 인간의 마음이란 태어날 때부터 일방적이고 한계가 있다. 인간의 강점과 약점 가운데 군대 윤리는 인간의 연약함을 강조한다. 인간의 이기심 때문에 투쟁이 발생하지만, 인간의 연약함 때문에 인간은 갈등 해소를 위해 조직과 규율 그리고 리더십에 의존한다는 것이다. 클라우제비츠가 지적한 바와 같이 전쟁이란 하나같이 인간의 연약함을 상정하고 전쟁은 그런 연약함에 주목한다. 일반 사람이 영웅적이 아니라는 사실을 누구보다 군인들이 더 잘 알고 있다. 군대 직업은 인간을 조직함으로써 생태적인 공포와 약점을 극복하려 한다. 전쟁과정에서 불확실성과 우연 그리고 적의 행동에 대한 예측의 어려움 때문에 군인들은 인간의 선견지명이나 통제능력을 잘 믿지 않는다. 전쟁은 불확실성이 지배하는 영역이며 전쟁에서 행동을 결정짓는 대부분 상황은 불확실성의 안개 속에 있다고 클라우제비츠는 말했다. 더욱이 인간의 본성은 보편적이고 불변적이어서 어느 시대 어느 장소이건 인간이란 본질에서 동일하다. 따라서 인간에 대한 군대적인 관점은 비관적이다. 인간은 선하고 강하며 합리적 요소를 가지고 있으나, 동시에 악하고 약하고 비합리적이라는 것이다.

군대라는 전문직업의 존재는 서로 경쟁적인 민족국가의 존재 여부에 달려있다. 군 전문직업의 책임은 국가에 대한 군사안보를 증진하는 데 있다. 이러한 책임을 수행하기 위해서 협동과 조직과 규율이 필요하다. 군인은 군인으로서 전체 사회에 봉사하는 것이 의무이고 이런 의무를 이행하는 수단의 성격 때문에 개인보다 집단의 중요성을 강조한다. 어떠한 군의 활동이건 승리를 위해 개인 의지를 집단의 의지에 종속시켜야 한다는 것이다. 그리하여 전통, 정신, 단결, 공동체—이런 것들이 군대 가치체계에서 높게 평가받는다. 장교는 그의 개인적 이익과 욕구는 군대와 국가에 봉사하기 위해 억제해야 한다. 19세기 독일의 군 장교들이 지적했듯이 군인은 개인적 이익이나 이득 그리고 영달을 극복해야 하며 이기주의는 장교단에 최대의 적이다. 인간은 사회적 동물이며 집단 속에서 존재한다. 그는 집단 속에서 자신을 방어하며, 더욱 중요한 점은 인간의 자아실현은 집단 속에서 가능하다. 약하고, 보잘것없고, 무상한 개인은 영원불멸하는 유기체의 권능과 위대함, 영속성과 광체 속에 들어감으로써 정서적 만족감과 도덕적 성취감을 만끽할 수 있다. 그리하여 헌팅턴은 군 직업윤리의 본질을 집단적이고 반개인주의적이라고 규정한다.

군대직업은 그것이 여러 경험을 축적하여 전문적인 지식체계를 갖추고 있다는 점에서 전문직업이다. 군사적 관점에서 보면 인간은 경험을 통해서 배운다. 만일 경험으로 배울 기회가 없다면 다른 사람의 경험을 통해 배워야 하고, 그런 이유로 장교들은 역사를 공부한다. 군 직업윤리는 따라서 역사의 합목적적 연구에 높은 가치를 부여한다(Huntington, 1957: 63-64).

군사정책에 대한 군대 관점

헌팅턴에 의하면, 국가정책에 대한 군의 관점은 국가안보에 대한 직업적 책임감을 반영하고 있다. 이 같은 책임감으로 인해 군대는 국가를 가장 중요한 정치적 단위로 여기고 국가의 안보에 대한 지속적 위협과 전쟁의 가능성을 경계하며, 안보에 대한 위협의 심각성을 경계하여 강력하고 다양한 군사력의 유지를 강조하고, 국가안보의 약속이나 불확실한 상황의 전쟁에 반대한다는 것이다.

이런 이유로 첫째, 군 전문직의 존재는 군대조직을 유지할 능력과 안보위협에 대처하기 위한 조직을 보유하고 있는 민족국가의 존재 여부에 달려있다. 군인들은 국가를 가장 중요한 정치단위라고 여기며 군사력의 유지와 사용의 정당성은 국가의 정치적 목표에 달려 있고 전쟁의 원인은 항상 정치적이라고 본다. 정치적 목표를 지향하는 국가정책은 전쟁에 우선하여 전쟁 개시 여부와 전쟁 성격을 규정하고 전쟁 종결을 결정한다. 결국, 전쟁은 정치적 목적의 수단이고 따라서 전쟁의 목적이 자기 파멸이 되어서는 안 되기에 총력전이나 절대전은 피해야 한다는 것이다.

둘째, 군인은 항구적인 안보의 불안과 전쟁의 불가피성에 대해 믿고 있다. 국가 간의 관계에서 경쟁은 불가피하고 따라서 안보문제는 결코 완전히 해결될 수 없다는 것이다. 국가 간의 경쟁은 지속하고 전쟁이란 국가 간 경쟁이 심화할 경우 발생하는 것으로 따라서 전쟁은 항상 발발하게 되어 있고 궁극적으로 피할 수도 없다. 전쟁은 국가 간 직접 상충하는 정책 때문이지만 그런 갈등의 궁극적 원인이 인간 본성에 깊이 내재하여 있다고 본다. 전쟁의 원인이 인간 본성에 내재하기 때문에 전쟁의 완전한 폐기는 불가능하다. 따라서 군인은 국제조약이나 국제법, 중재, 국제기구 등 평화를 위한 제도적 장치에 대해 회의적이다. 언제나 전쟁의 결정적 요인은 국가 간의 역학관계에서 찾을 수 있기 때문에 전쟁을 방지할 수 있는 가장 확실한 방책은 충분한 힘을 확보하는 것으로 생각한다. 어느 국가건 자신의 주장을 뒷받침할 충분한 힘과 의지가 없다면 외교로 얻을 수 있는 것은 거의 없다는 것이다.

셋째, 군인들은 안보위협의 중대성과 심각성을 항상 강조한다. 그들은 계속되는 안보위협의 성격뿐만 아니라 현재의 심각한 위험에 대해서 강조한다. 군인의 전문 직업적 능력으로 위협의 정도를 정확히 파악하며, 동시에 그들은 전문직업의 이익과 그런 위험을 강조해야 할 의무를 동시에 가지고 있다. 그 결과, 국제정치의 객관적 현실만으로는 군대의 상황인식을 부분적으로만 확인할 수 있다. 군인의 인식 역시 그들의 주관적이고 직업적 편견을 반영함으로써 때로 안보위협이 거의 없는 경우에도 군사적 위협이 실재한다고 믿는다. 군인들은 안보위협을 평가하는 데 있어서 타국의 의도보다 그들의 전쟁 능력에 주목하여 군사적 통계치나 시간적 공간적 자원들을 중시한다.

넷째, 국가안보에 관심 있는 군인들은 안보를 위해 가용한 군사력의 확장과 강화를 추구한다. 이를 위해 군대는 국방예산을 많이 요구하고 현실적인 군사력과 무기의 비축을 원한다. 그들은 잠재적 군사력보다 실제 군사력을 원한다. 군인은 또한 상호안전보장이나 동맹으로 국력을 강화할 수 있다면 외교적 방법으로 국가를 보호하는 것도 선호한다.

마지막으로, 군인은 국가 능력을 벗어난 지나친 안보약속도, 승리가 불확실한 상황에서 전쟁개입도 반대한다. 군인은 정치가의 안전보장에 대한 과장된 약속을 경계하는데 그것은 국가안보를 희생해가며 이념적 목표를 추구해서는 안 되기 때문이다. 또한, 군인들은 승리를 확신할 수 없는 전쟁에 개입하는 것 역시 반대하는데, 그것은 전쟁 개시 여부를 정치인이 결정하지만, 전쟁을 수행하는 자는 군인 자신들이기 때문에(Huntington, 1957: 64-70) 전쟁을 최후 수단으로만 활용해야 한다고 생각한다.

군대와 국가와의 관계

헌팅턴에 의하면 장교들은 군대에 관한 전문적 능력은 있으나 타 분야에 대한 능력은 부족하다. 따라서 군대와 정부와의 관계는 자연스럽게 노동 분화에 기초하고 있다. 양자 간의 분업적 관계는 군사 전문가와 정치 전문가의 각각의 상대적 능력과 밀접히 관계되어 있다. 군사학이 전문직업화 이전에는 한 사람이 두 영역의 능력을 동시에 보유할 수 있었으나 전문화가 이루어진 오늘날 이런 것은 불가능하다. 나폴레옹은 전통적으로 군대와 정치를 통합한 장본인이었으나 이 두 영역을 비스마르크와 몰트케에 의해 분리되었다. 정치인과 군 장교 간 관계의 핵심을 정확하게 정의할 수 없지만, 양자의 관계를 지배해야 할 중요한 원칙 몇 가지를 제시할 수 있다.

군대는 의사결정과 행동에 전문적 훈련과 경험으로 얻어진 전문적 능력이 요구되는 분야이다. 이 분야는 군사력에 의해 국가정책의 수행과 관련되어 있고 불변 요소와 가변 요소로 구분되는데, 불변 요소란 인간 본성과 자연지리의 불변성이 반영되었고 따라서 가변 요소인 전술이나 병참과 구별된다. 이를 전략이라고 칭할 수 있는 일련의 전쟁에 관한 근본적, 불변적, 영속적 원칙으로 공식화할 수 있다. 그러나 전략의 기본 원칙을 현실에 적용하는 것은 과학기술과 사회조직의 변화와 함께 끊임없이 변하여 왔다. 따라서 바람직한 군인은 전략적으로는 보수적이지만, 새로운 무기와 전술유형에 대해서는 개방적이고 진취적인 사람이다. 그는 또한 군사학의 불변요소와 가변요소에 대해 전문가여야 하고 그의 핵심적 재능은 가변적인 전술유형과 관련된 불변적인 기본 조건들을 잘 연관시키는 데 있다. 정치인들이 군사 전문가의 판단을 수용해야 하는 영역이 바로 이 부분이다.

정치란 국가정책의 목표를 다루는 영역으로서 정치인의 능력이란 의사결정에 작용하는 요소들과 이해득실을 폭넓게 알고 그런 결정을 할 수 있는 합법적 권위를 보유하고 있느냐의 여부에 달려있다. 정치는 군사적 능력 범위를 벗어나는 영역이어서 군인이 정치에 개입하게 되면 직업적 능력을 스스로 박탈하고, 장교단을 내부적으로 분열시키고, 군 전문직의 가치를 군대와 무관한 가치로 대치시킴으로써 그들의 전문직업주의를 스스로 훼손한다. 이런 이유로 군 장교는 정치적으로 중립을 지켜야 하고 지휘관은 정치적 편의 때문에 자신의 군사적 판단이 왜곡되는 것을 허용해서는 결코 안 된다는 것이다. 따라서 군대 영역은 정치 영역에 종속되지만 동시에 그것으로부터 자유로워야 한다. 전쟁이 정치적 목적에 기여하듯이 군대직업은 국가목표에 기여해야 한다. 문민우위의 통제는 국가정책의 목표를 위해 자율적인 전문직이 정치에 적절히 종속될 때 가능한 것이다.

국가에 대한 군인의 책임은 다음과 같이 세 가지로 요약된다. 첫째, 군인은 국가조직 내에서 군사안보에 관해 정부에 요구할 수 있는 대표적 기능을 수행한다. 그는 타국의 군사적 능력에 비추어 자국의 군사안보를 위해 최소한 필요한 내용을 당국에 알려주어야 한다. 그것은 군인이 국가기관에 자신의 견해를 제시할 권리와 동시에 의무가 있기 때문이다. 둘째, 군 장교는 군사적 관점에서 국가행위의 여러 대안과 그 의미를 분석하고 보고하는 자문가적 기능을 수행해야 한다. 여러 대안 가운데 국가지도자로 하여금 어떤 것이 바람직한지 판단할 수 있도록 군사적 관점에서 관련 자료와 의견을 제시해야 한다. 마지막으로, 군 장교는 국가정책이 비록 그의 군사적 판단과 현격히 배치된다하더라도 이를 실행해야 할 집행기능을 담당하고 있다. 정치인들은 국가목표를 설정하고 이 목표를 달성하는데 필요한 자원을 군대에 할당해 주면 군인은 목표 달성을 위해 최선을 다하는 것은 군인 자신에게 달려있다. 바로 이것이 정책과 관계된 군사전략 즉, 목표달성을 위해 장군에게 주어진 수단을 실제 적용하는 것"의 의미이다. 전략과 정책이 중첩되는 영역이 실재한다. 이 영역에서 군의 최고 지휘관은 온전히 군사적 관점에서 의사결정을 할 수 있는데, 그것은 그가 깨닫지 못한 정치적 함의를 발견하기 위함이다. 그리하여 이것이 사실일 경우, 전략적 차원보다는 정책적 차원에서 의사결정을 해야 한다. 군의 최고 지휘관은 군사적인 관점의 정치적 함의를 항상 생각해야 하고 정치인의 최종 결정을 기꺼이 수용해야 한다.

군 전문직업은 국가에 봉사하기 위해 존재한다. 군인직업과 그들이 지휘할 군대가 국가에 최고로 봉사하기 위해서는 국가정책의 효율적 수단으로 조직되어야 한다. 이 말은 결국 군 전문직은 명령복종의 위계질서로 조직되어야 한다는 것이다, 군 전문직업으로서 그의 기능을 수행하기 위해서 군대 내에서 상위계급은 하위계급에 즉각적이고 충성스런 복종을 요구할 수 있어야 한다. 이런 위계서열의 관계없이 군 전문직은 불가능하다. 따라서 충성과 복종은 최고의 군사적 덕목이고 명령복종의 규칙은 모든 다른 군사적 덕목이 그에 의존해야 할 유일한 덕목이라는 것이다. 따라서 군인은 권위 있는 상급자로부터 합법적 명령을 접하면, 그는 이론을 제기하거나 주저하지 않고 자신의 견해를 그것과 대체하지도 않고, 즉시 복종해야 한다는 것이다.

전략과 정책이 중첩되어 있는 부분이 있는데, 이런 경우 군 지휘관은 전략적 고려보다는 정치적 고려를 더 우선시해야 한다. 군 지휘관이 그의 업무 수행 능력상 정치적 요소와 군사적 요소가 동시에 연관되는 결정을 내릴 필요가 있을 때 군인은 우선 군사적 해결책을 강구하는 것이 바람직하며, 만일 정치가들의 권고가 있을 때 그에 따라야 할 것이다.

군의 불복종 문제는 첫째, 군의 상급 지휘관과 하급자의 관계에서, 둘째, 군 지휘관과 정치가와의 관계에서 발생할 수 있다. 먼저 군의 상급 지휘관과 하급자 간의 불복종 문제는 지휘체계의 와해를 가져올 수 있고 정당화되는 경우가 거의 없다. 다른 경우는 군 지휘관과 정치인의 관계에서 발생할 수 있는데, 정치인이 재앙으로 이끌 수 있는 정치인의 전쟁 의지와 반대로 전쟁을 엄격하게 제한하려는 정치인의 의도를 들 수 있는데, 이 경우 군인들은 정치인의 결정에 대해 자신의 의견을 제시한 다음 정치가가 전쟁을 결정한다면 이에 복종해야 한다. 히틀러의 외교정책에 반대한 다수 독일 지휘관들과 한국전쟁 시 확전을 추구했던 맥아더 장군은 그 어느 경우도 군 장교로서 바람직한 역할이 아니다. 이와 반대로 정치인이 군 고유영역에 개입할 경우와 합법적 권위도 없이 민간 정치인이 명령을 내리는 경우, 이에 대한 불복종은 정당화 될 수 있다. 반면 군사적 명령복종과 기본 도덕성 간의 갈등이 있는 경우인데, 예를 들면 정치가가 대량학살을 명할 경우 여기에 대해 군인의 양심에 따른 불복종이 정당화된 사례는 아주 드물다고 보아 헌팅턴은 상급자의 명령에 복종하는 것이 군인의 바람직한 자세라고 주장한다.

군 직업윤리는 인간 본성의 불변성, 비합리성, 약함과 악함을 가정하고 있다. 그것은 개인에 대한 사회의 우월성과 명령, 위계질서와 기능분화의 중요성을 강조하며 민족국가를 정치조직의 최고 형태로 받아들이며 국가 간의 전쟁 가능성을 인정한다(Perlmutter and Bennett. 1980: 51). 따라서 군 직업윤리는 국가안보를 위해 강력한 군사력의 유지를 강조한다. 전쟁은 정치의 수단이고 군은 정치가의 봉사자이며 군에 대한 문민통제는 군 직업주의에 필수적이며 명령복종을 군인의 최고 가치라고 주장한다. 그리하여 군 직업윤리는 직업적 관점에서 비관적이고, 집단적이고, 역사 지향적이고, 국가주의적이며, 무력 지향적이며, 집단주의적이고, 평화주의적이며, 도구주의적이다. 이 모든 것을 요약하면 군 직업주의는 현실주의적이고 보수주의적이다(Huntington, 1957: 70-79).

요약 및 결론

헌팅턴은 전문직업의 특징을 전문성(expertise), 책임(responsibility) 및 단체성(corporateness)의 세 가지로 요약하고 있다. 장교는 폭력관리와 행사에서 전문가이며 폭력행사는 사회의 군사적 안전을 위한 합법적인 목적에 한정되고 그 행사는 국가가 요청해 올 경우 할 수 있다. 헌팅턴은 군 전문직업의 전문기술, 책임 및 조직에 함축된 바람직한 가치나 태도를 군 직업윤리라고 정의하고 인간과 사회와 역사, 국가의 군사정책, 국가와 군대의 관계에 대한 태도와 가치를 파악함으로써 군인정신을 규명코자 하였다. 군인들은 갈등과 폭력현상에 대해서 악하고 약하고 비합리적인 인간의 본성에서 찾으려 한다는 것이다. 또한, 군인은 국가안보를 위한 의무수행을 위해서는 개인보다 집단을 보다 중요시하며, 군대는 국가를 가장 중요한 정치단위로 인식하고, 국가안보의 위협과 전쟁 가능성, 그리고 안보위협의 심각성을 강조하고, 따라서 강력한 군사력을 지지한다.

군대와 국가의 관계에 대해 군인은 정치적 중립을 지켜야 하며 군 전문직업으로서 기능을 효율적으로 수행하기 위해서 충성과 복종은 최고의 군사적 덕목이라는 것이다. 군 직업윤리는 직업적 관점에서 비관적이고, 집단적이고, 역사 지향적이고, 국가주의적이며, 무력지향적이며, 집단적이고, 평화적이며, 도구주의적이다. 이 점을 요약하면 군 직업주의는 현실주의적이고 보수주의적이라는 것이다.

헌팅턴의 전문 직업군인에 대한 이미지는 전통적 군대의 직업군인에 초점을 맞추고 있는 듯하다. 즉, 군대를 국가이익의 증진을 위한 적극적 수단으로 활용되던 시대의 직업군인을 상정하고 규범적이고 이상적인 직업군인의 모습을 그리고 있다. 이런 직업군인 관은 군대 내부적으로 지향하는 가치나 전문직업인으로서 바람직한 군인의 태도를 분석하는 데 유용하지만 군사기술의 급격한 발전으로 군대가 복잡해지고 전문화된 현대군대를 분석하는데 한계가 있다. 군인과 정치와의 관계에 대해서 자노비츠가 지적했듯이 현대 군대와 정치영역이 긴밀하게 연결된 상황에서 군의 정치적 역할과 그 영향에 해박해야 할 군인의 모습과는 거리가 있다. 또한, 전면전이 어려운 상황에서 정치적 판단과 군사적 고려 및 행위를 구분하기가 어려워지고 군대의 규모와 구조가 복잡해진 현대 군대를 분석하는데 한계가 있다.

제3장
경험적 군 전문직업주의

직업군인에 관한 기존의 연구들이 전통적 군대의 고전적인 직업군인상에 초점을 맞추고 있었다면, 자노비츠의 직업군인에 대한 연구는 2차 대전 이후 현대 군대의 직업군인에 대한 경험적 연구라는 것이 크게 다른 점이다. 자노비츠에 의하면 변호사나 의사와 같은 전문직업과 같이 장교단은 중단과 반전을 거치면서 점진적으로 발전해 왔다. 전문 직업집단은 자신의 정체성과 관리체계를 발전시켜왔는데, 정부가 때로 직접 개입하여 발전시키기도 하였지만, 전문직 스스로 직무수행의 기준과 직업윤리를 발전시켜 왔다. 오늘날 전쟁의 치명적인 파괴력을 고려할 때, 직업군인의 윤리와 책임은 과연 무엇을 위한 것인가 하는 의문이 제기된다. 군사적 목표달성을 위해 치열히 교전하고 있는 직업군인들에게 직업윤리와 책임이 하찮은 것이기도 하였다. 어쨌든 군 직업주의의 진정한 의미는 전쟁수행의 전문가인 직업군인에게 전쟁을 위임하는 것인데 그 결과 전쟁에서 아마추어 신사도가 쇠퇴했음을 의미한다.

과학기술의 발달과 국내외 정세 등의 변화에 따라 장교의 일상업무와 생활양식, 정치사회적 역할과 지위를 포함하여 군대조직에 근본적인 변화가 일어났지만, 일반인들은 여전히 과거 군대에 관한 고정 관념에 빠져 있다고 자노비츠는 지적한다. 그리하여 일반 사람들은 직업군인들이 규율이 엄격하고 융통성이 없고 정치적 타협을 모르고 군대 조직은 경직된 조직이라고 인식하고 있는데(Mills, 1958: 196), 이런 군인관은 군대 규모가 다양하고 기술구조가 매우 복잡해진 현대 군대 조직에는 타당하지 않은 관점이다.

또한, 자노비츠는 현대 장교들이 높은 직업적 지위를 누리지는 못한다고 지적하였다. 1966년 실시한 설문조사 결과에 의하면 군 장교(대위급)의 사회적 지위는 의사, 과학자, 대학교수나 목사보다 낮고[1], 일반인이 생각하는 군인의 지위는 공무원과 비슷하나, 교육수준이 낮을수록 그리고 젊을수록 군대에 호감을 나타내는 것으로 확인되었다. 한편, 과학기술의 발전과 더불어 군의 민간화가 이루어지고 군대와 정치가 서로 밀접히 연관됨에 따라 군인들이 정치적 성향을 나타내고 있다. 또한, 자노비츠는 핵무기를 비롯한 대량 살상무기가 등장하면서 과거와 같은 총력전이나 전면전이 어려운 상황에서 군대의 규모와 성격 및 군대의 역할에서 큰 변화가 있었다고 밝혔다.

군대조직의 주요 변화

자노비츠는 과학기술의 발달과 국내외 정세변화에 따른 현대 군대, 특히 미국 군대의 변화를 분석하는데 지침이 될 다섯 가지 가설을 제시하였다. 그가 제시한 가설을 요약하면 첫째, 군대 조직의 권위가 권위적 지배로부터 조종과 설득 및 집단 합의를 중요시하는 방향으로 변화하였고, 둘째, 군대와 민간 부문의 엘리트간 기술 격차가 줄어들었고, 셋째, 장교

1) 『현대의 사회학』(김경동, 1978: 347)에 의하면, 1967년 한국의 근로자에 대한 조사결과에서도 군장교(대위)는 의사 교수 변호사보다 낮으나 교사나 경찰보다는 높아 미국의 조사결과와 그 순위에서 크게 다르지 않다.

충원의 기반이 넓어졌으며, 넷째, 경력관리의 중요성이 보다 중요시되었고, 다섯째, 정치적 무관심과 중립적 태도로부터 군인들의 정치적 성향이 강화되었다는 것이다. 자노비츠는 이 가설들을 중심으로 현대 군대의 구조적 변화를 파악하고 그 결과를 바탕으로 다른 군대와 비교도 가능하다고 주장하였다.

1. 군대조직의 권위변화

군대조직의 권위가 변화했다는 가설은 군대 지휘체계의 현실적 변화와 문제를 설명하기 위한 가설이다. 전통적으로 군대는 전쟁에 대비하기 위한 지휘 통제의 필요성 때문에 엄격하게 계층화되고 권위적이라고 알려져 왔다. 이렇게 권위문제가 군대조직에서 중요시되는 이유는 폭력 관리자로서 군의 책임이 그만큼 막중하기 때문에 책임 소재를 포함하여 권위문제를 명확히 하기 위한 것이다. 긴박한 상황에서 군대의 엄정한 명령체계를 수립하기 위해서 군대의 관할권과 명령계통을 명확하게 하기 위한 노력이 지속되어 왔다.

권위적 지배로부터 조종과 설득 및 집단동조

군대의 규율과 권위의 기초가 권위적 지배로부터 점차 조종과 설득 그리고 집단동조에 의존하고 전투원을 합리적이고 관리적 기법을 적용하여 조직하고 관리하게 되었다. 권위적 지배(domination)가 조직의 목적에 대한 아무런 설명 없이 일방적으로 명령 지시하는 것이라면, 조종(manipulation)이란 간접적인 통솔기법을 활용할 뿐만 아니라 집단 목표를 강조, 설득하면서 명령을 내림으로써 전투원 개개인의 행동을 스스로 변화토록 한다는 것이다(Janowitz, 1971: 42). 결국, 조종과 설득이라는 말은 부하에게 명령과 지시를 내리면서 그들의 참여를 극대화하기 위한 효율적 관리 노력을 지칭하는 말이다.

현대 기술전은 매우 복잡하여 수많은 기술자 전문가 집단에 대한 지휘통제를 위해서는 단순히 지배나 엄격한 규율만으로는 불가능하게 되었다. 그리하여 오늘날 군대 규율의 본질을 인내와 솔선수범, 집단의 사기유지로 개념화하고, 군대 규율을 확립하기 위해 개인 처벌이나 전통적 괴롭히기 등의 부정적인 방법을 거부하고 있다. 그 대신, 군대 규율을 확립하기 위한 긍정적 기법으로 병사들의 물질적 복지의 개선, 지휘관의 리더십, 자신감과 자립심의 주입 등을 강조하였다. 군대 규율은 적과의 대치상태에서 중요하여 정당화될 수 있고, 군대 권위는 근본을 확립하는데 행사되어야 하며 지휘관이 사소한 문제로 부하들을 괴롭혀서는 안 된다는 사고가 팽배해지면서 군대 내에 지배와 명령(rule & command)으로부터 지휘통솔(leadership)을 중시하는 점진적 변화가 일어났다(Janowitz, 1971: 43)는 것이다. 군대 규율이 단순히 지배에 기초하였을 때, 장교는 그가 지배하는 부하들과 다르다는 점을 보여주어야 하지만, 부하들을 지휘하기 위해서는 지휘관은 자의적이고 가혹한 제재에 의존하지 않고 자신의 잠재력과 기술적인 능력을 지속해서 보여줄 필요가 있다.

군대조직의 권위문제에서 아직 완전히 해결하지 못한 딜레마는 다음과 같은 두 가지로 요약된다. 첫째, 군대 기강을 확립하기 위해 훈련과정에서 훈련과 검열을 어느 정도까지 실시할 것이며, 둘째, 전쟁 상황에서 어떻게 부대사기를 유지해야 하는가의 문제이다. 아직도 부대에서 병사들을 골탕먹이는 일이 행해지고 있으나 기본 훈련과정에서 과도한 훈련이나 검열이 줄어드는 추세이다. 또한, 전투상황하에서 권위는 공식 계급이나 법적 권위보다 개인적인 리더십, 원초적 연대감, 그리고 소규모 부대의 효율성을 유도해 낼 수 있는 능력이 중요시되어 실제 전투에서 "동조적 권위(consensual authority)"가 강하게 나타나고 있다.

군대조직에서 권위의 행사를 위해 군대규범에 기초한 공식적인 제재로부터 자발성(voluntarism)과 개인적 리더십을 더욱 중시하기에 이르렀다. 그리고 긴장상태의 조직에서 다 그렇지만, 군대조직에서 핵심적 지휘관의 활력 있는 지휘력이 매우 중요하게 되었다.

영웅적 지휘관, 군사 관리자, 그리고 군사 기술자 간 역할 균형

현대 군대조직의 역사는 전통과 명예를 강조하는 영웅적 지휘관형과 과학적이고 합리적인 전쟁수행에 관심 있는 군사 관리자형 간의 갈등으로 요약될 수 있다. 군사 관리자는 전쟁수행에서 과학적이고 실용적인 차원을 반영하고 민간영역과 효율적으로 연관되어 있는 군사 전문가를 말한다. 한편, 영웅적 지휘관은 군인정신과 용기를 구현하는 과거 무사와 기병 장교의 화신이다(Janowitz, 1971: 22).

영웅적 지휘관과 군사 관리자는 모두 군대 기술자의 전문적인 역할을 담당하지는 않는다. 그동안 핵무기와 미사일을 포함하여 군사기술의 획기적인 발전과 함께 조직혁명을 경험한 군대는 영웅적 지휘관, 군사 관리자, 그리고 군대 기술자의 역할 상의 균형이 필요하게 되었다. 과거 전통적인 군대에서 영웅적 지휘관의 역할이 가장 중요하였다면, 오늘날 과학기술이 발전함에 따라 군대 기술자와 군대 관리자의 역할이 크게 확대되었다. 그러나 다른 한편으로 군에서 전통주의가 많이 약화하기는 하였지만, 여전히 영웅적인 지휘관의 역할이 매우 중요하다.

어느 전문직업에서건 전통적 사고와 기술적 효율 간 갈등이 있기 마련인데, 과거 직업군인들은 대체로 기술변화와 조직개편에 반대하였고 정치적인 현상유지를 지향하며, 국제관계에서 폭력의 불가피성을 믿으나 전쟁의 정치사회적 결과에 대해서는 관심이 부족한 편이었다. 이렇듯 직업군인들이 보수적인 이유는 군대 자체가 민간 사회, 구체적으로 정치적 엘리트에 의존하고 있었고, 무엇보다 그들이 귀족이나 사회적 상층 출신이었기 때문이었다.

그러나 19세기 이래 군대가 대규모로 전쟁에 참여하면서 군대 지도자들은 과학기술뿐만 아니라 조직혁신에도 적극적이었다. 거대 조직의 요소인 참모조직과 계선 조직을 세분화하고 통계학과 OR 등에 기초한 조직 관리 기법들이 군대에서 발달하여 정부와 민간기업으로 이전되기도 하였다. 2차 대전 이후 핵무기와 첨단무기 경쟁이 심화되면서 군대는 기술혁신에도 깊은 관심과 적극성을 보여 국방성과 신설된 합참 등의 군대조직에 민간 전문가들이 중요 업무를 수행하고 있다. 2차대전 이후 군대 내에서 독자적인 연구소가 설립되어 자체적으로 연구를 수행하고 있으며, 전쟁억제, 핵전 대비, 경보체계 등 전문지식과 기술이 필요한 새로운 임무는 연구소나 대학 등 민간집단이 수행하게 되었다. 결과적으로, 과학기술과 조직혁명으로 인하여 군대 영역에서 군사 기술자의 역할이 증대하였다(Janowitz, 1971: 22-31).

중앙집권적 통제와 비공식적 연결망

핵무기로부터 독침에 이르기까지 각종 무기를 갖춘 현대 군대조직의 출현으로 명령과 통제라는 고도로 정교한 지휘 통제체제가 필요하게 되었다. 군대조직 내 방대한 통신 및 정보체계가 주요 의사결정의 핵심부로부터 후방 병참 업무나 병력수급뿐만 아니라 작전지역의 선정에 이르기까지 운용되었다. 컴퓨터에 의한 통제는 전 세계에 걸쳐 핵무기 배치로부터 소규모 부대에 전투정보를 제공하기 위한 정보은행(data bank)에 이르기까지 군사행동 전역에 걸쳐 광범위하게 이루어졌다.

이러한 통제체제는 중앙집권적 권위체계를 형성하고 전투 현실로부터 초연하게 떨어져서 합리적인 의사결정을 내리는 조직의 분위기를 형성하였다. 비용산출(cost accounting) 및 비용—이윤분석(cost-benefit analysis)이나 기타 통계학적 방법은 "관리적 권위(managerial authority)"의 등장을 가져왔지만 그렇다고 군사업무가 통계적이며 부기식의 절차와 완전히 일치하지는 않는다. 명령과 통제체계가 운용되는 곳에서는 즉각적 대응이 요구되는 현실과 심각한 시간상 차질이 생길 수 있으며, 다른 대규모 조직과 마찬가지로 군대의 공식적 권위와 일상 업무 사이에 큰 격차가 발생하고 있다. 그리하여 군대의 최상급 단위로부터 최하급 단위에 이르기까지 모든 차원에서 명령과 보고의 공식적 지휘체계와 더불어 개인적인 감독, 구두 브리핑, 지휘관 회의 개인적 토론 등의 비공식적인 의사소통이 보완하고 있으며, 이러한 비공식적인 의사소통이야말로 군대라는 방대한 조직에 생명을 불어넣어 주는 활력소 역할을 하고 있다. 이것은 개인적 신뢰에 기반을 둔 비공식적 연결망(informal network)을 통하여 공식적인 지휘체계가 제대로 작동되도록 하는 것인데 이러한 인간관계의 비공식적 연결망이야말로 군대를 하나의 사회조직으로 결합해 주는 역할을 한다. 사실 군대조직에서 권위라는 것은 공식규정, 전문기술, 상호신뢰 등에 개인적 권위라는 강력한 요소가 교묘히 혼합된 하나의 복합체이다(Janowitz, 1971: XV-XVIII).

투사정신의 역할지속

기술혁신으로 군대조직이 기술 기업화 하지 않을까 하는 우려도 없지 않았다. 실제로 지난 50년간 기술발달로 군대직업은 민간화하였고 군인과 민간인의 경계가 약화하였다. 대량살상 무기는 군인과 민간인을 구분하지 않고, 고도로 복잡한 현대 무기와 장비 그리고 이에 대한 지속적 관리로 인해 군대와 민간조직의 차이가 감소하고 군인들은 지원 및 군수업무에 깊이 관여하게 되었다. 또한, 전쟁억제가 군의 주요 업무화 됨에 따라 군대는 정치, 사회, 경제 정책 등 보다 광범위한 영역에 관여하게 되었고 이런 점이 전통적인 군대의 성격을 상당 부분 완화시켰다.

이러한 변화에도 불구하고 군대는 여전히 군대의 독특한 특성을 잃지 않았다. 군대조직과 민간조직의 차이가 과거에 비해 많이 축소되었음에도 불구하고 여전히 군대적인 성격을 유지하고 있으며 이런 군대와 민간조직의 차이는 앞으로도 지속될 것이다. 군대가 아무리 기계화, 합리화되어도 생명의 위험과 공포가 수반되는 전투에서 영웅적 투사에 대한 필요성은 지속될 것이다. 바로 이점이 군대의 민간화를 억제하는 주요 요인이기도 하다. 재래식 전투준비는 앞으로도 계속 필요한 것이고, 그런 단위부대들은 자동화기를 중심으로 편성되고 복잡한 군수지원이 필요한데, 이런 부대들은 효율적으로 운용하는 조직체계와 용맹스럽고 강인한 투사정신이 공히 필요하다. 이런 투사정신은 군대의 기계화 추세로부터 멀리 떨어져 있을 때 더욱 잘 유지할 수 있는데, 그 전형적인 예가 일반 군대조직과 크게 다른 변종으로서 해병대를 들 수 있으며, 해병대는 바로 이런 고립으로 그들의 전투효율성을 유지하고 있다.

한편 전쟁억제가 군대의 주요 업무가 되고 기술자의 역할이 증가하더라도 군대는 결코 기술자를 직업군인의 모델로 삼지는 않는다. 군대직업의 이상형은 군사기술자가 아니라 전략적 지휘관이다. 전략적 지휘관은 금전적 수입보다는 애국심으로 똘똘 뭉친 영웅적인 지휘관의 모습이다. 금전적 수입이 중시되는 자본주의 국가에서조차 군대의 목표를 달성하기 위해 의무감과 명예심이 긴요하며, 영웅주의는 합리적인 군사 사상가들에게도 군대 목표 달성을 위해 중요한 고려요소이다. 확실히 전통적 가치는 모든 조직에서 필요하며 특히 군대에서 더욱 그렇다. 그 이유는 군대혁신을 위한 합리적 방법이 군인정신의 정수로서 위험에 당당히 맞서는 용감성을 대치할 수는 없기 때문이다. 지휘관 가운데 영웅적 지휘관과 군사 관리자의 차이에 오해 소지가 있을 수 있는데, 군사 관리자형은 전투부대를 지휘하고 위험에 맞설 준비가 된 용감한 사람이지만, 그들은 전쟁에서 승리할 가장 합리적이고 경제적인 방안에 보다 주의를 기울인다. 영웅적 지휘관형 역시 전쟁을 수행할 적절한 방책이 있다고 주장하지만, 군대 명예와 전통에 의해 보존되는 영웅적인 투사전통을 강조한다.

군대직업은 군대가 기계화될수록 어려움에 처하게 된다. 군대가 기계화, 자동화될수록 보다 많은 군사 관리자를 충원하겠지만 동시에 무사형의 영웅적 지휘관의 전통도 계속 유지해야 한다. 그것은 영웅적 지휘관의 투사정신이 군대직업의 독특한 관점을 제공하고 군사 관리자들을 직업군인화하기 때문이다(Janowitz, 1971: 31-36).

2. 군대와 민간 엘리뜨 간 기술격차의 감소

자노비츠는 군대의 기본적 업무의 변화로 인하여 장교들은 민간 관리자나 지도자가 보유한 기량과 특성이 더 필요해진다고 지적하였다. 군대와 민간의 기술이 유사해짐에 따라 군대에 기술 전문가의 비중이 증대되어 기술직 군인들은 엔지니어, 기계정비 전문가, 건강관리 전문가, 병참 및 인사전문가 등으로 구성되어 민간영역의 전문가들과 흡사하다. 남북전쟁 당시 순수 전투 업무를 수행하는 병력이 93.2%이었다면, 한국전쟁 이후에는 그런 병력의 비율이 28.8%로 줄었고 공군이나 해군의 경우에는 그 비율이 더욱 낮아졌다.

기술과 계급분포

군대 내에 기술이 빠른 속도로 확산함에 따라 군대의 계급구조가 변하였다. 과거 군대의 계급구조는 최하위 계급이 다수를 점하고 상층 계급으로 올라갈수록 그 비율이 줄어드는 피라미드식 위계구조였는데, 전문 인력의 증가로 인하여 계급구조가 중간 계급의 비율이 증가하고 최고위층과 최하위층의 비율이 줄어드는 다이아몬드형으로 바뀌게 되었다. 최하위 병사보다 부사관 비율이 더 많은 비율을 점하는 이러한 구조 변화는 육군의 모든 전투부대와 기술부대에서 나타났다. 또한, 장교단의 경우에도 육군에는 중위와 대위가 높은 비율을 점하고 해군이나 공군의 경우도 그 비율이 비슷하여, 전체적으로 중위, 대위, 소령급 장교가 높은 비율을 차지하게 되어 계급구조가 다이아몬드형이다. 1920년부터 1950년까지 30년간의 추이를 살펴보면, 군대에서 중상계급인 중령과 대령급 장교 비율이 증가하고 소위 비율은 감소하였다. 이런 변화는 새로운 전문직과 기술 집단의 확대로 중상계층이 증가한 민간 계층구조의 변화와 유사하다. 이렇듯 중간계급의 증가는 내부적으로 조직이 증가하고 조직의 복잡성이 심화하였다는 점을 단적으로 말해주고 있다.

지휘관은 명령과 지시를 내리는 핵심적인 주체이지만, 새로운 기술구조의 정착으로 인하여 단순히 위계적 지휘구조를 유지하기가 어렵게 되었다. 확실히 군의 파괴력이 증가할수록 무기 사용에 관한 지휘채널은 집중되지만 동시에 군대 지휘부는 하부조직에 대해 상부조직이 직접 통제력을 행사하기보다는 다양한 단위부대의 역할을 조정하는 방향으로 변화하였다. 그리하여 군대는 다른 대규모 조직과 유사하게 주요 의사결정에 있어서 집중화와 동시에 분산화 추이를 나타내고 있다(Janowitz, 1971: 64-68).

군대의 업무분화

군의 최고 엘리트들이 민간 행정가나 지도자들의 기술을 보유한다고 해서 모든 장군이 조직, 교섭, 및 조직의 효율성을 위한 전문적 기술에 관여한다는 뜻은 아니다. 군의 고급장교를 그의 경력과 임무에 따라 분류하면, 기술지원, 참모, 지휘관의 세 집단으로 분류할 수 있는데 각 집단은 관리기술의 유형과 전문성의 수준이 각각 다르다. 기술지원 장교는 한 분야에 대한 전문적 지식이 가장 많이 필요하고, 참모는 업무조정 면에서 전문가이며, 지휘관은 의사결정을 하는 데 필요한 보편적인 지식이 요구되는 일반인(generalist)이다. 세 집단의 비율은 육군과 공군에서 다 같이 전체 장군의 20% 정도가 기술지원을 담당하고, 나머지는 참모와 지휘관으로 양분된다. 해군의 경우에는 기술지원 비율이 20%로 비슷하나 지휘관이 전체의 60%를 차지하여, 참모 비율을 훨씬 능가하고 있다.

한편, 평시에 육군과 해군의 경우, 전투부대의 지휘관으로 보직된 장군과 제독의 비율이 약 3분의1로 높지 않으며, 나머지는 행정직위를 담당하고 있다. 행정업무를 담당하는 비율은 해군 제독의 경우 4명 중 3명이며 공군 장군의 경우에는 5명 중 3명이 행정업무를 담당하고 있다. 평시 육군의 경우, 모든 고급장교를 수용할 수 있는 만큼 전투부대가 충분하지 않다. 육군의 고위 장교들이 수행하는 행정 및 기획업무를 좀 더 세분하면, 전략기획, 군사원조, 군수지원, 인력, 연구개발, 홍보, 연락관 등이다.

군대 고급장교는 자기 업무를 효율적으로 완수하기 위해 전문지식은 물론 대인관계에 능통해야 하고 부하들의 사기진작에도 관심을 가져야 한다. 지휘관은 전투부대의 독창성을 유지해야 하며, 수적으로 증가하는 기술 전문가들을 잘 관리해야 하고, 나아가 참모나 부하들에게 군사행동의 목표를 이해시키기 위하여 자신의 정치적 성향(political orientation)을 발전시켜야 한다. 이런 점은 정치적 중립을 강조하는 헌팅턴의 장교이미지와 크게 대비된다. 또 지휘관은 다른 부대나, 민간지도자, 또는 국민들에게 자기 부대를 이해시키고 원활한 관계를 유지하기 위해서 수완을 발휘해야 한다. 그러나 이 같은 조직 관리기술은 주로 군대 위계 조직상 상급부대에 집중되어 있고 그런 경향은 점점 심화하고 있다.

군대의 과학화 기계화의 추세와 더불어 폭넓은 관리 성향이 있는 지휘관과 무기체계의 기술적 발전에 보다 관심을 갖는 군대 기술자 간의 갈등이 심화할 가능성이 있다. 군대 내에서 잠재역량이 있는 많은 장교가 과학자 경력을 밟아 그 규모는 물론 직위도 보장되고 있다. 그들은 군사 관리자들보다 자신의 업무와 역할을 좁게 정의하는 경향 때문에 지휘관과 갈등을 일으킬 수 있다. 군대가 새로운 기술을 도입한다고 해서 효율성이 군대의 궁극적인 평가지표가 되는 것은 결코 아니고, 군대의 궁극적인 고려대상은 전투 목표이다. 전쟁의 불가측성과 목표를 고려할 때, 군의 관리기법은 매일매일의 성패를 기준으로 군대의 업무성과를 평가해서는 안 된다. 기업에서는 이윤이 관리자의 능력을 평가하기 위해 특별히 고안된 기준이지만, 군대에서 비용분석이나 운영분석은 작전의 효율을 증진하기 위한 자극제일 뿐 이윤이 결코 군대 업무의 평가 기준이 될 수는 없다.

밀즈(Mills)는 현대 지휘관은 회사의 관리자와 같고 어느 의미에서는 조직 간 서로 교환할 수 있는 관리자라고 주장한다. 직업군인은 회사 관리자와 같이 조직의 효율을 위해 인간관계가 중요하며 조직의 성패가 군대조직을 다루는 자신의 기량에 달려있다는 점을 인식해야 한다. 그러나 군대조직의 목표는 일반 회사와 근본적으로 다르며 관리능력에서 직업군인의 충성심과 논리는 회사 관리자의 그것과는 분명히 다르다. 군대 엘리트를 단순히 관리자라고 언급하는 것은 누가 군에 충원되고, 군사교육과 경력이 어떻게 직업군인의 관점을 결정하는지를 파악하는 데는 아무런 도움을 주지 못한다(Janowitz, 1971: 68-74).

3. 장교충원의 사회적 기반 확대

전 세계적으로 군대 엘리트의 사회적 기반에 큰 변화가 일어났다. 군대 엘리트가 소수의 귀족계급으로부터 다양하면서 폭넓은 사회적 계층으로부터 충원되고 있다. 이렇게 장교 충원의 폭이 넓어진 이유는 군대규모가 커지고 점차 기술자들이 많이 필요하였기 때문이다. 서구에서 기술이나 자격이 충원과 승진에서 필수 조건화됨에 따라 귀족에 의한 장교단의 독점이 끝나고 사회계급이 더 유동적인 미국에서도 이와 유사한 과정을 거쳤는데, 특히 과학기술이 필요하고 갑자기 대규모로 확대된 공군에서는 더욱 그렇다.

미국 장교단의 출신 지역을 보면 전통적으로 앵글로-색슨 계열의 농촌과 소도시 출신들로 다수 충원되었는데, 특히 육군의 고위 장교단 가운데 농촌과 소도시 출신들이 많았다. 1950년대 농촌과 소도시 출신이 육군은 66%, 해군은 56%, 공군은 79%를 차지하여 절대 다수의 장교들이 농촌과 소도시 출신임을 알 수 있다. 이후 도시화와 더불어 그 비율이 변하였으나 기본 추이는 지속하였다. 도시 출신의 경우도 대도시보다는 중소도시 출신이 많았다. 이런 결과를 재계의 고위층과 비교하면 출신배경에서 큰 차이가 있음을 알 수 있다. 군의 고위층의 경우 시골 출신이 약 70%인데 반해, 재계 지도층은 26%로 출신지역에서 큰 차이가 있는 것으로 나타났다(Janowitz, 1971: 86-87). 지역적으로 보면 산업화, 도시화한 동북부 지역 출신보다 서남부 지역 출신이 많다.

미국 장교단의 대다수가 농촌 출신이지만, 계층적으로는 전통적으로 기득권층으로부터 충원되었다. 그러나 최근 추세를 보면 상류계층 출신이 현격히 줄어들고 사회적으로 다양한 집단으로부터 충원되고 있다. 군 고위층의 사회적 계층 추이를 보면 1900년 초기 26%였던 최상위 출신의 비율이 지속적으로 줄어들어 1950년대에는 거의 없었고, 대신 중하위 계층 출신의 비율이 8%에서 62%로 대폭 증가하였고 하위계층 출신 역시 0%에서 8%로 늘어났다. 이들을 부친의 직업별로 구분하면, 기업가가 24%에서 15%로 줄었고 전문가 및 관리직이 46%에서 50%로 약간 증가하였고 농민이 30%에서 0%로 가장 감소하였고 노동자 비율은 0%에서 19%로 증가하여 출신 계층에서 중상류 이상의 계층으로부터 다양한 중하류계층으로 변하는 추이를 나타내고 있다(Janowitz, 1971: 90-91).

미국 장교단의 사회적 배경을 요약하면 앵글로-색슨 계열로 신교를 믿으며 농촌 중상층의 전통 있는 집안으로부터 배출되었으나 1960년대 이후 육사 졸업생의 약 20%가 노동자 가정 출신으로 육사와 비슷한 수준의 민간대학 수치보다도 월등히 높다. 또한, 자체충원(self-recruitment)현상이 모든 사관학교에서 증가하였다. 1960년대 신입생도의 1/4 이상이 군인가족 출신이었다. 이들은 일반사회와 연관성을 잃어가며 민간영역으로부터의 소외될 가능성이 있다.

4. 경력관리의 중요성 증대

군대 엘리트는 기술적 직무수행보다는 인간관계를 관리하고, 전략적 의사결정을 내리고 정치적인 협상하는데 능통해야 한다. 그들은 필수 경력(prescribed career)을 거치면서 이러한 역할을 수행하는데 그런 과정에서 업무능력이 탁월하다고 인정되면 고위 계급으로 진출하고 군대 엘리트가 될 수 있다. 이와 대조적으로 개혁적인 관점과 사려 깊은 책임감 및 정치적 수완이 요구되는 소수 핵심 엘리트에 적응적 경력(adaptive career)의 소유자가 발탁되는 경우도 있으나 군대에서는 필수 경력에 대한 믿음이 강하여 예외적인 적응적 경력을 바람직하지 않게 생각한다.

핵무기의 출현이나 비정규전의 발발은 군대 엘리트가 되기 위해 거치는 군대경력의 내용이나 개념에 변화를 가져오지는 않았다. 군마다 참모와 지휘관을 교대로 근무하며 경력을 쌓고, 소정의 교육을 마쳐야 하는 일련의 단계적 경력에 달라진 것이 별로 없다. 오히려 1970년대에 감군계획으로 지휘관 보직에서 필수적이라고 여기는 교육과정을 더 이수하려는 경향까지 나타났다. 직업군인 자신들은 경력관리를 '검사표에 도장찍기'라고 부르며, 자기 경력은 각자의 책임으로 돌리고 있다. 한편, 군대의 고등교육 과정의 교과내용에서 참모업무와 지휘절차를 더 강조하고 공공 사회문제와 국제 시사 문제를 많이 다루고 있다. 그렇다고 해서 고등군사반에서 자기비판(self-criticism)이나 행정정책을 자세히 검토하는 것은 아니고 공개토의 형태로 현 정책을 전달하고 있다. 고등군사교육과정을 오래 연구한 바 있는 로오렌스 래드웨이(Laurence I. Radway)는 "배우는 것보다 친구 사귀는 것이 더 중요하다"고 강조한다.

전투부대나 함대, 비행단, 또는 미사일 부대의 지휘관이 핵심적인 군대경력으로 인식되고 있으며 정치 군사적 임무에 깊이 관여하는 것은 경력상 좋지 않은 것으로 인식되고 있다. 현역복무 중 정치학 박사학위를 받고 군대 경력관리를 깊이 연구한 바 있는 어느 퇴역 대령은 정치군사적 임무를 담당하는 것이 경력의 일부가 되었다고 강조한다. 특히 전투 경험과 국방성 근무라는 경력에 정치군사적 임무가 추가되었고 가장 좋은 경력으로 석사학위가 첨부되었다는 점이다.

5. 정치적 교화(political indoctrination)의 경향

군대가 대규모로 확장되고 군의 정치적 책임이 증대되면서 전통적인 군인 자아상과 명예개념이 타당하지 않게 되었다. 장교들은 점차 자신을 군사 기술자라고 여기지 않게 되어, 군의 전략적 상층부에서는 더욱 분명한 정치적 기풍이 조성되었다. 정치에는 두 가지 의미가 있는데, 하나는 국내적이고, 다른 하나는 대외적이다. 국내적 수준의 정치는 안보정책에 관한 입법부나 행정부의 결정에 영향력을 행사하는 군의 행위가 포함되고, 한편 대외적 수준에서는 군사행동이 세력균형과 외국의 행동에 미치는 결과가 포함된다. 물론 군사 정치의 이러한 두 가지 측면은 서로 얽혀져 있다.

2차 대전 이후 과거 어느 때보다도 모든 계급에서 경력 경험과 군 정신교육으로 군인들은 더욱 폭넓은 사회적, 정치적 안목을 갖게 되었다. 그러나 이런 결과가 민주사회에서 민군관계에 미치는 영향이 무엇인지는 의문이며, 사실 이런 경험이 민간 정치 지도자에 대해 더 비판적이고 부정적인 태도를 보이게 했는지도 모른다.

오늘날 군대교육은 군대식 사고(military mind)에 대한 모욕을 해소하는데 관심을 두고 있다. 그동안 군대식 사고는 전통주의로 가득하고 독창성이 부족하다는 비난을 받아 왔기 때문에, 새로운 교리는 독창성과 지속적 혁신을 강조하고 있다. 또한 군대식 사고방식은 국수주의와 자기종족 중심주의(ethnocentrism) 경향이 강하다는 비난을 받아 왔다. 자기종족 중심주의는 국가정책과 군사정책에 반하는 것이기 때문에 이런 편견을 없애도록 교육하고 있다. 더욱이, 군대식 사고는 엄격한 규율을 강조한다고 비난받아왔기 때문에 새로운 군대 교육은 전투나 대규모 조직에서 인적 요소에 관해 취급하려 한다. 요약하면 새로운 교육은 직업군인에게 정치적, 사회적, 경제적 문제와 새로이 수행하는 군대 역할과 과거에 무관심했던 문제에 대해 다루고 있다.

군대교육은 비판능력과 비판성향을 길러주기 위한 목적도 있다. 군인들의 비판능력이 향상됨으로써 나타나는 영향은 무엇일까? 군대의 정치적 행동을 평가하는 데는 세 가지 문제를 중점적으로 다루어야 한다. 첫째, 과거에는 군대가 자기 행동이 초래한 정치적 결과를 판단할 능력이 없는 것으로 인식되었다. 미국 군대는 군사임무를 수행하는 데 있어 정치적 감각이 부족하다고 비판을 받아 왔다. 사실 미국 군대의 행동은 비정치적이었다기보다는 오히려 전 세계적인 안보체제에 적절히 응할 수 없었다. 전쟁의 파괴력이 증대됨에 따라 군대의 정치적인 개입과 책임이 줄어들기는 커녕 더욱 증대되었기 때문이다. 국제관계가 힘의 행사로 해결되기가 점점 어렵게 되자 전략적이나 전술적 결정은 단순한 군사적 문제가 아니고 정치적 의도와 목표를 나타내는 지표가 된 것이다.

둘째, 역설적이지만 군대는 민주주의 사회에서 군 고유의 역할 이상을 담당해왔다. 군대는 대외정책의 수립에 있어 특히 폭력의 기능을 지나치게 강조함으로써 과도한 비중과 영향력을 행사한다는 비판을 받아왔다. 영국군대와 비교해 볼 때, 미국군대는 지나치게 의회에 대한 압력집단으로, 또는 외교를 하는 군대로서 활동하곤 하였다. 군대의 경제적 및 인적 자원이 증대하고 군대의 책임이 커짐에 따라 군대는 국내 정치에 관여하게 되었다. 그러나 이러한 역할 확대는 상당 부분 민간제도나 민간 지도자들의 비효율성 때문에 생긴 반응이기도 하다. 이러한 비효율적 환경은 군대 지도자의 권한이 확대되는 것을 조장할 뿐 아니라 실제로 이런 경향을 요구하게 되는 것이다.

셋째, 과거에는 군대가 사회적 또는 지적으로 민간사회로부터 고립되어 있었기 때문에 결함이 있는 것으로 판단되었다. 이러한 군대의 격리상태는 좀 과장된 것이 사실이지만, 군대의 이러한 배타성이 2차 대전 이전, 민간인들이 군대에 대해 무관심했던 시기에 군의 단결을 유지하고 장교들을 군대에 잔류시킬 수 있는 요인이 되었다. 일반인들의 생각과는 달리 양차 대전 중 사관학교 출신 장교들의 예편비율은 아주 낮은 편이었다. 2차 대전 이후에는 군대가 사회적 고립상태로부터 탈피하게 되었는가 하면, 군대는 또한 사관학교 출신을 포함한 청년 장교들의 예편이 증가했고 이 예편비율은 군대 기준에서 볼 때 상당히 높은 것이었다.

육군의 중위, 소위급에 관한 연구를 보면, 잠재력이 있는 장교들은 의무복무 연한이 지나면 예편하는 경향이 높은 반면, 자질이 부족한 장교들은 군에 머무는 경향이 있다는 결론을 내리고 있다. 한편 사관학교 졸업생의 예편비율이 지속해서 증가하여 사관학교 출신 4명에서 5명 중 한 명이 임관 후 5년 이내에 군을 떠나고 있는 실정이다. 군대를 평가하는 데 있어서는 군대가 우수한 사람을 끌어들이고 잔류시킬 수 있는 능력을 빼놓을 수 없는데, 민주주의하에서 직업군인의 지위가 모호하여 군에 인재를 끌어들이기가 어렵게 되었다.

전쟁에 사용되는 기계류가 복잡해짐에 따라 군대와 민간조직의 구분이 흐려지게 되었으며, 군대는 점차 다른 대규모 조직의 특징을 나타내게 되었다. 그럼에도 불구하고 직업군인은 전쟁을 수행하고 조직적으로 폭력을 사용하는 전문가이다. 전쟁수행이라는 군대의 제일 목표는 군대의 특수한 환경을 형성케 하고 군대의 정책결정 과정에 영향을 미치게 되었다. 사회적 배경, 군대의 권위 및 군대 직업을 통한 경험이 군대 지도자들의 관점을 형성해 주는 조건이 되었다. 군대사회의 생활양식이나 군대의 명예감 때문에 군대의 직업적 특수성이 지속되는 것이다. 군대의 특수성을 인정하는 것은 직업적 자율성을 해치지 않고 군에 대한 민간인의 정치적 우위를 유지하는 현실적인 근거가 될 것이다. 그러나 군대는 아직 전쟁에 대한 통일된 이론으로 행정부나 입법부 결정에 영향을 미치기 위해 일관된 전술을 사용하는 집단으로 성장하지도 않았다. 오히려 군대지도자들은 군사전략이나 국가안보의 필요성에 대한 문제로 심각한 의견대립을 보이고 있다(Janowitz, 1971: 12-16).

민간화의 한계

자노비츠는 군대가 과학화 기계화와 더불어 군대의 민간화가 진전되었지만, 군대와 현대 전쟁의 제반 구조적 특징 때문에 지속적인 민간화에는 한계가 있다고 주장한다. 폭력수단의 관리자(manager of instruments of violence)로서 직업군인이 담당하는 군대 업무는 아무리 민간화가 이루어져도 성격상 결코 민간조직이 수행할 업무는 아니라는 것이다.

군대의 민간화에 역행하는 추세들을 검토해 보면, 첫째, 여느 사회제도와 마찬가지로 군대도 자기 영역과 군대 고유한 특성을 유지하기 위해 노력한다는 것이다. 무엇보다, 군은 군의 발전과 직업군인의 양성기관으로서 시관학교와 같은 교육기관을 중요시한다. 둘째, 장교의 자아개념 및 직업상의 이데올로기가 민간화를 억제하는 요소로 작용하고 있다. 군사 활동에는 군수업무나 행정업무 전투와 직접 관련 없는 여러 분야를 포함하고 있지만, 전투준비나 전투에 관한 관념은 여전히 군대의 핵심적 가치로 인식되고 있다.

셋째, 군대의 민간화를 제한하는 요소는 직업군인이 인식하고 있는 전쟁 상황에 대한 정의이다. 직업군인에게 전투에서 희생이란 군사 작전에서 당연히 예상되는 결과이다. 군인들의 마음속에는 군사작전이란 그 자체에 위험과 불안을 수반하는 것이며 이러한 위험은 지극히 정상적이고 군대체계의 효율성을 반영하는 것으로 인식된다. 위험과 불안이라는 요소는 아무리 군대가 방어적이고 자기 보호적이며 경찰과 비슷한 활동을 하고 있을지라도 정상적인 군 작전의 일부이다. 바로 이런 점이 직업군인들로 하여금 군대가 민간제도와 근본적으로 다르다고 생각하는 강한 자극제 역할을 한다.

직업군인들은 보복력에 의해 선제공격을 억제(deterrence)할 수 있다는 관념을 하나의 전략으로 받아들이고 있다. 그러나 억제전략은 싸울 각오가 되어 있을 때만 효과적일 수 있다는 것이다. 이러한 투사정신은 정형화된 반응이며 이러한 감투 정신에는 군대 내 소위 "통뼈"들만의 감상적 만용이 전혀 섞여 있지 않다. 경찰군의 개념(the idea of constabulary force), 즉 전투하지 않고 군인의 생애를 영위할 수도 있다는 생각이 직업 군인에게 팽배하여 있지만 단지 피상적인 것으로 받아들여지고 있다. 고급 지휘관을 꿈꾸는 사람들은 훌륭한 직업군인이 되기 위해서는 어느 정도 전투경험이 필요하다고 믿는다. 군인들이 전쟁이 없는 세계를 동경하는 것은 무책임한 것이며 군대라는 전문직업의 관점에서 볼 때 자기 파멸적인 것으로 간주한다.

넷째, 핵무기에 의존하는 국가 방위전략은 군대로 하여금 점점 더 확실한 자기 영역을 갖고 민간사회와 뚜렷하게 구분되는 조직으로 변화시켰다. 파괴력의 정상을 차지하고 있는 핵무기를 현존 군사력으로 취급하여 핵무기에 대한 필수적인 훈련기간이 길어져, 이제 사람들은 군대에 전혀 소속되어 있지 않거나 아니면 완전히 소속되어 있거나 둘 중 하나가 되었다. 파괴력 면에서 가장 낮은 수준의 재래식 전쟁 양상도 변화하여 재래식 전투단위는 기동력을 갖춘 소규모로 전환되고 병력 배치에서는 항상 전략적 억제 및 핵전쟁을 회피하기 위한 논리로 부대배치가 이루어졌다. 재래식 군대의 행동반경은 고도로 제한되지만, 재래식 군대가 효율적이기 위해서는 즉각적인 군사행동을 취할 수 있도록 현존 군사력이 되어야 한다는 것이다(Janowitz, 1971: X~XIII)

미래의 군대: 경비군과 전문직업

자노비츠에 의하면 군대직업의 미래는 장차 급격한 기술 및 정치적 변화와 조직의 안정성 간의 균형 여부에 달려 있다는 것이다. 따라서 군대지도자들은 아래와 같은 딜레마에 대비해야 한다고 주장한다. 첫째, 군대지도자들은 재래식 무기와 현대 무기 간의 적절한 균형을 이루어야 한다. 그 이유는 새로운 전쟁양상에도 불구하고 재래식 혹은 원시적 전쟁 역시 계속되기 때문이다. 둘째, 군대 지도자들은 잠재적 적에 대해 무력을 사용하거나 위협했을 경우, 그 결과에 대해서 정확하게 예측할 수 있어야 한다. 셋째로, 군대 지도자들은 장차 무기검증과 통제를 위한 정치적, 행정적 장치가 마련된 국제적 상황에서 효율적인 군사력을 보유하고 관리할 수 있어야 한다. 핵무기에 대한 통제로 인해 재래식 무기의 중요성이 증대되고 시민군으로 복귀를 강조하는 견해도 있다. 마지막으로, 군대 지도자들은 핵전쟁의 경우 원시적 방법의 전쟁 양상에 대비하여 전투를 계속할 결의를 다져야 한다는 것이다.

이러한 딜레마를 극복하기 위해 자노비츠는 장교단이 자신의 직업적 요건과 새로운 자아개념을 재정립해야 한다고 강조한다. 또한, 무력사용이 극히 제약을 받게 될 국제관계 상황에서 미래 군대는 대규모 전쟁에 대비하기 위한 정규군보다는 경비군(constabulary force)이 타당할 것이라고 제시한다. 경비군은 과거 군대의 경험과 전통과 연결될 뿐만 아니라 급격하게 변하는 군대직업의 환경에 대비하기 위한 군대 형태이며, 완전한 승리 대신 방어태세를 지향하기 위해 군사력을 가능하면 최소로 사용하고 이것을 실행 가능한 국제관계를 추구하고, 실용적인 교리에 기반을 두고 있다는 것이다.

경비군은 모든 종류의 군사력과 군대조직을 포괄하고 있다. 한 축의 끝에는 대량 살상무기부터 다른 축의 끝에는 군사원조, 준 군사작전, 및 비정규전의 전문가를 포함한 신축적이고 특수 무기까지 포함하고 있다. 경비군 개념은 전시와 평시의 군대 차이를 인정하지 않기 때문에 경찰개념에 가깝지만, 직업군인들은 자신을 스스로 경찰과 동일시하는 것을 거부하며 경찰과 차별화하기 위한 노력을 기울인다. 그들은 경찰행위를 덜 바람직스럽고 명예스럽지 않은 업무라고 생각한다. 경비군 장교는 특히 지속적인 경계와 긴장의 압력에 저항하고, 국제 안보문제에 대한 군대의 정치 사회적 영향에 대해서는 매우 민감하다. 한편, 오랜 직업군인의 전통뿐만 아니라 스스로 만든 전문직업의 기준과 문민가치가 통합되어 문민통치에 순응한다.

앞서 기술 및 조직혁명으로 군대와 민간영역의 차이가 축소되었으나 전쟁을 준비하고 관리하는 군대의 특별한 책임으로 인해 민간화에는 한계가 있다고 밝혔다. 군대의 권위가 장기적으로는 지배로부터 집단통제나 집단동의로 변화되고 있지만, 첫째로, 전쟁의 위협과 이에 대비하기 위한 긴장유지의 필요성 때문에 군대직업은 경직화, 의례주의 그리고 과도한 직업주의의 위험성이 있다. 둘째로, 군대조직이 경비군화하면서 군대조직의 효율성은 군사 기술자와 영웅적 지휘관 그리고 군사 관리자 간 적절한 균형이 필요하다. 이들의 적절한 균형을 위해 군사 관리자가 합당하며 그는 영웅적 지휘관이나 군사 기술자에 의해 경비군이 변질하는 것을 경계해야 한다. 군사 기술자는 고도로 파괴적인 무기에 집착할 수 있고, 영웅적 지휘관은 재래식의 군사교리에 집착하고, 승리를 보장할 수 없는 제한적인 군사행위를 거부할 수 있기 때문이다. 셋째로, 군대에서 최고위 지휘관이 되기 위해서는 전통적으로 필수경력을 중시하여 왔으나 앞으로 경비군에서는 군사 관리자의 일반적 관리능력과 군사 기술자의 과학적인 전문화가 더 필요할 것이다. 넷째, 군대직업은 더욱 정치적 교화의 중요성이 증대될 것이다. 이를 위해 장교들에게는 더욱 현실적이고 진실한 교육이 시행되어야 한다(Janowitz, 1971: 417-29).

제4장
군대의 발전론적 관점

1. 헌팅턴과 자노비츠의 비교

국가의 대외적 안전보장을 위해 핵심적 임무를 수행해 온 군대는 인류 역사와 더불어 사회의 전반적인 변화의 추이를 반영하면서 발전해 왔다. 헌팅턴(Huntington, 1964)은 이런 군대가 일정 수준의 자율적 영역을 가진 전문직업적 제도로 발전되어 왔다고 주장한 반면, 자노비츠(Janowitz, 1971)는 미국 군대에 대한 분석을 통해 과학기술의 발달과 정치적 상황 변화에 따라 변하고 있는 군대조직과 전문직업으로서 장교단에 주목하고 있다. 헌팅턴과 자노비츠는 다 같이 전문직업 집단으로서 군대와 그의 단체정신의 존재를 인정하고 있으나 그것의 본질적 요소가 무엇인가에 대해서는 서로 다른 입장을 보이고 있다. 군 전문직업의 핵심적 요소로서 헌팅턴은 폭력관리의 전문성과 사회적 책임 그리고 장교단의 단체성을 제시한데 반하여, 자노비츠는 전문성, 집단 정체성, 교육과 훈련, 직업적 윤리와 충성심, 그리고 자율적 관리 등을 제시하고 있다. 또한, 헌팅턴은 관료형과 협회형의 두 전문직업 유형 가운데 군 장교단을 외교관과 교원과 더불어 관료적 전문직업이라고 분류하였고, 변호사와 의사는 협회 소속의 전문직업이라고 구분하였다. 한편, 자노비츠는 전문직업으로서 장교단을 영웅형, 관리자형, 그리고 기술자형의 세 가지로 구분하는데, 이들은 궁극적으로 하나의 장교단 역할로 통합된다고 주장하였다.

표 4. 1 군대와 단체정신에 대한 헌팅턴과 자노비츠의 관점 비교

분 류	헌팅턴	자노비츠
군전문직업의 요소	1. 전문성 2. 사회적 책임감 3. 단체성	1. 전문성 2. 집단정체성 3. 교육/훈련 4. 직업윤리/충성심 5. 자율적 관리
군전문직업 유형	관료형 전문직업	영웅형 관리자형 기술자형
장교단 정치적 통제	직접통제 보다 객관적 문민통제로 가능	정치적 통제 불가피
군직업주의보호방법	사회적 고립으로 가능	사회적 통합으로 가능
단체정신	고정적	유동적

출처: Henning S rensen, 1994. "New Perspectives on the Military Profession: I/O Model and Esprit de Corps Reevaluated." *Armed Forces and Society* 19(2). p. 604.

헌팅턴에게 단체성이란 장교들이 항상 간직하고 있는 정신으로 군직업주의의 본질 그 자체이다. 이와 달리 자노비츠는 전체 사회, 과학기술, 그리고 군대조직이 장교들의 단체성에 심대한 영향을 미치는 것으로 파악하고 있다. 자노비츠에게 그 영향은 지속적이고 역동적으로 발생하나, 헌팅턴은 단체성을 장교들이 공유하는 불변의 감정으로 파악하였다. 헌팅턴에 의하면, 장교들의 단체성은 그들을 사회로부터 격리함으로써, 즉 군대 스스로 자신을 자율 관리하는 객관적인 문민통제로 가장 잘 보호할 수 있는 반면, 자노비츠는 단체성을 보호하기 위해서는 장교단과 사회의 밀접한 관계를 강조하였다. 헌팅턴과 자노비츠의 전문직업으로서 군대와 단체성에 대한 두 사람의 주장을 요약하면 〈표 4. 1〉과 같다.

2. 제도적 군대와 직업적 군대

한편, 모스코스(Moskos, 1977)는 군대의 성격이 제도적 형태로부터 점차 직업적 형태를 닮아가고 있다고 전제하고, 이러한 군대직업의 성격변화를 파악하기 위해서는 발전론적 접근이 필요하다고 주장하였다. 이러한 모스코스의 군대관은 미국 군대가 아직 지원병 군대로 완전히 전환되지 않았다고 보는 우려와 맞아 떨어지는 것이어서 국방문제와 지원병제 군대에 관심 있는 장교와 행정가 그리고 정치인들이 모스코스의 제도적-직업적 모형을 활용하고 있다. 모스코스는 군대가 사회 제도로부터 개인이 선택 가능한 직업으로 변화하는데 주목하여 제도적 모형(institutional model)과 직업적 모형(occupational model)의 연속선 상에서 개별 군대를 파악하여 비교하는 발전론적 관점을 제시하였다.

이에 따라 모스코스는 군대가 제도적 군대로부터 점차 직업적 군대로 변화하였다는 발전론적 관점을 적용할 수 있는 두 유형의 군대 모형을 제시하였고, 이 모형 가운데 어느 것이 군대의 경험적 지표와 잘 맞는지 검증을 통해서 실제 군대의 성격을 파악하였다. 군대에 대한 발전론적 접근의 기본 가정은 첫째, 현대 군대가 제도적 모형으로부터 점차 직업적 모형으로 변하여 왔으며, 둘째, 군대조직이 제도적 모형으로부터 직업적 모형으로 변화 추이에 따라 군대 조직에 기대하는 결과도 달라진다는 것이다(Moskos, 1977).

제도나 직업과 같은 용어는 일상적인 대화나 학술적인 논의에서는 잘 활용되지 않지만(Dubin, 1976), 그럼에도 불구하고 이런 용어가 서로 다른 성격의 군대를 구분하는 데 유용하고 핵심적인 의미를 내포하고 있다.

제도적 군대

모스코스에 의하면, 제도(institution)란 가치와 규범, 즉, 추정된 지고의 선을 위해 개인의 이익을 초월하는 조직 혹은 집단의 목적으로 정당화되는데, 그 전형적인 예가 가족제도와 종교제도라고 볼 수 있다. 즉, 제도에 소속된 성원들은 대체로 하늘의 소명(calling)에 따라 사고하고 행동하는 것으로 기대된다. 이에 따라 제도의 성원들 역시 일반적으로 자신을 전체 사회와 분리되어 있고 스스로 일반인과는 다르다고 생각하며 일반인들 역시 제도의 구성원들을 그렇게 생각한다. 따라서 제도의 성원들은 자기희생과 자기헌신의 정도가 높으면 높을수록 그 제도는 전체 사회로부터 인정과 존경의 대상이 된다. 제도의 성원에 대한 물질적 보상은 시장경제 체제에서 기대할 수 있는 수준은 아니며, 대신 제도적 방식에 의해 제공되는 여러 사회보장 형태의 보상과 함께 심리적 지원을 받는다. 설사 보수에 불만을 느끼더라도 제도의 성원들은 이익집단을 조직하지 않으며, 더욱이 구제수단을 마련할 때도 그들은 자신이 소속된 제도가 자신들을 보호해줄 것이라는 온정주의적 관점에 기초하여 상급자에게 일대일로 건의하는 형태를 취한다(Moskos, 1977).

군대조직은 전통적으로 여러 제도적인 특징을 지니고 있다. 외국여행, 확정된 근무연한, 하루 24시간 근무대기, 가족과 본인의 빈번한 이사, 군법과 군대규범의 적용, 사직이나 파업 및 근무조건에 대한 교섭불가 등이 바로 군대의 제도적 특징들이다. 이런 힘든 근무조건들에 더하여 군인들은 무엇보다 전투기동이나 실제 전투에서 물리적인 위험과 희생을 감수해야 한다. 이런 제도적 특징과 더불어 군대는 식사, 관사, 의복제공 등의 비현금 방식의 보상, 부대시설의 활용, 가족원 수에 따른 관사 및 수당지급, 연금 등 제도적 모형에 부응한 온정주의적 보상체계가 작동하고 있다.

역사적으로 존재했던 다양한 형태의 군 직업주의는 제도적 모형과 일치하여 왔다(Huntington, 1957). 각군 사관학교의 전통적인 환경은 신학교의 그것에 비유되어 왔으며, 참모대학과 국방대학원 등으로 상징되는 장기복무 장교들을 위한 군사교육 체계는 지극히 한정되고 전문적인 군사교육을 지향하고 있는 제도적 장치들이다. 더욱이 군대는 개인의 전문성 수준에 따라 보수가 결정되거나, 고객에게 제공된 서비스에 따른 수수료로 보수가 주어지는 일반 전문가와 달리, 직업군인의 보수는 엄밀히 말해서 직업적 전문성에 의해 결정되는 것이 아니라 계급과 선임 우선순위 그리고 필요에 따라 결정된다. 흥미롭게도 군대 내에서도 이런 원칙에 예외적인 경우가 있는데, 그것은 외과의사와 같은 비군사적인 전문가를 확보하기 위해서 별도의 보상이 주어지는 경우이다. 문제를 더욱 복잡하게 만드는 것은 군대 안팎에서 전문직업의 제도적 특징을 약화시키는 범사회적 힘이 강하게 작용하고 있다는 점이다.

직업적 군대

다른 한편으로, 직업(occupation)이란 시장에 의해서 합법화되고 정당화되는 특징을 가지고 있다. 즉, 직업은 규범적인 고려보다 공급과 수요의 원칙이 적용되며 개인의 능력에 상응하는 금전적 보수를 줌으로써 정당화된다. 현대 산업사회에서 피고용자는 자신의 보수와 근무조건을 결정하는 데 작용하는 조건들을 분명하게 요구한다. 피고용자가 주장하는 권리는 계약 당시 수용한 자신들의 의무를 수행함으로써 고용주와 균형을 이루어 왔다. 직업적 모형에서는 피고용자의 보수와 업무를 연결함으로써 피고용자 개인의 요구와 조직의 요구 간 협상과 교섭을 강조함으로써(Moskos, 1986), 조직의 이익보다 개인의 이익을 우선시한다. 일반회사의 직원이나 정부 공무원이 개인적 이익을 관철하기 위한 수단으로 활용하는 보편적인 수단은 일반적으로 노동조합의 형태로 나타난다.

직업적 군대모형은 원칙적으로 시장원리에 기초하고 있다. 군대가 직업적 모형에 바탕을 두고 있는지는 다음과 같은 주요 가정을 수용하는지 여부로 판단할 수 있다. 첫째, 군대와 다른 조직 간 특별한 차이가 없으며 민간회사나 군대의 업무에서 비용 대 효과분석에서도 차이가 없다. 둘째, 군대의 보수는 가급적 다른 보수나 연금 대신 현금형태로 지급하고 시장원리가 효과적으로 적용되도록 한다. 셋째, 군대 보수는 개별 군인의 전문성과 능력 차이에 따라 달리 지급된다(Moskos, 1986).

표 4. 2 제도적 군대모형과 직업적 군대모형

분 류	제도적 모형	직업적 모형
정당성의 기초	규범적 가치에 헌신과 희생	능력에 따른 보수
역할 몰입	분산적	특정적
보상 기초	계급과 고참우선	개인의 능력과 기술수준
보상 형태	보수, 연금과 비현금 급부	급료와 보너스
거주지	근무처와 주거지의 인접성 혹은 통합	근무지와 주거지의 분리
배우자	군대공동체에 통합	군대공동체와 분리
사회적 인정	군복무에 대한 존경	보상수준에 기초한 지위
준거집단	조직내에서 상급자	조직 밖의 신분집단
업무수행 평가	전체적, 질적 평가	부분적, 양적 평가
법적 체계	군법 적용	민법 적용
복무후 지위	예비역의 지위와 특혜	시민으로서 지위

출처: Charles C. Moskos, 1986. "Institutional/Occupational Trend in Armed Forces." *Armed Forces and Society* 12(3), p. 378.

군대의 제도적 모형과 직업적 모형의 차이점을 요약하면 〈표 4. 2〉와 같다. 군대에 관련된 제도-직업 명제(institution-occupation thesis)는 민간사회와 대조되는 제도적 군대조직으로부터 민간사회의 직업과 유사한 직업적 군대조직을 포함하는 연속선 상의 군대를 가정하고 있다.

제도적 군대와 직업적 군대의 비교

전통적으로, 군대조직은 직업적 모형의 군대를 피하여 왔다. 미국 군대의 경우에도 모든 기본급과 수당 그리고 세금면제를 통합하는 단일 봉급체계를 수용하지 않으려 하였다. 또한, 기혼자와 미혼자의 봉급차이를 폐지하고, 민간 직업에서 적용되는 같은 업무에 같은 임금을 지급하는 원칙도 거부하였다. 그럼에도 불구하고 전통적인 군대에서조차 직업적 규범에 상당히 적응하여 온 것도 사실이다. 군에서 필요한 고급 기술인력을 충원하고 확보하는데 필요한 보조금이나 특별수당이 이미 오래전부터 도입됐다.

이러한 일부 예외적인 경우에도 불구하고, 전통적 군대의 보수체계는 군대생활의 집단적 통일성을 반영하고 있다. 〈표 4. 2〉에서와같이 제도에서 정당성의 기초는 규범적 가치인데 반해, 직업에서 정당성은 시장에서 찾을 수 있다. 일반 직업은 수평적으로 조직되어 있는 데 반해, 군대제도는 수직적으로 조직되어 있다. 일반 사회의 직업에서는 비슷한 종류의 일을 하고 비슷한 보수를 받는 사람들끼리 비슷한 정체감을 공유하고 있다. 일반적인 직업집단의 구성원들은 자신들의 정체감을 조직 밖에서 자신들과 비슷한 직무를 수행하는 외부 준거집단에서 찾는다.

반면에, 제도에서는 사람들이 생활하고 근무하는 조건들이 그들을 하나로 묶어주는 정체감을 만들어 준다. 개인이 소속된 조직이 공통의 의식과 정체감을 형성해 준다는 의미이다. 군대에서는 전통적으로 군대에 소속되어 복무하고 있다는 사실 그 자체가 군대 성원들이 각기 다른 일을 하고 있다는 사실보다 더욱 중요시된다. 제도적 군대에서 역할 몰입(role commitment)의 대상은 군대의 전반적인 업무이다. 즉 군대 성원들이 헌신적으로 수행해야 할 업무는 각자의 군대 특기나 병과에 국한되어 있지 않고 전체 군대를 대상으로 한다. 그들은 근무 중이건 아니건, 그리고 부대 밖에 있건 안에 있건, 군대조직의 범주 내에 있다. 반면, 직업적 군대에서 역할 몰입의 대상은 자기 직무에 국한되는 경향이 강하다. 군대조직은 성원들의 행위가 직무 수행에 영향을 주지 않은 한, 업무와 직접 연관되지 않는 행위에 대해서는 관여하지 않는다. 제도적인 군대 공동체에서 구성원의 역할은 그들의 배우자까지 확대 적용된다. 그들은 군대 공동체에서 자선행위와 사회적 기능을 선도하고 직접 봉사활동에 참여할 것을 요구받으며, 군대 가족 역시 조직의 목적을 후원하거나 그것과 가까이할 것을 기대받는다. 그러나 오늘날 직업적 군대의 부사관이나 초급 장교의 부인들 사이에 일상적인 사회적 역할을 수행하는 것을 피하는 경향이 점차 증대하고 있다. 더욱이, 직장에 다니는 부인들이 증가함에 따라 사회적 활동이 많이 요구되는 군대 공동체에서 봉사활동에 참여하려는 의지나, 그럴 시간이 있는 부인들이 점차 줄어들고 있다(Moskos, 1986).

제도적 군대에서는 그들의 구성원들을 총체적으로 평가하고, 질적, 주관적 평가에 크게 의존하는 경향이다. 반면, 직업적 군대에서는 특정 업무 기준과 관련된 것만을 평가하고 양적인 평가를 중시하는 경향이다. 군대가 제도화될수록, 군대의 법적 체계가 적용되는 범주가 넓어지고, 군대가 직업화될수록, 범법자는 일반 민법을 적용하는 경향이 강하다. 제도적 군대가 특징인 사회에서는 과거 군대에서 지위는 사회생활로 확대되어 예비역들은 사회에서도 특권을 누리는데, 특히 정부기관에서 고용과 자격부여의 경우에는 더욱 그렇다.

제도-직업 명제는 군대란 각국의 민군관계 역사, 군대전통, 지정학적 위치에 따라 각기 다른 모습을 하고 있다는 점을 인정하면서 군대변화의 지배적 추세를 확인하려 한다. 더욱이 한 국가의 군대 내에서조차 제도-직업 양상은 여러 방식으로 접하게 될 것이며, 군대는 현실적으로 제도적 모형뿐만 아니라 직업적 모형의 특성을 공유하여 왔고 앞으로도 그럴 것이다(Doorn, 1975). 또한, 각 군별로 또는 병과 간에도 제도-직업 특성에서 큰 차이가 난다. 그리하여 육군이나 해병대에 비해 기술발달이 빠른 속도로 진행되는 공군과 해군에서 직업적 모형의 특성이 보다 뚜렷이 나타나고 있는 것도 사실이다. 그러나 두 모형을 구분하여 유형화하는 것은 군대 특성을 파악하는데 나름대로 유용한 가치가 있다. 직업과 제도를 구분하는 유형화를 통해 현대 군대조직 내에서 제도적 방식이 쇠퇴하고 직업적 모형이 우세해지는 것이 일반적 추세이다. 그러나 특정 부대나 전군적으로 군대를 다시 제도화하려는 추세가 있는 것도 사실이어서 제도로부터 직업으로 변화한다는 명제가 항상 타당한 것은 아니다.

군대 내에서 제도적 특성과 직업적 특성이 공존하는 현상은 1973년 초 지원병제의 출현을 예견하고 있었지만, 미국에서 징병제 대신 지원병제를 도입한 것은 군대를 직업적 모형으로 변화시키는 강력한 추진제로 작용하였다. 직업적 모형은 확실히 대통령 위원회의 지원병제에 대한 1970년도 보고서의 철학적 논거를 이루고 있다. 대통령 위원회는 "의무," "명예," "조국,"과 같이 규범적 가치관에 바탕을 둔 군대체제 대신, 근본적으로 시장 기준에 의한 금전적 유인책으로 군대 충원이 이루어져야 한다고 주장하였다.

군대 보수를 민간 영역과 경쟁력 있는 수준으로 향상하려는 움직임은 지원병제가 출현하기 이전부터 있었던 것이 사실이다. 1967년 이래 군대 보수는 공식적으로 공무원 보수와 연결되어 있어서 간접적으로 민간 노동시장과 연결되어 있다. 1964년부터 1974년까지 기본급과 수당 및 세금공제를 포함하면 중령과 일등상사의 보수는 76% 오른 데 반해, 민간경제 영역의 평균임금은 52% 증가하였다(Canby & Butler, 1976).

징병제의 폐지와 군대 보수의 인상은 오늘날 군대의 가장 큰 변화인데, 제도적 형식에서 벗어나서 직업적 형식의 추세를 나타내는 지표로는 첫째, 면세품의 보조금이나 부양가족의 의료비 그리고 연금제의 개편과 같은 군대 보조금을 줄이거나 폐지하려는 법안, 둘째, 지상 전투부대에서 특정 계층이나 인종이 전체 인구 구성비에 비해 적게 들어오는 경향, 셋째, 공식적인 군대 업무와 기지 밖에서 거주하는 군인들이 연관된 지역사건을 구분하는 경향, 넷째, 일상적인 사회봉사 활동에 참여를 거부하는 군인가족의 증가, 다섯째, 불만사항을 법원에 제소하는 현역들의 증가 경향을 들 수 있다. 이런 모든 변화는 군대에서 직업적 모형이 더욱 우세해진다는 점을 단적으로 보여 주고 있다.

전쟁 가능성과 위협 인식에 따른 군대의 변화

군대는 사회의 전반적인 변화를 그대로 반영하고 있다. 전쟁발발의 가능성과 전쟁 위협에 대한 일반 국민의 인식이 어떤가에 따라 군대와 사회의 기본적 관계가 형성되는데, 군대와 관련하여 근대 사회와 포스트모던 사회의 가장 핵심적인 차이점은 그들이 당면하고 있는 전쟁 위협의 성격과 그것을 인식하는 방식에서 찾을 수 있다.

근대 국가에서는 자국을 포함하여 동맹국에 대한 적의 침공위협이 남아있고, 이에 대항하여 싸우는 것만이 생존을 위한 효과적인 대안이었다. 찰스 틸리(Charles Tilly)는 유럽에서 근대 국민국가의 출현은 이러한 외부 위협에 대해 성공적으로 방어하느냐의 여부에 따라 달려있었다고 주장한다(Moskos & Burk). 그리하여 지난 2세기 동안, 국가의 생존을 설명할 수 있는 핵심적 요소로 대규모 군대를 동원하고 배치할 수 있는 능력이었다.

포스트모던 사회는 근대 사회와 근본적으로 달라 국가생존에 대한 군사적 위협이 약화하고 대규모 폭력행위도 드물어졌다. 그 대신 지역 갈등이나 시민전쟁, 인종 간의 폭력적 갈등이 예상되고 오랫동안 우려되었던 대규모 전쟁이나 세계대전의 가능성은 이제 희박해지고 서방 선진국과 과거 사회주의 국가 간 전쟁의 가능성도 소멸하였다. 군대 성격에서 가장 큰 변화는 징집에 의한 대규모 군대조직으로부터 점차 지원병제에 바탕을 둔 소규모 전문직업군으로 전환이다. 이런 군대 조직의 변화는 위협의 규모와 성격이 변하고 이에 따라 군대 임무가 변하면서 나타난 현상이다. 위협에 대한 인식과 군사력 구조가 변함에 따라 일반 국민의 군대에 대한 태도도 변하였다.

과거 근대국가의 일반 국민들은 강한 애국심에 바탕을 두고 군대를 열렬히 지지하였다. 그러나 국제상황이 변화되면서 점차 국민들이 군대에 대해 모호한 태도를 보이다가 포스트모던 시대에는 군대에 대해 회의적이거나 무관심한 태도로 일관하게 되었으며, 따라서 국방비에 대해서도 과거 긍정적이었던 국민들이 냉전 시대에 중립적인 입장으로부터 포스트모던 시대에는 부정적인 태도로 변하였다. 군대 구조와 군대 임무의 성격이 변함에 따라 군대에서 주도적 역할을 하는 직업군인들의 유형도 시대에 따라 달라졌는데, 각국이 전쟁에 몰입하였던 근대시대에는 전투지휘관이, 냉전 시대에는 군대 관리자나 기술자가, 포스트모던 시대에는 군인정치가나 군인학자들이 각각 부상하게 되었다. 또한, 이런 변화와 더불어 근대시대에는 민간 고용인이 군대 내에서 차지하는 비율이 극히 낮았지만, 그 비율이 점차 증가하여 포스트모던 군대에서는 민간인의 비중이 매우 높아졌다. 또한, 군인의 배우자와 군대 공동체는 과거 근대시대의 군대에는 통합된 부분이었으나 이후 점차 멀어져 포스트모던 군대에서는 양자가 분리되는 경향을 띠고 있다.

결국, 제도적 군대로부터 직업적 군대로의 변화 역시 사회의 전반적인 변화를 반영하고 있다고 볼 수 있다. 그리하여 전쟁발발의 가능성과 전쟁 위협의 긴박성에 대한 일반 국민의 인식이 어떤가에 따라 군대와 사회의 관계가 달라지는데, 제도로부터 직업으로의 군대변화 역시 당면하고 있는 군사적 위협의 성격과 그것을 인식하는 방식에서 변화와 밀접한 관계가 있다.

3. 직업적 군대의 결과

군대가 직업적 모형으로 변화하고 있다는 주장은 군대조직의 기능과 구조에서 근본적인 변화를 의미한다. 그것은 군대가 더욱 직업화할 경우 변화를 예측할 수 있는데 특히 군대조직에 노동조합이 출현할 가능성과 군대의 업무수행을 위해 민간 인력과 기술에 의존하는 정도가 높아지는 현상이 확실히 일어난다. 이런 변화들은 외관상 서로 관련이 없는 것처럼 보이지만 직업적 모형이 우세해지면서 나타난 군대조직의 주요 변화들이다.

군대노조

군대와 노동조합이 연결될 가능성은 몇 년 전만 해도 상상하기 어려운 일이었으나 오늘날 그럴 가능성이 점차 나타나기 시작하였다. 미국의 시, 주, 그리고 연방 정부기관에서는 큰 변화가 일어나고 있는데, 과거 조용했던 공무원들이 날이 갈수록 호전적으로 변하였다는 사실을 통해 군대조직 내에서도 이와 유사한 사태가 나타날 수 있는 전조가 될 수 있다(Krendel & Samhoff, 1977). 나토 회원국들을 포함하여 여러 유럽 국가에서는 오래전부터 군대 노조를 허용하고 있는데, 그것은 미국 군대에서도 노동조합이 출현할 수 있는 가능성을 보여주는 단적인 예이다. 군대 구성원을 충원하는데 금전적 유인책에 의존하는 것은 노동조합의 인식과 일치하고 있다.

그러나 군대 노조는 현실적으로 여러 법적인 한계에 직면하고 있다. 현재 미국 국방성 방침은 군인에게 노동조합에 가입을 허락하고는 있으나 지휘관들이 그들과 협상하는 것은 금하고 있다. 더욱이 최근 군대에서 노조를 금지하는 법안이 제시되었는데 군대에서 노조를 금지하는 법안이 통과된다 해도 그런 법안은 법원에서 검증되어야 할 것이다. 이미 군대 지휘관은 민간노조에 가입한 군대 민간고용인과 협상이 용인되었고 1975년 이래 군대 지휘관은 민간 고용인과 합의사항에 서명하는 군대의 공식적 대표로 활동하고 있다.

군대 노조가 대부분 고급장교와 일반 국민들로부터 증오의 대상이 되고 있지만, 이 때문에 군대 내에서도 제도적 특성이 크게 훼손되어 가고 있다는 인식이 계급 고하를 막론하고 모든 군인에게 팽배해 있다. 이런 불만은 군인들의 특혜 축소와 주기적인 병력 감축으로 인한 군대직업의 불안정성 때문인데, 그것은 군대의 제도적 특성과 지원병 제도하에서 직업의 불안정성이나 특혜 축소는 상대적으로 높은 군인들의 보수와 상쇄될 수 있다는 점을 군인들이 잘 이해하지 못한 결과이다. 많은 군인이 군대의 제도적 형식에 대한 사회적 지원의 목소리에 귀 기울이고 있는 동안에도, 군대 내에서 노조가 결성될 가능성이 높은 배경에는 군대조직이 직업적 모형의 방향으로 꾸준히 변하여 온 점을 지적할 수 있다. 노동조합이 있는 군대는 국민들로부터 성원을 받지 못할 것이다. 사실, 공공노조에 대해 갖는 일반 국민들의 반감을 고려하면 노조가 있는 군대에 대해 국민들이 예상보다 훨씬 더 부정적으로 보기 때문이다.

민간기술자의 증가

심각한 갈등에도 불구하고 군대조직에 나타날 수 있는 변화로 군대 노조와 더불어 민간기술자가 증가하는 것인데, 이런 변화는 과거의 공식적 군대조직과는 근본적으로 다른 것이다. 과거 전통적인 군대에서 전형적인 군사적 성격의 직무를 수행하기 위하여 오늘날에는 군인 대신 민간인을 활용하고 있다. 미국 중앙정보부의 사병(private army)은 오랫동안 정규군 지휘부의 주요 관심의 대상이었다. 그러나 최근 군대에 나타나는 현상으로 군대에서 필요한 여러 업무 가운데 군인들이 담당하기 어려운 분야를 민간인이 많은 보수를 받고 수행하고 있다. 그것은 오늘날의 군대가 필요한 모든 기능을 수행할 수 있을 정도로 잡다한 군대구조로 되어 있지 않기 때문이다.

현대 군대는 군사작전을 효율적으로 수행하기 위해 상당 부분 민간 기술자에 의존하고 있다. 미국 해군의 전투함들은 장기적으로 승선하여 근무하는 민간 기술자의 전문 기술 없이는 효율적인 전투가 불가능하다. 육군의 주요 감시센터 역시 장비 유지와 관리를 위해 민간 기술자들이 필요하며, 미사일 경고체계와 같은 시설은 사실상 민간인에 의해 운영되고 있는 군사시설이며, 그 밖에 조종사 훈련기관이나 감시시설도 민간인에 의해 유지되고 있다. 외부의 정치적 고려 역시 군사적 업무를 민간인으로 하여금 수행토록 하는 의사결정에 분명히 영향을 준다. 고도의 기술이 필요한 특정 영역은 민간인이 군인보다 비용 대 효과 면에서 더 효율적이다. 업무의 효율성만을 생각한다면 군인들이 민간 기술자만큼 장기간 어려운 임무를 수행할 수도 없고 수행하려고 하지도 않는다는 사실이다. 군대 업무를 효율적으로 수행하기 위해 민간인을 채용하는 것은 군대 내에서 직업이 중시되는 현상을 보여주는 단적인 예이다. 군대에서 직업적 모형이 우세해진다는 가설은 군대조직의 변화에 관심을 촉발시키고 이런 변화를 이해하는 데 도움을 준다. 군대조직 내 노동조합의 출현 가능성, 민간 기술자에 대한 군대 업무의 의존, 군인들의 사기저하 등 군대변화에 대한 관심이 있다면 이런 변화의 근본원인이 무엇인가에 초점이 맞추어져야 할 것이다. 그런 추세를 확인하기 위하여 발전론적 관점은 군대에서 일어나고 있는 새로운 변화의 충격과 앞으로 일어날 결과를 자세히 분석해야 할 것이다.

4. 발전론적 관점에 대한 주요 쟁점과 이견

지원병제의 전반적 시행과 함께 군대가 제도적 모형으로부터 직업적 모형으로 변하는 추세라는 모스코스의 가정은 이후 군대조직에 대한 분석과 논의에서 여러 학자의 주요 관심의 대상이 되었다. 모스코스의 명제는 소명이라고 알려진 과거 군 복무 유형을 오늘날의 유형인 직업과 비교하는 것이었다. 그러나 이 명제가 발달하면서, 점차 오늘날의 직업적 형태의 군 복무와 과거의 소명으로서 군 복무를 했던 제도적 군대와 비교되었다. 수많은 연구가 진행되면서 여러 학자들은 직업이라는 용어가 생업과 직장을 동시에 의미한다는 사실을 인식하게 되었다. 분명히 모스코스의 분석모형은 조직의 차원과 개인적 차원의 두 차원을 동시에 언급하고 있다. 즉, 조직 차원에서는 제도로서 군대와 직장으로서 군대를, 개인적 차원에서는 소명으로서 군 복무와 생업으로서 군 복무를 각각 비교하고 있다(Segal, 1986). 이 둘의 차이는 이론적으로나 방법론적 차원에서 상당히 중요한데, 이론적으로 이 모형은 사회발전에 대한 사회심리학, 사회학, 경제학에서 핵심적 주제인 합리화라는 추세를 반영하고 있다. 이 추이는 원래 뒤르껭과 퇴니스의 저서 그리고 막스 베버의 연구에 크게 의존하고 있다. 베버에 의하면 경제가 발전할수록 사회는 점차 과학에 의존하고, 비공식적 관습보다 공식적인 법률체계에 의해 규제되고, 도시화하고 세속화되고 상업화되는데 이런 사회체계에서 조직과 직업은 점차 비인격화, 관료화, 전문화되고 개인의 행위는 더욱 자기 이익과 자기발전을 중시하는 공리주의적 원칙에 기초한다는 것이다. 예를 들면, 공리주의적 태도는 청교도 윤리의 출현과 자본주의적 산업화의 성장 관계를 분석한 그의 연구에서 잘 나타나 있다. 이런 변화추이에 따라 군대도 커다란 변화를 겪어 왔는데, 조직의 합리성이 증대되고, 리더십이 관리로 대치하고, 인적자원을 중시하고 전투 효율성 증대를 위한 비용-효과분석이 이루어지는 것이 바로 그런 변화이다.

군대가 제도로부터 직업으로 변화한다는 관점과 이런 관점을 적용하는 발전론적 분석모형에 대한 비판적 시각도 존재한다. 자노비츠(Janowitz, 1977)에 관점에 의하면, 군대는 여전히 전문직업으로서 특징을 지니고 있다. 군대에서는 일반 직업보다 높은 수준의 기술적 전문성이 요구되며, 상당한 정도의 자율적 규제와 강력한 집단적 응집력이 작용하고 있다는 사실만으로도 일반직업과는 분명히 다르다. 자노비츠는 군대가 전문직업으로부터 일반직업으로 변화되기 위해서 장교단에 다음과 같은 현실적으로 일어나기 어려운 (제도적 형식에서 직업적 형식으로 변하기에는 더욱 어려운) 여러 변화가 수반되어야 한다고 주장한다. 첫째, 군의 기술 수준이 현재보다 현저히 떨어져야 한다는 것인데, 이런 변화는 기술이 지속적으로 향상되고 있는 상황에서는 결코 일어나지 않는다. 둘째, 장교단은 그들의 중요한 자율적 관리영역을 잃어야 하나, 실제로 장교단은 장교들의 진급문제나 군대조직과 관련된 주요 의사결정에 효율적으로 통제력을 행사하여 왔고, 이러한 군대의 자율적 영역은 유지되어 왔다. 셋째, 장교단은 그들의 단체정신이 결정적으로 약화하여야 할 것이다. 이 부분과 관련해서는 군대 장교단 내에서 긴장과 갈등이 상당히 존재하는 것이 사실이다. 이런 갈등 가운데 어느 것은 꽤 오래된 것도 있고 다른 것은 최근에 생긴 것이다. 그러나 일부 장교단 내에 불만이 있는 것도 사실이지만, 그런 불만으로 전문직업주의가 소멸되는 것은 아니며, 어떤 불만은 합법적으로 해소가 가능하고 어느 것은 정치적 해결이 필요한 것도 있다. 장교단 내에 긴장이 있다고 해서 그런 긴장이 장교단의 전문직업적 정체성을 약화시킬 정도까지는 아니라는 것이다. 오히려 장교단의 응집력과 유대감은 강한 자기 보호적 요소까지 내포하고 있다.

발전론적 관점에 대한 모스코스의 입장과 달리 자노비츠는 특정 직업집단이 전문직업주의적 요소를 보인다고 해서 그 직업집단이 높은 수준의 효율성과 책임의식을 가지고 있지 않는다는 것이다. 그 대신 전문직업주의는 현실적으로 다양한 수준과 정도를 보이는데, 전문성의 정도와 자율관리 그리고 단체적 응집력이 있다고 해서 그것이 자동으로 고도의 업무수행을 보장해주는 요소가 아니라고 주장한다. 대신 특정 업무를 수행하기 위해서는 전문직업적 요소가 충분히 그리고 효율적으로 잘 조합되어야 할 것이다. 더욱이 모든 전문직업인이 임무를 효율적으로 수행하게 하려면 정치적으로뿐만 아니라 사회적으로 어느 정도 통제를 받아야 한다는 것이다.

오늘날 군대 전문직업은 과거에 군대의 고유 업무영역을 다른 전문직업이나 사회제도에 넘겨주는 변화를 겪어 왔다. 그런 추세를 자노비츠는 군대 직업이 민간 전문직업과 중첩되면서 나타나는 "민간화" 추세라고 기술하였다(Janowitz, 1977). 군대와 민간영역이 중첩되는 민간화 추세가 오늘날 최고조에 도달했으나 아직 그 과정이 끝나지는 않았다. 이런 중첩현상의 특성으로 정부와 장교 간의 관계에서 점점 계약관계가 도입되고 있다는 것이다. 그러나 분명히 알아야 할 점은 이런 추세가 영합게임(zero-sum game)에 의하지는 않는다는 사실이다. 군대의 일부 업무를 민간 영역에 넘겨주어도 군대는 여전히 군의 상대적 자율권을 유지하고 전문적 능력을 갖추고 있으며, 집단 응집력의 핵심적 요소도 보유하고 있다. 특히 민주 사회에서 장교단 내의 계약적 요소는 도리어 그들의 권리를 보장하고 공정성을 보장하는데 기여한다. 따라서 장차 계약적 관계가 점차 강화될 것이라는 예측은 믿을만한 근거가 있고 그런 계약관계가 전문직업적 자격과 집단 응집력을 훼손시키지 않고, 도리어 군대가 수행해야 할 임무를 수행하는데 기여하는 긍정적 요소로 작용한다는 것이다.

과거 장교들은 전투 목적이 무엇인지 정확하게 알지 못한 상태에서도 효율적으로 싸울 수 있었다. 그러나 오늘날 장교들은 군대의 전문직업적 목적을 정확하게 이해하지 않고서는 전쟁억제를 위해 군대에서 올바르게 복무하기 어렵게 되었다. 직업적 목적을 정확히 이해해야 할 필요성이 커지는 것은 그만큼 현대사회에서 영역 간 상호 의존성의 증대를 의미한다. 오늘날 발달한 사회에서 의사나 변호사 그리고 학교 교사들 역시 더욱 명확한 목표를 달성하기 위해 고군분투하고 있는데, 그런 변화가 지향하는 방향은 높은 수준의 전문직업주의, 즉, 높은 수준의 직업주의적 요건을 갖추는 것이다.

모스코스와 자노비츠의 군대변화의 주요 쟁점에 관한 차이점을 요약하면 〈표 4. 3〉과 같다. 둘의 입장은 서로 양립할 수 없는 것처럼 보이나 각자의 관점이 그렇게 현저히 다른 것은 아니다. 첫째로, 모스코스와 자노비츠는 두 가지 추세에 대해 이견을 보이고 있는데, 모스코스는 군대가 제도로부터 직업으로 변화한다고 주장한 반면, 자노비츠는 군대가 넓은 의미에서 민간화되고 있다고 주장함으로써 군대에 새로운 변화가 일어나고 있다는 데 동의하고 있다. 둘째, 모스코스가 군대 전체가 변하고 있다고 주장한 반면, 자노비츠는 장교단만이 제도로부터 직업으로 변하고 있다고 보아 변화를 장교단에 한정하고 있다. 이 부분에 대해서는 양자 간 큰 이견을 보이지 않는다. 그것은 장교단이 소명에 부응하고 그들만이 소명의식이 있다는 점을 인정할 수 있기 때문에 장교단의 구성원만이 제도로부터 직업으로의 변화를 경험한다는 자노비츠와 모스코스 간에 근본적으로 큰 차이가 없다.

셋째로, 모스코스는 현대 군대가 그의 전문적 능력을 수행할 수 없을 정도로 상당한 문제를 안고 있다(Moskos, 1977)고 보는 데 반해, 자노비츠는 그것이 장교단의 전문직업적 정체성까지 훼손시킬 정도는 아니라고 주장하여 군대의 전문적 능력에 대한 둘의 이견은 제한적이다. 자노비츠는 일부 장교들의 불만이 낮은 수준이라고 하여 둘은 군대문제의 존재뿐만 아니라 군대문제의 수준을 인정하고 있다. 넷째로, 모스코스와 자노비츠는 군대가 제도로부터 조직으로 변화하는데 작용하는 원인을 서로 달리 제시하고 있다. 자노비츠는 모스코스가 변화의 내용을 명확히 제시하지 않는다고 지적하였으나 모스코스는 분명하게 민간 기술자와 노동조합이 이런 변화를 일으키고 있다고 지적하였다. 자노비츠 역시 군대 내 민간인이 증가하여 이것이 장교단을 변화시킴으로써 장기적으로 군대직업이 다른 제도나 직업에 의한 침투가 심화하면서 변화를 겪고 있다고 주장하였다. 결국, 그들은 군대의 변화가 내부적 요인에 의해서라기보다 외부적 요인에 의해 이루어진다고 보고 있다.

표 4. 3 모스코스와 자노비츠의 제도/직업 쟁점비교

분 류	모스코스	자노비츠
추이	일반직업화	민간화의 경향
변화범위	군대 전반	군대 내 장교단
변화원인	노동조합	정부와 직업군인 계약 경향
	민간인의 군대 업무수행	민간인 증가와 장교단 변화
변화의 영향	조직적 결과, 군대 기능변화	일부 직업군인의 불만
노조 평가	부정적	긍정적/부정적

출처: Henning S rensen, 1994. "New Perspectives on the Military Profession: I/O Model and Esprit de Corps Reevaluated." *Armed Forces and Society* 19(2), p. 600.

다섯째, 모스코스와 자노비츠는 장교단이 이런 변화에 대해 수동적으로 적응하는 행위자로 보고 있어서, 장교단이 이런 변화에 적극적으로 저항할 것이라는 가능성을 배제하고 있다. 특히 이런 입장은 모스코스의 경우 더욱 명확하여 군대 변화에 대해 장교들이 반격할 것이라고 기대하지 않는다. 자노비츠도 마찬가지로 군대변화에 대해 장교들이 수동적이어서 변화에 대해 불만은 있겠지만, 장교들의 수동적 태도는 민간 기술자가 군대의 임무를 수행하는데 긍정적인 요소로 작용할 수 있다고 보았다. 결국, 모스코스와 자노비츠는 공히 장교들을 수동적 행위자로 보고 변화를 수용하는 유사한 태도를 보여주고 있다.

그럼에도 불구하고, 모스코스와 자노비츠는 서로 분명한 차이가 있다. 첫째, 그들은 노동조합에 대해 달리 인식하고 평가하고 있다. 모스코스가 제도의 구성원들은 노동조합과 같은 이익집단을 형성하지 않는다고 주장한 반면, 자노비츠는 노동조합이 민간화의 다른 예가 될 수 있다고 지적하였다. 그리하여 모스코스가 노동조합을 전문직업과 별개의 것으로 정의하는 반면, 자노비츠는 노동조합을 전문직업의 영향력이 증가하는 증거라고 보았다. 둘째로, 모스코스가 제도로부터 직업으로의 변화를 되돌릴 수 있다고 보는 반면, 자노비츠는 그런 반전은 있을 수 없다고 보고, 만일 그런 기대가 실재하고 있다면 그것은 이념에 기초한 것이라고 주장한다. 요약하면 모스코스나 자노비츠는 다 같이 군대 전문직업에 연관되어 군대에 문제를 일으키는 외부적 힘이 작용한다고 인정하나 이 문제의 심각성에는 견해를 달리하고 있다.

제5장
직업군인의 충원과 교육

1. 근대 군대의 장교단: 귀족 출신 아마추어 장교단

인간이 오래전부터 전쟁기술을 발전시켜 왔지만, 군대라는 직업은 근대 사회의 역사적 산물이다. 의사와 법률가와 같은 전문직업은 중세 말에 출현하여 그 이후 고도로 발전된 모습으로 정착되었으나, 군의 장교직업은 본질에서 19세기의 독특한 제도적 창조물이었다. 장교들이 일반인과 구별되는 전문기술을 갖게 된 것은 나폴레옹 전쟁 이후로, 이때 비로소 전문기술에 내재한 여러 기준 가치 및 조직적 특성 등이 발전하기 시작하였다. 직업적 장교는 기업가와 마찬가지로 근대 사회에 출현하였기 때문에 분명히 현대적 의미의 직업적 장교단이 언제 정확히 정착되었다고 단정할 수는 없지만, 1800년 이전에는 존재하지 않았으나 1900년대에는 대부분 국가에서 직업적 장교단을 보유하게 되었다(Huntington, 1957: 17)고 말할 수 있다.

군대의 병사들을 지휘하는 장교는 그전에도 있었지만 그들은 현대적 장교단과는 거리가 먼 용병 출신이거나 귀족 출신이었다. 중세의 용병장교는 이윤을 추구하는 사업가였고 근세의 귀족군대에서 장교는 명예와 모험을 추구하는 아마추어로서 군대생활을 취미활동 정도로 생각하였다. 용병제하에서 장교는 본질에서 그가 거느리는 용병들의 생계를 해결해주는 기업가로서 장교의 성공 여부는 전문직업적 기준에 의해서가 아니라 금전적 보수에 의해 평가받았다. 또한, 군대는 각각 다른 지휘관을 둔 여러 독립적인 집단들로 구성되어 있고, 상호 경쟁하는 개인주의자들이기 때문에 공통의 기준을 적용한다거나 협동정신을 발휘할 수도 없었고 규율과 책임감도 없었다. 전쟁은 약탈을 목적으로 한 일종의 사업으로 약탈자의 윤리만이 지배했다.

용병을 대신하여 귀족 출신의 아마추어 장교가 출현하게 된 것은 영토를 보호하고 군주의 지배권을 확보하기 위해 군주들이 자기 휘하에 상시 군사력을 보유하면서 시작되었다. 그 이전에는 필요할 경우에 군대를 일시적으로 조직하였지만, 국력을 지속적으로 신장하기 위해서 항구적인 군대가 필요함에 따라 상비군을 육성하게 되었다. 이러한 상비군의 장교 선택은 군주가 자신의 의지를 강요할 수 있는 봉신에 한정하였는데, 프러시아에서처럼 귀족들이 절대 군주를 위해 봉사하도록 요구받거나, 프랑스에서처럼 매수되었다. 군사력은 이제 국가를 대표하는 군주의 군대가 되었고 장교도 계약으로 행동하는 기업가가 아니라 군주의 영원한 신하가 되었다. 한 마디로 군대는 사적인 통제를 벗어나 국가의 통제를 받고 사회화되었다. 18세기 말까지 유럽에서 포병과 공병을 제외한 장교는 귀족들이 독점하였는데 이들은 전문 직업장교가 출현하기 이전 서구 사회의 가장 보편적인 장교단이었다.

17세기 프러시아와 프랑스 군대에 많은 평민 출신 장교가 복무했으나, 포병과 공병을 제외한 모든 장교는 귀족 출신이어야 한다는 규제로 인해 평민 출신 장교는 점차 사라지고 프랑스 혁명 당시 시민군에서조차 귀족이 아니면 장교가 될 수 없었다. 프러시아의 프레데릭 윌리엄 1세

(Frederick William I: 1713-1740)는 귀족에게 장교로 근무하도록 강요하였고, 프레데릭 대제(Frederick the Great: 1740-1786)는 귀족만이 명예, 충성, 용기와 같은 장교로서 필요한 자질을 가지고 있다고 확신하였다. 그 결과 18세기 중엽 프랑스와 프러시아의 예비군사학교는 귀족 출신에 한해 입학이 가능하였다(백락서 외, 1974: 27).

부와 출신배경 및 정치적 영향력이 장교단에 가입은 물론 장교단 내에서 승진에도 결정적으로 작용하였다. 궁중 귀족들이 군대의 최고직을 독점한 반면, 가난한 시골 귀족들은 하급 장교 직에 임명되어 궁중 귀족 출신의 12세 혹은 15세 소년들이 연대장이 되는 경우도 허다하였다. 군 최고 지휘권은 정치적 영향력에 의해 좌우되어 프랑스에서는 칠년전쟁 중 변덕스러운 마담 뽕빠두르(Madame de Pompadour)에 의해 육군의 최고 지휘관이 여섯 명이나 경질되었다. 영국 장교들은 통상 의원직을 겸하고 있었는데 이들은 자신의 정치적 지위를 이용하여 진급하였지만 동시에 군주의 정치적 압력에 취약할 수밖에 없어서 조지 3세(George 3) 같은 군주는 이런 장교들의 약점을 정치적으로 최대한 활용하였다.

장교에 대한 직업교육은 군인에게 필요한 용기와 명예는 천부적 자질이라고 보는 귀족적 신념과 상호 모순되는 것이다. 당시 초보적인 군사지식 수준으로 인해 군사교육 자체가 별로 효용이 없었고, 지휘능력은 천부적 자질에 달려있다고 보는 귀족적 관점으로 인해 군사교육 자체가 중요시되지 않았다. 그 당시 군사학교는 귀족이나 명문가정 출신이 장교가 되기 위해 들어가는 예비군사학교와 포병과 공병 장교 양성을 위한 장교양성학교가 있었는데, 포병, 공병 장교를 양성하기 위한 학교만이 지적 훈련을 위한 유일한 교육기관이었다. 당시 부르주아 시민계급 출신을 충원하여 기술지식에 치중하던 포병학교와 공병학교는 야전 지휘관들이 천부적 자질로 지휘한다는 귀족적 관점과 모순되지는 않았다.

18세기 장교단은 전문성이나 규율 및 책임감과 같은 가치 대신, 사기,

용기, 개성과 같은 귀족적 가치를 중시하였다. 귀족들에게 장교는 그 나름의 목적과 규율을 가진 하나의 직업(vocation)이라기보다 그저 자신의 사회적 신분에 수반되는 부속물에 불과하였다. 즉, 귀족들에게 그들의 이상적 생활로서 스포츠와 더불어 장교의 신분은 모험을 즐길 수 있는 훌륭한 취미생활로 인식되었다. 프랑스 군대의 경우 실제 업무에 숙달된 장교들은 소수에 불과한 부르주아 출신들이지만 그들은 군대에서 최하위 계급을 벗어날 수 없었다. 군대에서 사회적 신분을 고려하자 계급(rank)에 기초한 군대 규율은 확립하기가 거의 불가능하였다. 실제로 군사훈련을 할 때를 제외하고는 군대 계급이 높아도 사회적 신분이 낮은 장교들은 명문 귀족 출신의 부하들을 우대하였으며 궁정뿐만 아니라 군대에서도 이같이 사회적 신분에 맞는 직위를 부여받았다.

이렇듯 군대에서 귀족 출신을 중시했던 이유는 당시 장교에게 천부적 자질이 더 중요하다는 인식이 보편화하였기 때문이다. 18세기의 천부적 장군상(born generalship)은 타고난 천재 개념을 중심으로 전개되어 군대 지휘관도 음악이나 미술처럼 타고난 재능이 필요한 예술로서 이런 재능은 전수되거나 배울 수 없는 것으로 인식되었다. 이런 천부적 장군관은 근본적으로 낭만주의적이며 반직업주의적 사고로 지휘하는 자와 복종하는 자는 태어날 때부터 결정되어 있다는 귀족주의적 관점을 개인적 차원에 적용한 것이었다. 이런 이유로 당시 귀족으로 태어난 사람만이 장교가 될 수 있다는 사고가 팽배하였고 군사 저술가들도 선천적으로 우수한 자질을 타고난 사람만이 훌륭한 지휘관이 될 수 있다고 기술하였다. 이런 관점은 장교나 장군이 객관적인 제도를 통하여 양성될 가능성을 부인하는 관점으로 당시 기버트(Guibert)같은 저명한 군사 사상가들도 천부적 장군상(born generalship)을 찬양하였고, 삭스 원수(Marshl Saxe) 역시 "전쟁이란 어둠에 뒤덮인 과학이며, 아무도 그 속에서 확실한 발걸음을 내디딜 수 없을 것이다. 과학에는 원칙과 법칙이 있지만 전쟁에는 그런 것이 있을 수 없다"

라고 주장으로써 전쟁에서 과학적 접근이 불가하다고 보았다.

2. 19세기 프러시아 군대: 직업적 장교단

역사적으로 직업군인제도가 도입된 날짜를 굳이 특정한다면 1808년 8월 6일이라고 지적할 수 있다. 이날은 프러시아가 예나 전투에서 나폴레옹에게 패배한 뒤 강력한 군대를 육성하기 위한 군 직업주의 기본 요강을 담은 장교 임용령을 선포한 날이다. 이 기준에 따라 프러시아 장교가 되는데 필요한 유일한 자격은 평시에는 교육과 전문적 지식이며, 전시에는 뛰어난 용기와 훌륭한 지각력이다. 따라서 이러한 자질을 갖춘 자는 출신 배경과 관계없이 군대의 최고 직위를 차지할 자격이 있다. 이렇듯 군대에서 모든 계급적 특권을 철폐하고 장교의 임용조건을 분명하게 제시함으로써 모든 국민은 신분과 관계없이 평등한 의무와 권리를 갖게 되었다.

프러시아 군사위원회의 개혁조치는 서구에서 진정한 직업군인제도의 시작을 의미하는 것이었다. 이들은 프러시아뿐만 아니라 대부분 국가에서 수용한 새로운 군사제도를 최초로 정착시켰다. 프러시아 군 직업주의는 나폴레옹 전쟁 중과 그 직후 기초군사교육제도를 도입하였으며, 19세기 후반 장교선발과 승진제도를 정착시켰고 일반참모제도와 고등군사교육과정을 확립하였다. 장교가 되는데 필요한 일반교육과 특수교육, 시험제도, 고급군사교육과정, 실력과 업적에 의한 승진제도 및 참모제도를 도입하였고 군대에 단체의식과 책임감, 전문분야에 대한 인식이 확산하였다. 이런 모든 제도와 의식이 프러시아에 확립된 요인으로는 기술의 전문화, 경쟁적 민족주의, 민주주의와 귀족주의의 갈등, 그리고 안정되고 정통성 있는 권위의 존재 등을 지적할 수 있다.

프러시아 장교단이 귀족 출신의 아마추어 장교로부터 직업적 장교단으로 바뀌게 된 계기는 예나 전투에서 나폴레옹에 패배한 이후였다. 1808년 역사상 최초로 장교단을 직업화한 프러시아는 1814년 모든 프러시아인은 상비군에서 5년(현역복무 3년, 예비역 2년), 국민방위군으로 14년간 복무토록 하는 개병제를 선포하였다. 직업적 장교단이 정착되고 병사들은 개병제에 의해 직업적 군인(career soldier)으로부터 아마추어 군인(amateur soldier)으로 전환되었다.

과거 귀족 출신의 아마추어 장교들이 지휘할 병사들은 직업적 사병이었지만 이제는 모든 국민을 대상으로 징집된 아마추어 병사이다. 이제 장교들은 아마추어 병사들을 훈련시키고 거대한 군대를 지휘 관리할 전문적 능력과 지식을 갖춘 리더십이 필요하게 된 것이다. 장교는 군대조직의 핵심적 역할을 담당하고, 군사기술을 발전시키고, 지속적으로 충원되는 신병들을 훈련시켜야 했다. 장교단과 사병의 본질적 성격이 변화함에 따라 군대와 사회와의 관계도 달라졌다. 과거 사회로부터 고립되었던 사병들은 이제 모든 국민들로부터 징집되어 마음속으로 국민과 통합된 한 부분을 이루게 되었고, 대신 과거 귀족출신으로 사회와 밀접한 관계를 맺고 있었던 장교는 이제 사회적 신분과는 아무런 관계없이 오직 교육과 전문직 지식에 의해 선발, 양성됨으로써 현대 장교단은 외부사회와 밀접한 관련 없이 자신들만의 세계를 이루고 있는 가장 군인적인 특성을 지니게 되었다.

3. 현대 장교단의 충원과 교육

이렇듯 현대 장교단은 프러시아 장교단에서 그 원형을 찾을 수 있다. 귀족 출신만이 장교로 임관되었던 특권을 철폐하여 출신성분에 관계없이 모든 국민을 대상으로 능력과 자질을 겸비한 자를 선발하여 장교로 임용하였다. 더욱이 이렇게 선발된 자들을 대상으로 전문지식을 교육하는 군사교육제도를 도입하고 참모제도를 확립함으로써 현대 군사제도의 바탕을 이루게 되었다. 오늘날 군대는 각국의 역사적 경험과 특수성에 따라 차이가 나지만, 모든 국민 가운데 능력과 지식 등 객관적 기준에 의해 장교단을 충원하고 양성과정으로서 사관학교를 비롯하여 보수과정으로서 기초 및 고등군사반 그리고 참모대학 및 국방대학원을 포함한 군사교육기관을 두어 체계적으로 장교단을 교육하고 군사교육과 참모 및 지휘관을 번갈아 거치는 군 복무 형태는 대부분 국가에서 수용하고 있다.

군대 엘리트가 되기 위해서는 장기간의 전문 직업교육과 훈련 그리고 근무경력이 필요한데, 이런 직업군인의 경력은 다른 전문직업과 비교해볼 때 고도로 표준화되어 있다. 장기간 교육과 훈련 및 경력을 거치는 군대의 복잡한 충원 교육 및 승진체계를 일반인들은 이해하기가 어려울 정도이다. 장교가 언제 임관했느냐에 따라 승진 비율에서 크게 달라질 수 있는데, 예컨대 군대 규모가 확대되고 장교 수요가 많은 전시에 임관한 장교와 그렇지 않고 평시에 임관한 장교 간에는 승진 기회에서 크게 달라질 수밖에 없다.

군대에서 이상적 근무는 일련의 순환보직과정을 거치면서 이루어진다. 일반적으로 군대경력은 각 군 본부나 합참과 국방부에서 작전 및 기획 등을 바람직한 직책으로 인식하고, 계급에 따라 교육과정과 지휘관 그리고 참모직을 번갈아 가며 거쳐 간다. 그러나 실제 군대경력은 병과와 직무에 따라 차이가 있고 참모와 지휘관 그리고 보수교육기관에서 경력을 쌓아가는 것이 일반적이다. 의대나 법대에서 전문직업교육을 집중적으로 한꺼번에 받는 것과 달리 군대 장교는 계급이 올라감에 따라 일정한 시간 간격을 두고 새로운 군사기술과 지식을 습득하기 위해 단계적으로 여러 과정을 이수한다. 미국의 경우 2차대전 이전 전형적인 직업군인은 사관학교 재학

기간을 제외하고 군대복무 기간의 약 4분의 1을 교육이나 훈련을 받는 데 활용했고, 2차대전 이후에는 그런 교육훈련 시간이 증가하여 지휘참모대학을 졸업한 장교들을 대상으로 한 설문조사에 의하면, 평균 전체 복무기간의 3분의 1을 지휘관으로, 3분의 1을 참모로 근무하고, 나머지 3분의 1을 교육훈련을 받는다고 응답한 것으로 나타났다(Janowitz, 1971: 127).

장교충원의 기반

20세기 이래 군대 엘리트의 사회적 기반에도 큰 변화가 일어났다. 자노비츠에 의하면 군대 장교단은 사회적 지위가 높은 소수의 계층으로부터 전체 국민을 대상으로 한 넓은 사회적 기반으로부터 충원되고 있다. 이렇듯 장교충원의 기반이 확대된 데는 군대 규모가 커지면서 장교에 대한 수요가 증가하였기 때문이다. 신분으로부터 능력과 업적이 장교들의 충원과 승진의 기준이 됨에 따라 귀족계급들이 장교단을 독점하는 시대가 지나갔는데, 사회계층이 개방적인 현대사회에서도 이와 유사한 변화가 일어났다.

사관생도를 비롯한 군대 엘리트의 사회적 충원에 나타난 새로운 경향으로 첫째, 전문직 및 기업가 가정 출신이 줄어드는 대신 노동자 가정 출신이 증가하였다. 1946년부터 1960년대의 미국 육사 생도들의 경우, 전문직과 기업가 및 화이트칼라 가정 출신이 줄어든 반면, 숙련 및 비숙련 노동자 가정 출신의 비율이 증가하였다. 전문직과 기업가 및 화이트칼라 출신이 전후 초창기에 전체 신입생의 약 60%를 차지했는데, 1960년대에는 그 비율이 40%로 감소하였다. 군대라는 직업은 노동자계층 출신에게 사회이동을 위한 주요 통로의 역할을 하는데, 전후 초창기 약 10%를 차지했던 노동자 가정 출신은 1960년에는 약 30%로 증가하였다(Lovell, 1964: 136). 이러한 노동자 계층 출신의 비율은 비슷한 수준의 민간대학보다 월등히 높은 비율이다. 전후 5% 미만을 차지했던 농촌 출신은 1960년에는 전혀 없는 것으로 나타났고 1967년 미국 해사 입학생의 경우 20%가 자신의 가정배경을 노동자 계층이라고 밝혔다(Lebby, 1970). 둘째, 군대는 이제 상류계층과 긴밀한 연관성을 상실하였다. 상류계층 출신 가운데 최고계급까지 진출한 수는 급격히 줄어들었는데, 이런 경향은 육군이나 공군보다 해군에서 더욱 뚜렷하여 최상류 집안 출신의 자제는 신입생 중 극히 소수에 불과하였다.

셋째, 군대 가족 내에서 자체충원(self-recruitment)의 현상이 증가하였다. 같은 기간 동안 미국 육사 신입생의 약 20% 정도가 군대가정 출신이었는데, 이 가운데 부친이 현재 장교이거나 과거 장교로 복무를 했던 생도의 비율은 1964년의 경우 36%이고, 부친이 부사관 출신인 생도의 비율도 25%이며 같은 기간 동안 미국 육사 출신 장교의 자제는 전체 입학생의 6%-9%를 점하고 있다(Lovell, 1964: 136). 부사관 자녀의 비율이 전체 군대가정 출신의 약 4분의 1을 점하는데, 이들에게 장교단의 일원이 되는 것은, 그것도 사관학교 출신 장교가 되는 것은 상당한 사회적 이동과 개인적인 성공을 의미한다. 이런 결과 군대가정 출신들은 일반 사회와의 연관성을 점차 잃어가고 있고 사회로부터 소외감을 쉽게 느끼게 된다.

미국 육사 생도들의 사회적 배경 역시, 중상층의 사업가나 전문직 가정 출신의 비율이 줄어드는 대신 중하류계층으로부터 충원되는 비율이 증가하는 경향이 뚜렷하였다. 의사나 변호사 그리고 교수와 같은 중상류 가정 출신이 약 3%대로 떨어져 비슷한 수준의 일반대학에 비해서 낮은 비율이다. 생도들의 집안배경이 그렇게 좋지 않다는 사실은 각 생도 가정의 평균소득을 통해서도 알 수 있는데 1973년 졸업생 가정의 30% 이상의 연간소득이 10,000달러 이하였고, 6.8%정도만 연간 25,000달러 이상의 알찬 중산계층 가정 출신이었다. 해사 생도들은 이보다는 좀 나은 사회적 배경을 가지고 있는데 1971년도 졸업생 중 8.7%의 부친 직업이 전문직이었다

(Lebby, 1970).

이러한 추세는 종교적 배경의 변천 과정에서도 엿볼 수 있다. 미국 육사 생도 중 20% 정도가 장로교, 성공회, 조합교회와 같이 사회적 지위가 높은 사람이 다니는 신교를 믿고 있는데 반하여, 이보다 두 배나 많은 40%의 생도들이 침례교나 감리교와 같이 평범한 사람들이 다니는 교회에 다니고 있다. 천주교도 비율도 35%까지 늘어났는데 이 비율은 일반사회의 천주교도 비율보다 높은 수준이다.

직업적 배경을 지리적 및 지역적 배경과 연관 지어 보았을 때 새로운 충원현상의 사회학적 의미가 분명하게 드러난다. 미국사회가 계속 도시화하고 공업화되어 감에 따라 시골(hinterland)인구가 줄어드는데도, 오히려 시골 출신 생도 비율은 증가하고 있다. 물론 시골이라고 해서 전적으로 농촌 지역을 지칭하는 것은 아니며 주로 소규모 인구집중 지역을 말한다. 군대 엘리트-현재의 엘리트이건 장래에 엘리트가 될 사람들이건-들을 연방정부의 고위공무원, 특히 외교관들과 비교해 볼 필요가 있는데, 이들은 대체로 도시 중상층의 전문직 가정출신으로 뉴잉글랜드 지방과 깊은 관련을 맺고 있는 반면, 군대 엘리트는 지역적으로 분산되는 추세가 계속되고 있으며, 출생 · 결혼 · 거주 등에서 남부 및 서부와 강한 연관을 맺고 있다. 미국 군대의 사회적 충원과정의 변화를 요약하면 다음과 같다. 더 광범위한 계층을 대표하는 군대를 만들어야 한다는 압력 때문에 중류 미국이라는 범위를 강조한 나머지 중류 이하의 사회계층으로부터 사회적 충원이 이루어지고 군대 가정으로부터 자체충원이 많아졌다. 이 결과 군대는 미국사회로부터 보다 분화되고 소외될 가능성이 있다.

한편, 한국 육사 생도의 사회적 배경을 알아보기 위하여 1955년부터 1974년 졸업생 부친의 직업별 비율을 보면 전체적으로는 의사 변호사 교수 등의 전문직 비율이 기간 중 최저 0.5%에서 최고 5.3%대로 상대적으로 낮은 비율이고, 관리행정직의 경우는 최저 11.2%에서 최고 25.1%로 상당한 비율을 점하고 있고, 교직의 경우에는 최저 0%에서 최고 5.6%로 낮은 비율을 점하고 있어서 전문직 및 관리행정직 등의 전체 화이트칼라 출신이 20% 내외를 점하고 있다. 반면, 자영업의 경우는 최저 17.8%에서 최고 36.5%로 상당한 비율을 점하고 있고, 노동자계층은 최저 0.5%에서 최고 5.1%를 점하고 있다. 가장 높은 비율을 차지하는 부친의 직업은 농업을 비롯한 임수산업 등 일차 산업 종사자로 최저 32.6%에서 최고 52.3%를 차지하고 있으며 군대가정 출신의 경우는 최저 0.5%에서 최고 5.1%를 점하고 있다.

표 5.1 한국 육사 출신의 부친 직업별 비율(%): 1955-1974

졸업연도	전문직	관리행정	교직	자영업	노동자	농업(1차)	군인	무직
1955	0.5	16.6	0.0	31.6	2.1	45.5	3.7	0.0
1956	1.1	15.2	0.0	36.5	5.1	37.1	5.1	0.0
1957	2.5	23.0	5.3	18.4	3.3	41.4	2.9	3.3
1958	2.3	18.7	4.6	18.7	3.7	40.2	2.3	9.6
1959	0.0	24.9	2.1	24.9	2.1	35.4	4.2	6.3
1960	0.5	25.1	3.1	22.1	2.1	38.5	4.6	4.1
1961	2.6	15.1	2.6	24.5	0.5	39.1	1.0	14.6
1962	3.0	19.4	3.0	23.4	0.5	37.8	3.0	10.0
1963	0.9	14.9	2.7	35.1	1.4	38.7	0.5	5.9
1964	2.8	20.4	4.4	32.0	2.2	32.6	0.6	5.0
1970	4.9	14.2	3.8	20.8	0.5	44.3	2.2	8.8
1974	5.3	11.2	5.6	17.8	1.3	52.3	1.0	5.3

출처: 온만금. 1998. 생도생활과 야전생활의 관계연구. p. 14.
———. 1999. 생도생활과 야전생활의 관계연구 및 졸업생 자료구축. p. 20.

연도별 추이를 살펴보면, 전문직 가정 출신은 전반적으로 약간 증가하는 추세이나 그 비율이 0%~5.3%로 낮고 관리행정직의 경우는 중간기수에서 늘어났다가 다시 줄어드는 양상을 보이고 자영업의 비율은 감소했다가 늘어나는 추세를 반복하고 있으나 여전히 그 비율은 20%-30%로 1차 산업 종사자에 이어 두 번째로 높은 비율을 점하고 있다. 1차 산업 종사자가 가장 높은 비율을 점하고 있는데 중간에 약간 감소하다가 다시 늘어나는 추세이다.

1970년대는 한국의 산업화가 급속하게 진행되어 전형적인 농업사회로부터 산업사회로 변하여 직업구조에서 큰 변화가 일어난 시기이다. 이 점을 고려할 때 일차 산업에 종사하는 부친의 비율이 가장 많은 것은 다수 생도의 사회적 배경이 중하류층 및 농촌지역이라는 점을 시사한다. 또한, 군인가정 출신은 0.5%~5.1%로 낮은 비율을 점하고 있고 더욱이 시간이 지날수록 점차 줄어드는 추세를 보이고 있다. 이런 비율은 미국의 20%와 비교할 때 매우 적고, 시간이 지날수록 군인 자제의 비율이 줄어들고 있다.

미국과 한국의 육사 생도 출신배경을 비교하면, 첫째, 미국 육사 생도의 경우 기업가 교직 및 전문직을 포함한 화이트칼라 출신은 40%대로 감소했음에도 불구하고 한국 육사 생도의 화이트칼라 출신 비율 20%대보다 두 배 많고, 둘째, 미국 육사 생도는 노동자 출신배경(30%)과 자체충원(20%)에서 한국 육사 생도들의 노동자 출신배경(3%)과 자체충원(2%)보다 훨씬 높아서 한국 육사 생도들의 노동자 출신배경과 자체충원 비율이 지극히 낮다는 점을 말해준다. 셋째, 한국 육사 생도의 출신배경으로는 농업을 포함한 일차 산업이 가장 많았고 다음으로 자영업으로 나타났는데, 최근 통계에 의하면 농업인구의 급격한 감소 결과 농촌가정 출신이 많이 줄어든 것으로 확인되었다. 이런 수치는 전반적으로 한국 육사 생도의 출신배경이 농촌이나 중하류계층 출신이 다수를 점하고 있음을 말해주며, 이런 점은 자노비츠가 지적하였듯이 군인들이 농촌 출신이 많아 근본주의적인 성향을 보여 정치 엘리트를 비롯한 다른 영역의 엘리트와의 통합을 어렵게 하고 이렇게 군부 엘리트의 반도시적 경향은 민간엘리트를 부패하고 불순하며 비도덕적이라고 생각하며 이들에 대해 불만을 가질 가능성(Janowitz, 1977: 134)이 한국 육사 출신가운데 높다고 볼 수 있다.

사관학교 사회화 과정의 영향

사관학교는 군인을 양성하는 대표적 교육기관으로서 직업군인이 군대에서 시작하는 최초의 교육경험인 동시에 군대교육 가운데 가장 중요한 경험이라고 할 수 있다. 사관학교 교육은 생도의 다양한 사회적 배경에도 불구하고 전문적 지식을 교육하고 직업집단의 일원으로서 바람직한 관점과 태도를 주입하는 이중적인 과정이기도 하다. 사관학교는 생도에게 장차 군대에서 필요한 기본지식과 교양 그리고 필요한 전문적 기술을 교육하며, 다른 한편으로 군대에서 요구하는 생활양식과 태도 및 가치관을 형성시켜 주고 영웅적 리더십의 중요성을 일깨워준다. 모든 고급장교가 사관학교 출신은 아니지만, 사관학교는 군대의 바람직한 행위기준을 설정해주고 군인들로 하여금 군대 명예에 관한 생각을 하게 하며 전우애에 가득한 동류의식을 형성시켜 주는데, 이런 사관학교의 사회화 방식이 다른 사회제도에서 활용되기도 한다.

사관학교의 사회화 과정은 생도들에게 다음과 같은 영향을 준다. 첫째, 신입생이 들어오면 자신의 가정배경이나 지연을 비롯한 과거 사회적 지위와 단절시키고 사관학교에서 최하급생의 지위를 부여하여 더욱 넓은 차원의 국민적 정체감(national identity)을 형성토록 해준다. 이렇듯 과거와의 명확한 단절과 새로운 교육환경에 적응은 입교 이래 비교적 단시간에 이루어지고 신입생은 학교를 이탈하거나 생도와 훈육장교 이외에 다른 사람과 사회적 접촉이 금지된다. 사회적 접촉을 금지하고 사관학교에서 같은 지위를 부여받은 신입생은 그들만의 새로운 집단을 형성한다. 입교 첫날부터 신입생에게 같은 제복이 지급되고 재산이나 가정배경에 대한 논의는 금기시되며 과거의 사회적 배경을 나타내는 흔적을 찾기도 어렵다. 이러한 과정을 성공적으로 마친 뒤에는 한 국가의 사관생도라는 새로운 정체성을 형성하게 된다.

둘째, 생도들은 사관학교 생활을 통해 새로운 규칙과 전통에 적응한다. 생도들의 행동을 규제하는 것은 생도규정과 전통으로 이것은 전문직업의 윤리규정과도 유사하다. 공식적 규정은 비공식적 규범에 의해 강화되는데, 비공식적 규범을 위반하는 것은 공식적 규정을 위반하는 것으로 간주하여 내부 규정에 의해 제재를 받는다. 생도생활의 경험을 통해 공식적인 규정뿐만 아니라 비공식적 규범도 중요하다는 점을 깨닫게 된다. 셋째, 사관학교 생활을 통해 그들만의 연대감과 우리 의식을 형성하게 된다. 생도생활에서 엄격한 위계서열을 통해 통제되고 생도들의 연대감이 형성되며 이런 생도들의 연대감은 타 사관학교와의 운동경기뿐만 아니라 일부 생도의 잘못에 대한 집단적 얼차려와 같은 불쾌한 경험을 통해서도 강화된다. 또한, 상·하급생 간 비공식적 접촉과 교재를 통해서 생도들을 단합시켜주고 우리감정(we-feeling)을 형성시켜준다. 더욱이 공통의 이해관계와 공동운명 의식은 졸업생들을 연결해주고 이러한 통합적 힘은 개인의 이해와 학교의 이해관계를 동일시하는 데서 나타난다.

넷째, 사관학교는 입교 이후 이러한 어려움을 극복한 이들에게 강한 자부심을 느끼도록 하고 졸업하는 생도에게는 직업적 명예심을 심어 준다. 생도에게 새로운 임무를 수행하고 사회로부터 존경받는 직업집단의 일원이라고 인식시켜 자부심을 느끼게 되는데 비록 하급생이라 하더라도 생도라는 사회적 지위를 부여받고 자신감을 갖게 된다. 마지막으로, 사관학교는 사회적 이동의 통로로서 작용한다. 사관학교에서 겪는 어려움은 더욱 높은 사회적 지위로 상승하는데 거치는 시련으로 간주한다(Dornbush, 1955). 사관학교 졸업생들은 교육을 통해 민간대학의 졸업생들과 달리 장차 서로 교류를 할 장교단의 일원이 되며 이들에게 평생을 같이 근무할 동료를 얻는 기회가 주어진다.

사관학교 교육이 정규장교의 충원을 목표로 하는 것이라면 사관학교의 임무는 더욱 복잡해진다. 군대 엘리트들이 소수 사회 상류층 출신으로부터 충원되었을 때는 군대 명예는 전통적인 명망가와의 관계로 인하여 별 어려움 없이 정의되고 수용될 수 있었다. 그러나 장교 충원의 기반이 점차 확대됨에 따라 사회적 출신배경이 낮고 출세욕이 강한 장교들에게 직업의 명예만을 주입하는 것으로는 충분치 못하며 이들에게 스스로 열심히 노력하고 큰 포부를 갖고 있으면 군대에서 성공할 수 있다는 신념을 주입해 주어야 한다.

과거 미국 육사나 해사에서 엄격한 기초군사훈련, 신입생도들의 일과에 대한 세부적 통제, 운동과 군대전통 및 예절의 중시 등은 참기 어려운 생도생활의 모습이다. 군대 지도자들의 회고록이나 각 군 사관학교에 남은 일화들을 통해 4년 동안 퇴교당하지 않고 무사히 졸업했다는 사실만으로도 얼마나 큰 성취감을 느꼈는지 알 수 있다. 민간인 생활에서 사관생도 생활로 전환은 너무나 급작스럽고 현격한 변화이기 때문에 과거보다 오늘날 비합리적 교육훈련이 사라졌다 하더라도 신입생들에게 생도생활의 시작은 여전히 어려운 과정이다. 유격훈련이나 공수훈련 또는 항해훈련이나 조종훈련을 통해 기초군사훈련과 유사한 교육적 효과를 거들 수 있으며 사관학교에서 실시하는 이런 훈련은 선택된 사관생도의 일원이 되기 위해 거치는 일종의 통과의식과 같은 것이다(Janowitz, 1971).

사관학교의 교육내용

운동은 군대생활에서 요구되는 단체정신을 내포하고 군대생활을 위해 적절한 준비과정으로 인식되어 사관학교에서 체육 과목이 강조되고 있다.

운동경기는 전투와 비슷한 특성을 지니고 있는데, 20세기 초 미국의 육군과 해군 조직이 대폭 확대될 무렵 해사와 육사에서 운동경기를 강조하게 된 것은 우연이 아니다. 운동경기를 강조하는 분위기는 점차 전군으로 확대되어 각 군은 훌륭한 선수를 선발하기 위해 서로 경쟁까지 하였다. 훈육과 더불어 왕성한 체력을 기르기 위한 체육 그리고 직업적 전통과 연관하여 사관학교는 교과과정을 발전시켰다. 직업적 교육을 위하여 여러모로 노력을 기울이는데, 직업군인으로서 적절한 행위규범을 갖추고 과거 전쟁으로부터 교훈을 얻기 위하여 전사를 교육하고 전술훈련을 한다. 또한, 전문직업인에게 요구되는 적절한 지식과 기술을 가르치기 위해 일반학 교육을 한다. 그러나 무엇보다도 사관학교의 지리적 환경과 역사적 배경이 생도들에게 깊은 인상을 심어준다. 생도들은 자랑스러운 선배들이 사용했던 방에서 생활하면서 자부심을 느끼고 역사적인 기념물로 둘러싸여 있는 사관학교의 캠퍼스 분위기로부터 정서적 안정감과 강한 동류의식을 갖게 된다.

사관학교의 교과과정은 직업적 전통과 밀접히 연관되어 있는데, 서부개척 시대 필요한 공병장교를 양성하기 위해 설립된 미국 웨스트포인트는 공학이나 수학 등 이공계 과목에 대한 최고 수준의 교육을 하였으며 이런 전통이 오늘날까지 이어져 미국 육사 졸업생은 이학사 학위를 받는다. 웨스트포인트에서 야심적으로 실시하는 소교반 운영이나 일일시험제도는 교육학적 견지에서도 획기적인 발전이었다. 2차대전 이후에도 미국 육사나 해사에서는 여전히 이공학 중심의 교육이 이루어졌으며 임무수행에 실질적으로 필요한 직업교육은 졸업 후 실무경험과 병과학교의 교육을 통해서 가능하다고 믿었다. 한편 보편적인 교육(general education)의 중요성을 주장한 사람도 있었으나 그들은 소수에 불과했다. 그 이유는 사관학교 교수 요원들이 인문과학이나 사회과학 분야를 전공하지 않은 직업군인들이 다수를 점하고 있어서 보편적인 교육은 한계가 있을 수밖에 없었다. 1926

년 이후 웨스트포인트에서 경제학, 정치학, 역사학 교육을 담당한 학과 과장을 지낸 뷰키마(Herman Beukema) 대령이 미국 육사의 교과과정을 보다 보편적인 교육이 가능하도록 개편하는데 선도적인 역할을 하였다.

사관학교는 고도로 자율적인 기관이고 교수 요원들이 내부에서 충원되기 때문에 시대에 부응하는 교과과정을 수용하려는 노력은 매우 늦을 수밖에 없다. 그러나 장기적으로는 보편적인 교육과 군대 관리자에게 필요한 대인관계 기법을 강조하는 경향이 뚜렷해졌다. 더욱이 생도들은 자신들이 전체 사회와 동떨어진 직업을 택한다고 보지 않기 때문에 기술훈련 이외에 민간대학과 유사한 교육내용을 요구하고 있다. 일반교육과 직업교육 간의 균형을 추구하려는 경향은 미국 육사 교수부에서 강조하는 전인(whole man)교육의 개념에도 반영되고 있다. 미국 해사는 여전히 전통과 기술적인 면에 치중하는 경향이나 전통으로부터 자유로운 미국 공사는 일부 군사 관련 과목을 제외하고는 일반대학과 유사한 교과과정을 택하고 있다. 사관학교의 보수적이고 이공계 중심의 교과과정으로 인해 1950년대부터 1960년대에 장군으로 진급한 자들은 주로 이공학 교육을 받은 사람들이었다.

사관학교 교과과정에 보편적 교육과 인간관계 기법을 중시하는 경향이 반영되었음에도 불구하고 미국 육사와 해사에서 여전히 이공계통 교육이 강조되고 있다. 그후 이공계 중심의 교육이 군대 지휘관과 전문가를 양성하기 위한 사관학교의 교육 목적상 부적합하다는 점이 인정되고 생도들이 졸업 후 민간대학의 대학원 과정에서 공부가 가능할 수 있도록 교과과정을 전반적으로 보완하였다. 어학교육도 개선되었고 사회과학 분야에서 군사경제학이나 국제관계 과목으로 교과과정에 반영되었으며 인간관계나 집단심리학 등의 과목이 채택되어 조직혁명으로 인해 필요한 지식을 군대에서도 교육하고 있다.

한편, 해방 이후 1946년 개교한 한국 육사는 6 · 25 전쟁 발발로 임시

휴교하였다가 6 · 25 전쟁중 1951년 경남 진해에서 4년제 정규사관학교로 재개교하였다. 미국 육사와 같이 한국 육사도 이과 출신을 선발하여 공학이나 수학 등 이공계 과목을 중심으로 교육하고 졸업 시에는 이학사 학위를 수여하였다. 미국 육사에서 시행하는 소교반 운영이나 일일시험제도가 도입되어 당시 국가 존망의 위기인 전쟁 상황에서도 생도교육은 내실 있게 진행되었다. 한국 육사는 미국 육사를 모델로 하여 이공계 과목 중심으로 교육이 이루어졌는데 지난 50여 년 동안 여러 계기로 교과과정은 많은 변화를 거쳤다. 육사 교과과정 상의 변화 가운데 특이한 변화를 중심으로 살펴보면, 1951년 개교 이래 이과생을 선발하던 육사는 1970년도 이후 문과와 이과를 분리 선발하게 됨에 따라 문이과 계열별 교육이 필요함에 따라 당시 문교부의 자문을 받아 계열별 교과과정을 확립하였다. 새로운 계열별 교과과정에는 전체 공통과목, 계열 공통과목, 그리고 전공과정을 설치하였고(육사, 1982: 87), 계열 공통과목으로 27학점을, 전공과정에 27학점을 배정함으로써 이과 중심의 기존 교과과정이 획기적으로 변화하였다.

이후 국내외 상황변화에 따라 육사 교과과정은 여러 차례 개정되었는데, 1970년대에는 국민윤리 과목이 대폭 증가하면서 다른 과목들이 축소 또는 폐지되었고 1980년대에는 문이과 계열별 교육원칙을 크게 후퇴시켜 계열과목으로 2과목 6학점만을 두는 교과과정을 채택하였다. 1994년 발족한 교과과정 연구위원회는 당시 육사 교과과정의 문제점으로 과다한 공통과목, 문이과 계열별 차이 무시, 전공과정의 과다, 생도들의 좁은 선택폭이라고 지적하고 이런 문제를 해결하기 위하여 교육체계 전반에 대한 검토와 개편을 추구하여 전공과정 수를 축소하고 생도들에게 과목 선택권을 허용하는 교과과정 개편이 이루어졌다. 그러나 이듬해 투철한 군인정신을 함양하고 국제화 시대에 부응한다는 명분에 따라 영어와 전산에 많은 학점을 할당하고 군사교육과 무도를 강화하는 새로운 교과과정을 편성함으로써 육사 교과과정은 또다시 커다란 변화를 겪게 되었다(육사, 1996:

571-9).

그 이후에도 빈번하게 교과과정 개편이 이루어졌는데, 현재 육사 교과과정의 문제점은 첫째, 계열별 공통과목이 없고 계열별 선택과목에서 일부를 제외하고는 문이과 교과과정이 거의 비슷하다는 것이 가장 큰 문제점이다. 더욱이 현재 교과과정은 이공계 중심의 미국 육사의 교과과정과 유사한 데, 이러한 교과과정은 이과 생도들에게는 타당할지 모르나 문과 생도들에게는 인문사회계열 과목은 적고 이공계 과목은 지나치게 과다한 문제를 안겨주고 있다. 미국 육사의 교과과정은 전통적으로 이공학 중심이었으나 그동안 꾸준히 문제가 제기되어 인문 및 사회과학 분야를 지속적으로 늘려 왔는데 한국 육사는 이러한 추세에 부응하지 못하였다. 둘째로, 사회의 전문화 다양화 추세에 따라 군대업무도 점차 전문화, 다양화되고 있는데 생도들에게 과목 선택권이 부족한 것도 육사 교과과정의 심각한 문제점이다. 육사 교과과정은 다양한 과목을 선택할 기회가 주어지고 여러 분야의 지식을 습득하고 다양한 취향을 개발할 수 있는 방향으로 개선되어야 할 것이다. 셋째로, 사관학교는 군의 장교를 양성하는 학교임과 동시에 학사학위를 수여하는 대학이기도 하다. 따라서 육사 교과과정은 보편적인 대학교육의 틀 내에서 이루어져야 한다고 본다. 이런 보편적인 교육은 졸업 이후 상당수 졸업생이 대학원 위탁교육을 받게 되는 점을 고려할 때에 더욱 필요하다. 현재와 같은 교과과정을 이수한 졸업생이 특히 인문 사회계통의 대학원에 입학하여 공부하는데 어려움이 수반될 수밖에 없다. 따라서 이런 문제점을 해소하기 위해서도 대학으로서 보편적인 교육과 문이과를 구분하고 개인의 선택권을 부여하는 교과과정으로 개편되어야 할 것이다.

생도들의 직업적 성향과 태도

미국 육사 생도들의 직업적 성향은 영웅형, 혼합형, 관리형 가운데 대체로 각 유형에 3분의 1씩 해당하고 4년간의 생도생활 동안에 큰 변화가 없는 것으로 확인되었다. 〈표 5. 2〉에 나타난 바와 같이 4년간 영웅형 비율이 35%에서 29%로 6%가 감소하였고 혼합형과 관리형이 약간씩 증가하였다. 또한, 일반가정 출신과 군대 가정 출신은 1학년에서는 직업적 성향에서 차이가 있었지만 4학년 때는 그 성향이 비슷해졌다. 자신을 관리형이라고 응답한 비율이 군대 가정 출신 1학년 생도는 거의 절반인데 반해, 일반가정 출신 생도는 22%만이 관리형이라고 응답하였다. 반면, 일반 가정 출신 생도 중 스스로 영웅형이라고 응답한 비율은 39%인데 반하여 군대 가정 출신 생도는 28%였다. 그러나 3학년이 되어서는 영웅형과 관리형의 비율이 거의 같아졌고 4학년에는 두 집단의 영웅형 비율이 약간 감소한 것으로 나타났다(Lovell, 1964: 122-3).

표 5. 2 미국 육사생도의 직업적 상향

분류	1학년	2학년	3학년	4학년
영웅형	35	31	37	29
혼합형	32	39	31	37
관리형	33	30	32	34

출처: Lovell, John P. 1964. "The Professional Socialization of the West Point Cadet," *The New Military*, edited by Morris Janowitz, New York: Russel Sage.

생도 중에 급진주의자는 없었으며, 그들의 정치적 견해는 보수적인 편이었다. 미 육사 1973년도 졸업생의 경우, 자신을 자유주의적(liberal)이라고 응답한 비율이 20.4%였고, 온건한 보수주의라고 응답한 비율은 33.8%였다. 5.4%만이 자신을 보수적이라고 했고, 자신을 좌파라고 지칭한 생도는 0.9%에 지나지 않았다. 이러한 사관생도들의 설문결과는 기술계 대학 남자 신입생들의 전국 설문결과와 거의 비슷한 수치인데, 주요 차이점은 사립대학 신입생의 5.6%가 좌파로, 20.1%가 보수파로 자신을 분류한 점이다(Janowitz, 1971: 100). 60년대 초반에 사관생도를 다트머스(DartMouth) 대학생들과 비교해 본 적이 있는데, 여기에 사관생도들의 정치적 관점이 보다 "매파적"으로 나타났으나 그렇다고 이들의 관점이 미국 사회의 정치 주류를 벗어난 것이라고는 볼 수 없다(Lovwell, 1964: 129).

웨스트포인트의 육사나 아나폴리스의 해사 생도들의 사회화(socialization) 과정에 관한 연구에서 생도생활이 태도에 뚜렷한 변화를 가져왔다는 증거는 없다. 생도들은 사관학교 교과과정을 통해 일반교육과 기술교육의 기초를 배울 수 있고, 군대라는 전문직업에 관해서도 자기 병과를 스스로 선택할 수 있을 만큼은 배운다. 생도생활을 통해 교우관계를 돈독히 하고 여러 관점을 갖게 되는데 이런 것은 공부하는 것 못지않게 중요한 것이다. 직업적 사회화란 주로 군대생활에서 적성이 맞지 않거나 흥미를 갖지 못한 생도를 선별해내는 과정이지, 사람의 태도와 관점을 형성시켜 주는 적극적 과정으로 작용하는 경우는 많지 않다. 이러한 직업적 사회화의 과정은 사관학교에서부터 시작해서 군대생활의 각 단계를 거치며 지속적으로 일어나는 과정인 것이다.

제6장
군대복지

1. 군대 복지의 의미와 범주

군대 복지의 의미

복지라는 말은 근대 자본주의의 급격한 산업화 도시화 과정에서 파생되는 빈곤과 실업 등 사회적 문제를 국가가 해결에 적극적으로 나서면서 생겨났다. 그 후 대공황과 세계대전을 거치면서 빈곤과 실업문제가 전사회적 문제라는 인식과 함께, 전시 모든 사람이 죽음의 공포와 굶주림 그리고 사망의 위험에 노출을 경험한 이후, 각국은 최소한의 인간다운 생활을 보장하는 복지정책을 추진하였다. 사전적 의미에서 복지란 건강하고 행복하고 편안하게 잘 지낼 수 있는 상태를 말하는데, 이에 따라 복지제도란 사회성원의 인간다운 삶과 생활의 수준을 향상하기 위한 지역사회나 국가기관의 조직적 활동(전재일, 1999)이라고 정의한다. 그러나 복지수준은 사회마다 다르며, 시대 상황과 사회경제적 수준에 따라 기대치가 달라진다. 따라서 복지를 특정 시대의 특정 사회의 사회경제적 수준에 따라 복지수준과 정책을 달리하는 동태적 관점에서 접근이 필요하다.

산업화 초기 노동자와 빈민층의 굶주림, 빈곤, 질병 및 산업재해에 한정된 보장제도는 점차 전 국민을 대상으로 확대되었고 그 범위는 국민의 질병과 노후문제까지 확대되었다. 〈표 6. 1〉은 복지제도의 수준에 따라 시대별 복지범위와 복지대상을 정리해 놓은 것인데, 초창기에는 근로자나 극빈층 등 사회적 약자에 치중하다가 점차 전 국민에게 인간의 존엄성을 지켜주는 수준 높은 복지를 지향하게 되었다. 국가마다 복지수준은 각기 다양한데, 미국은 1960년대 들어서야 국민의 복지향상에 적극적이었고, 한국은 2000년 이후 최저생활 보장제를 도입하고 복지문제에 적극적이다.

표 6. 1 사회복지의 범위와 대상

구분	도입기	확대기	완성기
복지범위	굶주림, 빈곤 질병, 산업재해	노약자, 무능력자 고질병자	실업문제, 과다아동 주택문제
복지대상	산업근로자, 극빈층	전체근로자 자영업자 중소기업가	전 국민 대상

사회 복지가 국민에게 최소한의 인간다운 삶을 보장해 주는데 초점이 맞추어져 있다면, 군대 복지는 군대 업무의 특수성과 전문성을 동시에 고려하여 군대 성원들이 각자 업무에 전념할 수 있는 근무 및 생활여건을 보장해 주는데 초점이 맞추어져 있다. 군대를 직업적 관점에서 본다면 매력적인 요소보다는 불리한 측면이 많다. 먼저 국가와 국민의 생명과 재산을 보호하는 일은 헌신의 자세와 생명을 기꺼이 바칠 수 있는 희생정신이 필요하다. 죽음의 공포 가운데서도 위험을 무릅쓰고 희생을 감수하는 정신이야말로 군인의 가장 중요한 덕목 중 하나이다. 군대만큼 희생을 중요시

하는 직업도 없으며 이 점이 군대와 일반직업을 구별하는 기준이 된다. 911 테러에서 수많은 소방관들이 임무수행 중에 희생당했지만, 전쟁은 이러한 희생을 항상 전제한다. 바로 이점이 일반 직업과 군대를 구분해주는 중요한 차이점이다.

다음으로 군대가 다른 일반직업과 크게 다른 점은 엄격한 순환보직제도에서 찾을 수 있다. 2년~3년을 주기로 하여 일선 전방과 후방의 사령부나 본부 그리고 교육과 참모 및 지휘관을 규정에 의해 교차 근무하는데, 순환보직제도는 한편으로 직업군인의 전문성 함양을 위해 필요하지만 이 때문에 불안정한 가정생활과 가족과 별거는 불가피하다. 그 결과 이중생활에 따른 추가 생활비는 물론 가정의 불안정성과 자녀양육에서도 여러 문제를 일으킨다. 또한, 다른 사회적 교재가 거의 불가능한 연속된 업무 역시 다른 직업에 비해 불리하게 작용하는 요소이기도 하다. 이와 함께 가족생활을 불편하게 만드는 것은 대부분 격오지나 해안에 군부대가 산재해 있어서 사회문화적 고립이 불가피하다(정선구 외, 1989: 137). 이런 지역에서는 기본적인 생활수단을 해결하기도 어려울 뿐만 아니라 마땅히 이용할 만한 문화시설이 없어서 가족들의 문화적 욕구와 자녀들의 교육과 발달욕구 또한 충족하기 어렵다. 격오지는 교통편도 좋지 않아서 일가친지와 교류도 한정될 수밖에 없다. 또한, 피라미드식 계급구조와 짧은 정년으로 다른 직업보다 조기 퇴직하는 것은 불가피하다.

이런 군대의 특성들로 인해 직업적 차원에서 보면 군은 결코 매력적인 직업일 수 없는데, 특히 개인의 자유와 여유 있는 생활 그리고 물질적 가치를 중시하는 젊은 세대에게는 더욱 그렇다. 이런 특성들 때문에 군대는 그 구성원들에게 "너무나 많은 것을 요구하는 탐욕스러운 제도"(greedy institution)라고 지적된다(Segal, 1986). 개인적 희생과 봉사는 국가와 국민을 위해 숭고하고 필수불가결한 행위이지만 그것이 각 개인에게 내면화했을 때 비로소 가능한 일이며, 이러한 희생과 봉사에 대해 사회적으로 높은 가치를 부여하고 여러 차원의 보상이 수반될 때 비로소 가능한 것이다.

그리하여 군대업무의 불리한 특성에도 불구하고 사명감과 자긍심을 갖고 군대 업무에 전념할 수 있는 생활여건을 마련해주고 군의 전문성에 걸맞은 삶의 질과 생활 수준을 보장해 줌으로써 군대 구성원의 사기를 높이고 유능한 인력을 충원함으로써 튼튼한 국가안보를 확보하기 위한 군과 국가의 조직적 활동이 군대 복지이다. 군대 복지는 군대 구성원의 삶의 질과 생활여건을 보장해주는 것뿐만 아니라 군의 전투준비태세 및 전투력 향상에 직접 이바지한다.

이러한 맥락에서 군대 복지를 요약하면, 군대의 우수인력을 확보하기 위해 그리고 군대 구성원이 소속의식과 자부심 그리고 강한 동기를 갖고 맡은 바 임무를 수행하는 데 필요한 경제적, 사회적, 정신적 지원의 총화로서 삶의 질과 생활여건을 향상할 수 있는 제 급여, 시설, 활동을 포함한다.

군대 복지의 범주

군대 복지의 구체적 내용을 크게 네 가지로 범주화할 수 있는데, 첫째 임무수행 지원활동으로 업무수행에 필수적으로 요구되는 보수, 주거, 의료, 자녀교육, 생활지원활동, 전역지원활동 등이고, 다음은 체육관, 수영장, 도서관, 영화관 등으로 체력연마와 정서함양을 지원하는 활동이며, 세 번째는 공동체 지원활동으로 생활정보, 가족 부업지원 등이 포함되고, 네 번째는 휴양 및 레저활동으로, 영업활동을 통해 조성된 복지기금으로 운영되는 것을 원칙으로 한다(육군본부, 1997).

이것을 세부 항목별로 살펴보면, 첫째, 군인에 대한 보수는 계급과 임무 성격에 따른 보상으로 안정된 삶을 영위하는데 필요한 물질적 보상이다. 군의 보수는 기본급과 생활보조수당 및 근무형태와 직책에 따라 주어지는 근무수당으로 구성되고, 기본급은 공무원의 보수기준에 준한다. 둘째, 군인은 전후방 교체근무와 보수교육과 참모 또는 지휘관을 교대로 근무하는 데 필요한 것이 주거시설이다. 셋째, 교육지원은 군인 자신의 교육을 포함하여 자녀교육에 대한 지원을 의미한다. 교육을 통해 군대 업무의 전문성을 획기적으로 개선하고 개인의 장기적 발전을 도모하며 전역 이후의 생활안정에도 기여할 수 있다. 이와 더불어 자녀에 대한 학비지원과 기숙사 제공도 중요하다.

넷째, 면세점을 들 수 있다. 군 면세점은 세계 대부분의 국가에서 운영하고 있는데 질 좋은 생활필수품을 저렴한 가격으로 제공하여 군인의 생활 수준을 향상하는데 기여한다. 다섯째, 군인 주거단지의 특성을 고려하여 생활에 유용한 각종 서비스를 제공함으로써 생활안정과 만족스러운 근무를 지원한다. 여섯째, 의료지원은 직업군인과 그 가족이 절실하게 필요한 복지 가운데 하나이다. 일곱째, 휴양 및 레저는 경제적, 사회적 발전과 함께 그 소요가 증가하는 추세인데, 이런 추세에 맞게 휴양시설과 레저활동을 제공함으로써 복지수준을 향상할 수 있는 영역이기도 하다. 여덟째, 군인들이 전, 평시를 막론하고 체력과 정신력을 갖추어야 하는데 기후와 관계없이 체력단련을 위해서 부대단위 체력단련 시설을 갖춘 종합 스포츠 센터와 프로그램을 갖추어야 할 것이다. 마지막으로, 전역군인에 대한 지원은 현역군인들이 임무에 열중하도록 유도하고 군 인력충원의 경쟁력을 향상한다는 차원에서 중요하다. 이를 위해 단기적으로는 재취업을 위한 교육과 취업, 연금제도의 개선, 각종 복지혜택 등을 확대하고, 장기적으로는 직업군인의 전문성과 능력을 향상하여 취업의 경쟁력을 갖추고 예비역의 복지증진에도 기여할 수 있다.

2. 장교단의 사회적 지위

전문직업으로서 장교단

그러면 군대 복지는 어떤 내용의 복지를 어떤 수준까지 제공해야 하는가? 이를 위해서는 무엇보다도 장교단의 사회적 역할과 지위가 어떤 지를 규명해야 한다. 왜냐하면, 직업군인이 수행하는 업무성격과 그에 따른 사회적 지위가 어떤 것인가 따라 복지정책이 달라지기 때문이다. 군대 복지에 대해서는 무엇보다도 직업군인의 역할과 지위가 명확하게 규명되지 않은 관계로 군대 복지를 지속적으로 추진할 기준과 지표가 없었다는 것도 큰 문제 중 하나이다. 군대는 합법적 폭력조직으로서 장기간의 교육을 통하여 전문지식을 갖추게 된 장교단으로 하여금 폭력관리와 행사를 위임받고 있다. 이에 헌팅턴(Huntington, 1959: 8-10)은 직업군인을 의사나 법률가와 더불어 전형적인 전문직업이라고 규정하였다.

전문직업은 각 분야의 전문지식을 배경으로 현대사회의 전형을 이루고 있는 직업집단으로 일반적으로 대학 이상의 높은 교육수준과 전문성을 바탕으로 직업집단을 형성하고 있다. 직업군인 특히 장교단은 그들의 전문성과 사회적 책임 그리고 단체적 성격을 고려할 때 전형적인 전문직업으로서, 경제적 사회적으로 전형적인 중상층에 속한다.

장교집단의 직업지위: 전형적 중상층(the upper middle-class)

직업군인의 직업적 지위를 확인하기 위하여 각 직업집단의 사회적 지위를 점수화한 직업지위지수를 〈표 6. 2〉에 요약, 제시하였다. 표에 의하면 판사나 의사 교수 등 전문직이 최상층을 차지하고 그다음이 회사중역 은

행가 등이고 대위급 장교는 의사나 변호사보다는 지위지수가 떨어지는 것으로 나타났다. 명확한 구분의 어려움에도 불구하고 전문적 지식과 역할을 그리고 직업지표를 고려하면 장교단의 사회적 지위는 전형적인 중산층에 해당된다. 군대에서 경력과 계급에 따른 역할과 사회적 지위의 차이를 고려하여 장교들의 직업적 지위를 세분화하면 위관급의 경우는, 중하층 혹은 중중층, 영관급의 경우는 중중층 또는 중상층, 장군급의 경우는 중상층 또는 상층에 속한다고 예상된다.

표 6. 2 직업지위지표

직 업	미 국	한 국
대법판사	94	
연방장관	90	
대학교수	90	90
변호사	89	89
치과의사	88	81
회사중역	87	85
토목기사	86	63
은행가	85	
장교(대위)	82	69
회계사	81	
교사	81	67

출처: Gilbert & Kahl, 1982. American Class Structure. p. 43.
김경동, 1978. 『현대의 사회학』. p. 347.

전통적으로 장교단은 그 성원에게 자기희생과 국가에 대한 충성과 헌신적 봉사를 요구하여 왔다. 이런 가치는 여전히 장교단의 주요한 가치 중의 하나이다. 그러나 급속한 경제성장과 더불어 생활 수준이 향상되고 보수나 근무여건 및 장래성에서 매력적인 직업들이 많아짐에 따라, 자기희생이나 충성심 헌신만을 강조하여 인재를 충원할 수 없고 강한 전력을 유지하기도 어렵게 되었다. 결국, 군대도 이러한 사회변화에 따라 다른 직업

집단과 경쟁적 관계에서 그들의 성원을 충원해야 할 것이다. 바로 이런 점 때문에 직업군인에게 적절한 생활 수준을 보장해 주어야 한다.

한국의 중산층과 장교단

한국사회에서 장교단의 생활수준의 기준으로서 전형적인 한국 중산층의 모습을 살펴보고자 한다. 한 연구(한완상 외, 1987)에서는 한국의 중산층의 학력은 대학 졸업 이상이 69%로 가장 많으며, 직업으로는 전문직 51%와 사무직 14%로 가장 많다. 이들 중산층이 거주하는 주택의 규모는 전체 50% 이상이 30-40평대이다. 이 연구가 10년 이상 지난 자료에 근거한 점을 고려하면 현재 중산층의 주택규모는 이보다 약간 커졌으리라 예상된다. 한편, 어떤 사람들이 중산층인가라는 질문에 대해 "체면치레도 할 만하고 자녀를 대학에 보낼 수 있고, 웬만큼 문화생활도 할 수 있는 사람들"로 인식하고 있다.

표 6. 3 2001년 한국 중산층의 보편적 생활양식

분 류	세 부 내 용
수입	대졸자 연평균 소득수준 이상
주택	국민주택 규모 이상(전용면적 25.7평 이상)
교육수준	본인 대학출신, 자녀 대학교육
생활양식	여행, 취미생활 등 문화생활 향유
기타	중산층으로 인식할 수 있는 기타 생활여건

지금까지 논의를 바탕으로 2001년 현재 전형적인 한국 중산층의 삶의 모습을 〈표 6. 3〉과 같이 정리하였다. 소득은 대학졸업자 평균임금 이상 수준이고, 주택규모는 국민주택 규모 이상 아파트에 거주하고, 자녀를 대

학까지 교육시키고 문화생활을 즐길 수 있는 경제적 정신적 여유를 누리며 사는 계층이라고 요약할 수 있다.

생애주기와 계급에 따라 장교들의 삶을 정리하면, 20대의 초급장교는 대체로 독신으로 시작하고 30대 전후(대위급) 결혼하여 가정을 꾸리고 태어난 2세들이 학교에 다니게 되고, 30대 후반-40대 초반(중소령급)이 되면 자녀들이 성장하여 점차 넓은 거주공간과 교육비 지출이 필요하고, 40대 중반-50대(대령 혹은 장군급)가 되면 더 많은 교육비와 자녀의 결혼비용이 소요된다. 이렇듯 전문직으로서 계급별 장교단의 생활양식을 한국의 중산층과 결부시켜 보면, 위관급의 경우에는 중의 하층으로 〈표 6. 3〉의 생활양식보다 약간 낮은 수준, 중 · 소령급 경우는 중의 중층으로 유사한 수준, 대령급 이상 장군급은 중상층 혹은 상층으로 한국 중산층보다 높은 수준이 타당하리라 예상된다. 요약하면 한국사회에서 장교단은 전형적인 중산층 혹은 그 이상이라고 판단된다

3. 외국군의 복지제도

미국군 복지제도

미국은 장교단을 어느 곳에서 근무하건, 전시와 평시를 막론하고, 미국사회의 전형적인 중상류층(upper-middle class)의 생활양식을 누릴 수 있도록 보장해 주고 있다. 이를 위해 적정한 보수와 주거시설 외에 면세점을 통해 양질의 식료품과 상품을 저렴한 가격으로 공급하고 모든 군대 기지에는 취미활동이나 레크리에이션을 위한 각종 문화 여가 체육시설을 갖추고 있다.

미국군은 군인의 삶의 질을 향상하고 근무환경을 개선하여 세계 최고의 직장으로 발전시키기 위하여 획기적인 조치를 하였다(US DoD, 2000). 그 구체적 내용은, 첫째, 기본급을 인상하고, 둘째로, 군대임무와 준비태세를 훼손시키지 않는 범위 내에서 업무추진 속도를 늦추고, 셋째, 군이나 병과 혹은 지역과 관계없이 삶의 질이 똑같도록 보장하며, 넷째, 군인과 가족들이 쾌적한 주택에서 살 수 있도록 하며, 다섯째, 군인보수와 연금 및 삶의 질의 중요성에 대해 국방부, 각료와 의회지도자들의 이해를 증진시키며, 여섯째, 배우자의 취업기회를 증대시키고 자녀를 위한 교육지원을 강화하고, 개인발전과 전문성을 함양하기 위하여 교육기회를 증대시킨다(US DoD, 2000)는 것이다.

이에 따라 미 육군은 아래와 같이 세 가지 전략적 목표를 제시하고 있다. 첫째, 군인과 그 가족에게 경쟁력 있는 생활을 제공하고 둘째, 수준 높은 생활로 군인과 그 가족이 자부심과 소속감을 느끼도록 하고, 셋째, 삶을 더욱 풍요롭게 할 수 있는 환경을 조성한다(US Army, 2001). 인력관리 및 전투준비태세 차원에서 접근하는 군대 복지를 세분하면, 보수, 주거시설, 의료지원, 교육지원, MWR(사기복지)제도로 구분할 수 있다. 미군의 보수는 기본급, 주택수당, 생활보조수당, 특수근무수당으로 이루어지고 중상층 이상의 생활을 보장하는데 기여한다.

미 국방부는 일정 기간(2~4년)마다 대통령에게 군대보수의 적절성 여부를 종합적으로 보고하고 인상하는 계기로 삼는다(US Congress, 1954). 미국군의 보수는 군대의 불리한 근무환경을 고려하여 민간기업의 약 1.18배 수준을 유지하고 기본급에 대해서는 세금을 면제한다. 또한, 위험하고 힘든 20여 업무에 대해 특수업무수당 및 장려수당을 지급한다(육군본부, 1998). 미군은 모든 군대 요원에게 제공하는 주택규모와 수준이 민간과 같은 수준을 원칙으로 하고 있다. 영외 거주자에게는 주택수당을 주택 소유 여부에 관계없이 지역별, 계급별로 차등 지급하고, 영내관사 거주자의 경우에는 전기, 수도, 가스비 등 일체의 관리비가 무료이다.

미군은 수준 높은 군 의료진과 시설로 의료혜택을 제공하여 "치료를 위해 군대에 입대"했다는 말이 나올 정도이다. 또한, 자녀교육을 위해 군기지 내에 유치원부터 고등학교까지 운영하여 자녀교육에 아무런 불편이 없고 자녀의 대학 학비를 지원하며 장병들의 군사특기와 관련 있는 학위취득에 학비를 지원해 주고 있다.

사기 · 복지 · 오락(morale welfare recreation: MWR)제도는 군 인력과 그 가족의 정신적 및 신체적 건강을 증진하고 민간사회와 동등한 생활의 질을 영위할 권리가 있다는 철학적 기조에서 출발한다. 이 제도는 경제적 보수를 제외한 다른 여러 가지 복지를 취급하는데, 임무유지활동(영역 A)은 스포츠, 문화, 오락센터, 도서관, 체육시설로 국가예산에서 100% 지원되는 활동이고, 공동체지원활동(영역 B)은 예술, 공예, 음악, 극장, 야외오락, 청소년활동 등 국가 예산으로 50~75% 지원되는 활동이며, 영업활동(영역 C)은 판매점, 클럽, 볼링센터, 골프장, 요트장, 숙박시설 등 자체수입으로 운영하는 활동인데, 군인가족지원은 주로 범주 B와 C의 활동을 포함하고 있다. 미군 가족지원 프로그램은 군별로 차이가 있으나 그 근본 목적은 같고 가족의 고용지원을 포함하여 별거가족 지원, 보육시설운영, 가족폭력이나 자금지원을 포함하고 있다.

또한, 전역군인들의 복지문제는 보훈부(Department of Veterans Affairs)에서 주관하고 군 복무자들에게는 가산점을 부여하여 공무원 임용에 유리하다. 한편 20년 이상 복무후 전역한 군인들에게 근무연수에 따라 봉급의 50~75%까지 연금을 받는데, 연금은 국가에서 전액 부담한다. 또한 제대군인들은 전국의 제대군인병원(Veteran's Hospital)에서 치료받는데, 일정 수입 이하인 경우 무료이고 나머지는 의료보호 대상자 수준의 치료비를 부담한다.

독일군 복지제도

독일군은 사회보장제도의 틀 내에서 개인의 복지혜택을 누리고 있다. 따라서 미국과 같이 직업군인의 복지문제를 별도로 고려할 필요가 없지만, 부대 지휘의 핵심으로서 군대 복지가 중요하다는 판단하에 다루고 있다. 원칙적으로 모든 군인은 복지 및 보호에 대한 권리와 의무에서 동등하나 그 내용은 계급과 직책에 따라 다르다.

독일군의 보수는 나이, 계급 및 부양가족 수에 따라 다르고 기본급 외에 지역수당, 직무수당, 위험수당 등이 지급된다. 직업군인의 주택은 주택시장에서 정부가 자영업자를 통해 임대해 주고 있다. 모든 군인은 군 병원에서 무료로 치료받고 의료보험료를 내지 않으며 군인 가족도 의료지원을 받을 수 있다. 독일 국민은 기본연금법에 의해 근속연수와 관계없이 연금을 받는데, 정부가 전액 부담한다. 군인은 계급과 관계없이 연금을 받으며 연금 수령액은 전역 당시의 계급이나 호봉에 따라 다르고 보수월액의 최고 75%를 받는다. 일반 공무원과 정년의 불균형을 해소하기 위하여 전역 당시 봉급의 500%를 청산지원금을 받는다.

전역 후 취업촉진을 위해 직업교육이 시행되는데 이에 따른 생활보조금 및 직업교육비를 지원한다. 정년 전역하는 장기 복무자는 3년까지 연방군대학에서 직업교육을 받을 수 있으며 전역군인은 연금 이외에 모든 병원을 이용할 수 있는데 병원비의 70%를 정부가 지원하고 30%는 의료보험에서 부담한다. 또한, 전역군인들은 사망시 위로금으로 최종 월급의 200%를 지원 받으며 국가에서 건설한 주택을 일반시민보다 유리한 조건으로 임대 가능하며 주택구입 시 국가로부터 일정액을 대부받을 수 있다. 미군의 MWR제도를 도입하여 군인들에게 복지, 여가 서비스를 제공하는데, 전군적 규모의 오락연회센타와 기지별로 군인클럽을 운영하고 있다.

대만군 복지제도

소위 임관 후 초임은 민간기업보다 상당히 높은 수준이며 군인 보수는 대체로 공무원과 비슷하다. 장병 및 군무원의 보수는 봉급과 상여금 외에 부식비가 포함되어 있다. 군인은 일반 공무원과 달리 근무수당을 근무지에 따라 차등 지급받는데, 본토 근무자보다 금문도, 마조도 등, 외도 근무자에게 거의 3배에 가까운 근무수당을 지급한다(국방부, 2000). 대만 군인의 보수 역시 소득세가 없다.

군대관사는 대장급 1인당 1주택, 중장 이하는 수요와 공급비율이 약 3대 1 정도로 수요가 많은 편이다. 현역의 주택보급을 지원하기 위해 아파트 분양사업을 시행하며, 아파트 분양을 원치 않는 자에 대해서는 주택구입자금을 장기 저리로 제공한다. 모든 직업군인은 군인 의료보험에 가입하고 무료로 신체검사와 치료를 한다. 긴급 시 군 병원은 물론 일반병원에서 치료가 가능하지만 군 병원의 의료진과 시설이 우수하여 군대병원을 선호하고 있다. 한편, 군인자녀들은 대학 학비의 일부를 지원받으며, 군인가족을 위한 복리점을 운영하여 면세 생필품을 구매하고, 전국에 영웅관이라는 군 휴양소를 운영하여 현역과 예비역에게 시중보다 훨씬 저렴하면서도 질 좋은 서비스를 제공한다.

전 · 퇴역 직업훈련규정에 의거, 관병보도회를 행정원 직속기관에 두어 전역군인 및 가족의 취업을 알선하고 자녀교육을 지원한다. 특히 국방부와 민간기업 등이 공동으로 직업훈련 프로그램을 운영하고 있다. 기타 전역군인은 군에서 운영하는 국군복리품점에서 면세품 구입, 무주택자에 대한 주택제공이나 주택구입 자금지원, 장기복무 전 · 퇴역자 중 미취업자 자녀에 대한 교육비 보조를 받는다.

20년 이상 군복무 후 전역자는 연금을 받는데, 연금 적립금은 매월 본봉의 한 배를 더한 금액의 8%로 이 가운데 개인은 35%, 정부가 65%를 부담한다. 전역 시 연금 및 퇴직금은 실제 납부한 적립금에 따라 차등 지급하는데 본봉의 80-90%까지 지급하고 장군의 경우는 본봉의 100%를 지급한다.

표 6. 4 미국 독일 대만의 군대복지 비교

구분	미 국	독 일	대 만
보수	• 특별인상율(민간기업의 1.18배) • 기본급여 세금감면 • 2-년4년마다 군보수 검토	• 연방급여법 적용 • 세금공제	• 기본급 세금 공제 • 근무수당 지급
주거시설	• 관사 제공, 임대주택 수당 • 군인주택 관리 기구운영 • 수준 높은 주거여건제공	• 국고로 일반주택 임대 • 정부보조금으로 건축비 일부지원	• APT 분양사업 주택보급 • 아파트분양 원치 않을 경우 장기 저리 대출
자녀교육	• 국방성: 유치원~고등학교 운영 • 사립학교: 국고지원	• 사회보장제도에 의해 일반인과 동일하게 지원	• 대학교까지 학비지원
의료지원	• 무료지원(가족포함) • 민간병원 수준이상 수준	• 무료지원(가족포함)	• 군인의료보험에 가입, 군병원 /민간병원 의료비 무료
휴양·레저	• MWR제도 – 임무유지활동(전액국고지원) – 공통체활동(50~75%국고지원) – 영업활동 (세제지원)	• 미군의 MWR제도 도입 – 오락 센터, – 클럽운영 – 시설비용은 정부예산	• 생필품 면세혜택 • 복지 · 휴양 시설 운영, 지원
군인연금	• 전액국가부담 • 보수월액의 50%-75% 지급	• 전액국가부담 • 보수월액의 75%까지 지급	• 개인 35%, 국가 65% 부담 • 보수월액의 90%까지 지급

세 국가의 군 복지내용을 〈표 6. 4〉에 요약, 정리하였다. 특징적인 내용 몇 가지를 언급하면, 미국군의 보수는 군 직업의 불리한 여건을 고려하여 특별 인상률을 적용, 민간기업의 약 1.18배 수준을 유지하고 기본급에 대해 면세이고 기본주택수당은 지역과 계급에 따라 영외 거주자에 대한 주택비 보조제도이며 의료혜택은 직업군인뿐만 아니라 군인가족까지 무료로 제공하고 있다. 독일군의 보수는 기본급 외에 여러 종류의 수당이 지급된다. 특히 직업군인은 대부분 거주주택을 정부가 임대해주고 군 의료시설에서 치료를 받는다. 대만군인의 보수는 대체로 공무원과 비슷하나 기본급에 대한 세금이 없다. 군인에게 특별히 주어지는 근무수당은 근무지에 따라 차등 지급된다. 모든 군인은 군인 의료보험에 가입하고 군 병원에서 무료로 치료받는다.

4. 한국군의 복지실태와 개선방향

한국군 복지의 시대적 추이를 살펴보면, 창군 이후 6 · 25 동란기에는 복지라는 말과는 너무 동떨어진 어려운 상황이었다. 미국 원조에 의존하는 상황에서 직업군인의 보수는 약간의 현금과 식량 지급이 전부였다. 1960년대에 들어서 직업군인제도가 정착되고 보수가 인상되어 복지수준이 크게 향상되었다. 1960년대 말 이후 군대 관사가 건립되기 시작하여 민간영역에 비해 군대 복지수준이 상대적 우위를 점한 적도 있었다. 1970-1980년대는 상여금제도(1974)가 도입되고 의료보험과 면세품 판매 등으로 군대의 복지수준이 개선되었으나 급속한 경제성장으로 민간부문의 복지수준이 급속하게 향상되면서 양자의 격차가 벌어졌다.

더욱이 군출신 인사의 정치개입으로 군에 대한 거부감이 확산되면서 군대 복지 문제는 세간의 관심거리가 안 되었고, 이의 개선을 위한 군 내부의 노력은 번번이 좌절되어 민간영역과 군대의 복지수준의 격차가 심화하였다. 1990년대 이래 낙후된 군대 복지수준을 개선하기 위하여 많은 노력을 기울여 왔으나, 지난 수 십 년간 누적된 보수수준, 주거시설, 근무여건, 등의 문제를 단 시일에 해결하기 어려운 것이 사실이다. 군 복지문제를 해결하기 위해서는 전투력 증강과 전투준비 태세완비를 위해 군대 복지가 필수요건이라는 인식하에 범국가적 차원에서 접근하고 지속적으로 예산과 인력을 투자해야 할 때라고 판단된다. 이를 위해 먼저 장교단의 사회적 지위와 그들의 당위적, 현실적 계층인식 그리고 개선이 시급한 복지항목을 설문결과를 통해 살펴보고자 한다.

계층인식과 개선이 절실한 복지항목

표 6. 5 직업군인의 당위적 계층

구 분	전체%	장군	대령	중령	소령	대위	중위 소위	준위 원사	상사 중사
상층	3.8	10.0	10.6	5.9	3.5	5.6	3.3	0.0	1.6
중상층	33.2	40.0	31.9	41.5	37.2	26.8	35.5	34.9	29.8
중중층	46.0	50.0	48.9	40.7	38.9	50.3	45.4	51.8	46.5
중하층	15.6		8.5	10.2	20.4	15.6	14.8	12.1	20.0
하층	1.3			1.7		1.7	1.1	1.2	2.0
계	100	100	100	100	100	100	100	100	100

출처: 온만금 외, 2001. 『군 복지 Master Plan 연구』. p. 101.

직업군인이 과연 어느 계층에 속해야 타당한지, 그리고 현실적으로 자신이 어느 계층에 속하는지에 대해 알아보는 것은 복지수준을 결정하는데 중요한 지표가 된다. 먼저 군대의 역할과 전문성에 비추어, 직업군인의 지위는 어느 수준이 타당한가라는 질문에 〈표 6. 5〉에서와 같이 전체적으로 3.8%가 상층, 33.2%가 중상층, 46%가 중중층, 15.6%가 중하층이어야 한다고 응답하여 절대다수(94.8%)가 중층 이상이라고 응답하였다.

한편, 보수, 주거 등 실질적 생활여건을 고려할 때 어느 계층에 속하느냐는 질문에 대해 〈표 6. 6〉과 같이 전체 응답자의 11.6%만이 중상층, 46%가 중중층, 38.1%는 중하층에 속한다고 응답하였다. 1989년(정선구 외)과 1993년(정선구 외) 연구에서는 중상층 비율이 각각 31.7%와 19.5%이었는데, 본 설문결과에서는 이보다 훨씬 낮은 11.6%로, 시간이 지날수록 직업군인은 자신의 사회 · 경제적 지위가 낮다고 인식하였다. 또한, 당위적 계층과 실질적 계층 간의 격차에서도 중상층의 경우 20% 내외에 달해 실질적 생활여건이 기대에 크게 못 미치고 있음을 보여준다.

표 6. 6 직업군인의 실질적인 계층

구 분	전체	장군	대령	중령	소령	대위	중위 소위	준위 원사	상사 중사
상층	1.0	10.0	2.1	1.6			1.6	2.2	0.8
중상층	11.6	60.0	25.5	25.6	10.7	7.8	15.8	1.1	4.2
중중층	49.2	30.0	63.8	60.5	56.3	60.6	54.3	39.6	30.5
중하층	33.7		8.5	11.6	31.3	31.1	23.9	55.0	52.7
하층	4.4			0.8	1.8	0.6	4.3	2.2	11.8
계	100	100	100	100	100	100	100	100	100

출처: 온만금 외, 2001. 『군 복지 Master Plan 연구』. p. 101.

군인들에게 우선적으로 개선해야 할 복지범주가 무엇인가를 묻는 질문에, 표 5. 7에서와같이 거의 모든 계급에서 보수체계(47.5%), 군대관사(24.5%), 가족지원(11.7%), 자녀교육(5.9%), 휴양 및 레저(4.9%), 자가마련(3.8%), 군인보험, 의료지원을 지적하였다(온만금 외 2001: 120). 가장 시급한 것은 보수이고, 다음으로 군대관사였는데 부사관보다 장교들이 주거시설의 개선이 절실하다고 응답하였다. 자녀교육의 환경은 특히 중령급이 심각하다고 응답하였다.

또한 각 군대 복지 영역에 대한 만족정도를 알아보기 위하여 매우 불만족한 경우 1점, 보통인 경우 4점, 매우 만족한 경우 7점으로 점수화 하였다. 그 결과 모든 영역에서 4.0 이하로 나타나 만족스러운 항목이 하나도 없었다. 이는 군대 복지에 대해 직업군인들이 얼마나 불만족 하는가를 단적으로 보여주는 지표이다(온만금 외, 2001: 122). 특히 보수, 주거시설, 문화 체육 및 오락시설, 교육비지원 등 생활과 직결되는 영역에 대해 2점대로 이하로 개선이 시급한 것으로 확인되었다. 이 결과를 바탕으로 보수, 주거시설, 자녀교육, 체육문화 및 레저활동, 자가마련, 연금제도를 포함한 예비역 복지의 실태와 개선방안에 대해 살펴보고자 한다.

표 6. 7 개선이 절실한 복지범주

구분	보수 체계	관사	가족 지원	의료 지원	자녀 교육	휴양 /레저	군인 보험	자가 마련
대령	46.7	35.6	6.7	0.0	8.9	0.0	0.0	2.2
중령	37.3	26.3	10.2	0.0	13.6	2.5	2.5	7.6
소령	49.1	27.3	8.9	0.0	4.6	2.7	0.9	2.7
대위	45.8	32.2	11.9	0.0	2.3	4.0	1.7	2.3
중위	37.4	26.4	19.8	2.2	3.3	9.9	0.0	1.1
소위	34.8	34.8	15.7	1.1	2.3	10.1	1.1	0.0
준위	55.3	6.4	17.0	0.0	6.4	0.0	2.1	12.5
원사	69.0	7.1	4.8	0.0	4.8	7.1	2.4	4.8
상사	69.1	10.3	7.2	1.0	4.1	2.1	1.0	5.2
중사	47.8	21.4	12.0	0.6	6.3	7.6	0.6	3.8
전체	47.5	24.5	11.7	0.5	5.9	4.9	1.2	3.8

출처: 온만금 외, 2000. 『군 복지 Master Plan 연구』. p. 120.

군인복지 실태와 개선책

직업군인의 보수는 2000년 현재 100대 중견기업의 80% 수준인 것으로 나타났다. 군인보수를 현실화하기 위해 2000년부터 2004년까지 5년에 걸쳐 봉급을 인상한 결과, 2004년 말 현재 군인보수는 중견기업의 97.4% 수준으로 전보다 많이 현실화되었다. 그러나 군인보수는 여전히 중견기업 이하 수준이고 대기업에는 크게 못 미치고 있다. 특히 군인보수가 공무원 보수에 준하여 결정됨에 따라 군대근무의 특수성이나 불리한 생활여건을 반영하는 제도적 장치가 부족하다. 군대는 일반 공무원과 똑같은 일직근무에도 수당은 적고, 어렵고 위험한 특수근무에 대한 수당이 불리하게 책정되어 있다.

군대 보수를 개선하기 위해서는 미국군과 같이 군인봉급 특별인상율을 적용하여 민간부문 임금수준의 일정비율(예컨대 1.20 배)을 보장하는 제도 도입이 필요하다. 또한, 군대 업무의 특수성을 반영하여 각종 특수 근무수당을 현실화하고 다른 나라와 같이 군인 기본급에 대해 면세혜택을 부여함으로써 부분적으로 보수 인상의 효과를 얻을 수 있다.

직업군인들이 가장 불만족한 영역은 보수와 더불어 주거시설이다. 계급을 막론하고 절대 다수(56%)가 군대 관사에 불만족 한데, 특히 낡고 협소한 것 외에 공급이 수요를 따라가지 못하여 도시지역으로 전출되는 장교들은 몇 달을 기다려야 입주가 가능하다. 1960년대 10평대 아파트는 쾌적하고 편리한 생활의 상징일 수도 있었으나, 오늘날 낡고 좁은 10평대 아파트는 도시의 흉물이 되어버렸고 이런 아파트에 거주하는 자는 직업군인과 일부 영세민뿐이다.

〈표 6. 8〉에서와 같이 1960-70년대에는 군대관사가 민간주택보다 상대적으로 넓었으나, 1980년대 후반 이후 평균 규모에서 역전되었고, 1990년대 군대와 민간의 주택규모가 각각 17.08평과 17.75평으로 그 격차가

심화하였다. 군대관사와 민간주택의 평균규모를 단순 비교해도 군대 관사의 열악상을 보여주어, 앞서 언급한 장교단에 걸맞은 주택기준과는 동떨어진 실상이다(국방부, 1998; 온만금 외, 2001; 통계청, 2000).

표 6. 8 군대 및 민간주택의 연도별 평균 규모

년도	군전체	육군	해군	공군	민간
1967–1971	17.61	19.25	15.45	16.19	12.00
1972–1976	16.29	15.16	14.53	15.94	12.55
1977–1981	14.92	14.82	14.41	15.47	13.88
1982–1986	14.94	16.10	15.13	15.39	14.06
1987–1991	15.25	15.06	16.02	15.55	15.45
1992 이후	17.08	16.60	18.21	17.88	17.75

출처: 온만금 외. 2001. 군 복지 Master Plan 연구. p. 136.

2000년 이후 3년간 군대의 노후, 협소관사 개선을 위한 노력이 있었지만, 그것은 25년 이상 노후화된 13평의 관사개선에 한정되어 있어서 앞으로도 군대 관사문제를 개선하기 위하여 장기적인 계획 하에 지속적인 노력이 요구된다. 군대관사의 근원적 해결을 위해서는 직업군인의 전형적 군대관사모델을 정립하고 이것을 목표로 지속적으로 투자해야 할 것이다. 장교단이 전형적인 중상층임과 주택 수명이 약 50여 년이라고 고려할 때, 4인 가족기준 34평형(전용면적 25.7평)을 기본형으로, 가족 수를 고려하여 약간 적은 30평형(전용면적 22평)대와 40평형(전용면적30평 이상)대의 세 가지 모델을 군대관사의 전형으로 삼아 신축, 구매, 전세, 임대 등 다양한 방법으로 군대 숙소문제를 해결하는 것이 중요하다고 본다. 잦은 근무지 이동으로 직업군인들의 주택보유율이 낮고 경제적 자립이 어려운 점을 고려하여 주택 소유 여부와 무관하게 군대관사를 제공하고 장기저리 주택자금을 제공하고 특별분양을 추진하여야 할 것이다.

다음으로, 직업군인에 대한 교육지원은 군대 전문성을 향상하고 장기적으로 예비역의 취업문제를 해소하는 한 방안이기도 하다. 직업군인들의 위탁교육을 확대하여 개인의 잠재능력도 개발하고 군대 업무의 효율을 증진해야 할 것이다. 선진국의 경우 장기복무자들은 거의 100% 석사학위 이상 학위를 취득하는데, 1970년대 증가추세에 있었던 위탁교육이 줄어들었는데 전문성 함양을 위해서도 대폭 확대하는 것이 바람직하다. 또한, 자녀들의 대학 등록금은 경제적으로 커다란 부담이 아닐 수 없다. 설문결과에서도 시급히 해결해야 할 과제로 자녀 대학등록금 제공이고 군인 자녀들에게 대도시에 기숙사를 마련해주는 것 역시 중요하다. 마지막으로 군인 자녀들의 대학교육 기회를 확대해주는 특례제도를 활성화하고 교육여건이 열악한 장교 자녀들에게도 그 기회를 주어야 할 것이다.

군의 의료지원은 개인의 건강뿐만 아니라 군대 전력유지를 위해서도 긴요한 복지이다. 수준 높은 의료지원을 위해서 우수한 의료시설 및 의료진이 요구되는데, 우수한 의료진의 안정적 확보를 위해서 장기복무자를 위탁교육 시켜 군 의료인력을 적극적으로 양성할 필요가 있다. 의료지원은 우선적으로 현역 장병과 그 가족에 대해 제공하고 전역군인은 일정기간 복무한 예비역에 대해 의료지원을 확대해 가는 것이 타당하다고 본다.

설문결과 생활지원 부분에 대해서는 절실하지 않는 것으로 나타났는데, 그 이유는 이에 대해 만족하기보다 기대치가 높지 않기 때문이라고 본다. 군에서 제공하는 생활지원 내용을 살펴보면 군대매점, 면세품, 군대콘도를 들 수 있다. 소규모로 운영되는 군대매점의 품목은 소비자의 요구보다 관리하기 용이한 포장상품 중심이며 그 종류도 한정되어 있고 가격 면에서도 경쟁력이 낮다. 더욱이 면세품은 특별소비세가 폐지됨에 따라 면세품이 거의 없고 정작 혜택을 볼 수 있는 물품은 면세대상이 아니다. 군대콘도 역시 필요한 때 사용하기가 쉽지 않다.

군인 및 가족들의 생활지원을 위해서 지역별로 군대매점을 대형화하고 우수 제품을 공급하여 생활에 도움이 되어야 할 것이다. 또한 업무의 특성상 기동력이 핵심인 군인에게 필수적인 자동차나 휘발유 등 유용한 품목을 면세품에 포함해야 할 것이다. 군휴양시설은 현재 수요의 일부만 충족할 정도인데, 민간콘도 회원권을 매입하여 지역의 레저시설을 연계시켜 여가를 즐길 수 있도록 해야 한다.

전, 평시를 막론하고 체력과 정신력은 가장 중요한 요건으로 각종 체육시설이 갖추어져 있어야 한다. 기후나 날씨와 관계없이 체력을 단련하기 위해서는 사단급 단위별로 체력단련 시설을 갖춘 종합 스포츠 센터와 프로그램을 갖추어 체력단련을 할 수 있게 해야 한다.

예비역 지원은 현역 군인들이 장래에 대한 걱정 없이 업무에 열중하도록 하고 장기복무자에 대한 보상차원에서도 중요하다. 미국, 영국, 독일 등 대부분 선진국은 군인연금은 각자의 부담 없이 국가에서 전액 부담하는 발생주의 회계방식을 택하고 있는데 그 이유는 군인에 대한 사회보장 차원에서 그리고 군인을 명예로운 직업으로 우대하고 군대복무에 대한 보상차원에서 당연하다고 판단하기 때문이다. 따라서 우리나라의 군인연금도 국고에서 전액 부담하는 발생주의 회계를 채택하는 것이 바람직하다. 그럴 경우 국방비에서 연금의 비중은 장기적으로 약 7.1% 수준으로 미국의 6.8%(1990년 기준)나 영국의 7.1%(1991년 기준) 수준과 비슷하다.

군인연금이 군의 소극적 복지정책이라고 한다면, 취업지원은 삶의 질을 향상시켜주는 적극적인 복지정책이라 할 수 있다. 취업지원을 위해 공공부문에서 취업직위를 확대하고, 다양한 직능교육과 자질교육을 군 내외기관에서 실시하고 전문 자격증을 취득토록 하고, 이들의 인력정보 시스템이 구축되면 취업률을 향상시킬 수 있을 것이다. 이를 위해 예비역의 취업교육 기간, 방법, 그리고 내용에서 근본적 개선이 필요하다고 본다. 취업지원보다 더욱 적극적인 군대복지는 계급별 근무연한을 연장하여 가급적 오래동안 군에 복무하여 예편 시기를 늦추는 것이다.

또한 군대복지의 획기적 개선을 위해서는 무엇보다도 군 복지정책을 전담할 부서가 필요하다. 국방부와 각 군에 복지문제 전담부서를 두고 전문가를 영입, 양성하여 복지문제를 장기적으로 접근해야 할 것이다. 군 복지정책을 인력관리와 전투준비태세 차원에서 접근하여 개선하기 위해서는 복지개선에 많은 투자가 필요한데 이를 위해서 군수뇌부는 물론 국가적 차원의 지속적 관심과 개선의지가 필요하다고 본다. 전력증강을 위해 최첨단 무기와 장비못지 않게 중요한 것이 직업군인의 높은 사기와 긍지이다. 아무리 성능이 우수한 무기와 장비가 있더라도 이것을 가지고 싸워야 할 군인들의 사기가 떨어져 있고 자긍심도 없다면 아무리 성능이 좋은 무기와 장비를 보유하고서도 별 소용이 없기 때문이다.

제7장
장교단의 경력이동[1)]

1. 도입

1960년대 이래 전 세계적으로 개인의 사회이동에 어떤 요인들이 어떤 과정을 거쳐 어떻게 작용하는가에 대한 연구가 활발히 이루어졌다. 이 주제에 대한 국내외적 연구에도 불구하고 특정조직 내에서 경력이동에 관한 연구는 그리 흔하지 않았는데, 그 이유는 첫째, 단일 직업집단 내에서도 직업 성원의 교육경험이나 충원방식이 이질적이고 다양하여 이들을 같은 맥락에서 분석하기가 적절하지 않고, 둘째, 이런 연구를 위해서는 수십 년간에 걸쳐 개인에 관한 누적자료가 필수적인데, 그런 자료를 구하기가 용이하지 않았기 때문이라고 사료된다.

그럼에도 불구하고 특정 직업집단의 경력이동 문제는 학문적으로도 매력적인 주제일 뿐만 아니라 이에 대한 연구결과는 조직성원의 효율적인 양성과 관리 그리고 충원을 위해서도 유용하게 활용될 수 있다. 만일 특정

1) 본 장은 한국사회학지 제39집 1호(2005년)에 게재된 논문 "한국 장교단의 진급에 관한 연구"를 부분 수정한 것임

직업집단이 그 성원을 미리 선발하여 교육하고, 이들로 하여금 유사한 직업적 경력을 밟아가도록 한다면 조직 내에서 지위획득에 관한 연구가 가능한데, 이에 적합한 집단으로 군 장교단을 들 수 있다. 군대는 장차 그들의 구성원이 될 자들을 미리 선발하여 군에서 요구되는 직업교육을 자체적으로 실시하고 직업적 경력을 밟아 감으로써 조직 내의 경력이동 규명에 적합한 대상이다.

본 연구는 한국의 주요 직업집단 가운데 하나인 군 장교단의 사회경제적 배경과 사관학교 교육 및 임관 이후 보수교육을 포함한 여러 요소들이 군대 고위계급으로 진출에 어떤 영향을 미치는가를 규명하는 것이 일차적인 목적이다. 좀 더 자세히 밝히면, 본 연구는 다음과 같은 두 가지 질문에 답하고자 한다. 첫째, 정규장교를 양성하는 육사 생도의 사회경제적 배경을 포함한 제반 특성들이 육사 입학과 생도생활에는 과연 어떤 영향을 미치는가? 둘째, 이런 특성을 비롯하여 육사 교육과 임관 이후 보수교육 및 근무경력을 포함한 제 요소들이 군 고위계급으로 진급에 어떤 영향을 미치고 있는가? 이 물음에 대한 연구는 한국군 장교단 경력이동을 규명하는데 귀중한 지식을 제공해 줄 뿐만 아니라 그 결과는 효율적인 인사관리는 물론 개인의 성공적인 생활을 위해서도 활용할 수 있는 지침을 제공해 줄 수 있다고 판단된다.

2. 기존의 연구검토

사회이동과 지위획득에 관련된 기존 연구들은 부모의 사회경제적 지위와 교육과 지능 그리고 가정배경이 개인의 지위는 물론 소득에도 영향을 준다고 밝히고 있다(Blau and Duncan, 1967; Featherman & Hauser, 1978;

Davis, 1982; Knottnerus, 1987; Krimkowski, 1991; Sewall et. al., 1969, 1970; Warren et. al,. 2002). 직업적 성취에 관한 블라우-덩컨모형(Blau and Duncan, 1967)은 부친의 교육과 직업이 개인의 교육과 직업적 지위에 어떤 영향을 미치는지 밝히고 있다. 이들은 부친의 교육은 아들의 교육과 직업에 영향을 미치고 부친의 직업은 아들의 교육과 첫 번째 직업을 통해 아들의 직업에 영향을 미치는데, 모든 변수 가운데 본인의 교육이 본인의 직업에 가장 큰 영향을 미친다고 밝혔다. 한편, 위스칸신모형(Sewall et. al., 1969, 1970)은 블라우-덩컨모형에 몇 가지 사회심리학적 변수를 추가하여 개인의 교육 및 직업적 성취에 가정배경과 같은 사회구조적 요인뿐만 아니라 사회심리적 요인도 중요하다고 강조하였다. 즉, 부모의 사회경제적 지위와 개인의 지적 능력은 타인의 영향과 자기 능력에 대한 예측을 통해 교육적 열망과 직업적 열망 수준에 영향을 주고 교육적 열망은 교육적 성취수준을 높여 직업적 지위획득에, 그리고 직업적 열망은 직업적 지위획득에 영향을 미치는데, 무엇보다 교육적 성취가 직업적 지위성취에 기여하는 부분이 훨씬 크다는 것이다.

한편, 직업과 소득을 설명하는데 개인적 요소에 보다 초점을 맞추는 인적 자본론(Becker, 1967)에 의하면 학력, 능력, 기술 등 개인적 특성이 상이한 직업적 물질적 보상을 가져온다고 주장한다. 또 다른 연구는 교육을 많이 받을수록 고위직으로 진출할 가능성이 높으며, 특히 임금으로 보상이 적은 직장일수록 교육이 경력이동에 미치는 영향은 크다(Sicherman & Galor, 1990)고 밝혔다. 인적자본론에 근거하여 한국 기업의 인사관리 자료를 바탕으로 승진유형을 분석한 한 연구(신영수, 2003)에서는 근속연수와 교육수준이 근로자의 승진에 크게 영향을 주나 점차 능력과 업무성과가 중요한 변수화 하는 추세라고 주장한다. 개인적 요소에 집중하는 인적 자본론과 달리, 사회적 자본론은 사회적 연결망(social network)에 초점을 맞추고 있는데(Granovetter, 1985; 1995[1974]), 이러한 연결망은 개인의 취업은 물론 승진 등에 유리하게 작용한다(Lin et. al., 1981; 김용학, 1996; 이재혁, 1996; 김안나, 2003)는 것이다. 공무원 조직의 승진제도에 대한 연구(김영제 1996)에서 승진의 일반적 기준으로 근무성적과 경력, 선임순위, 시험성적, 학력, 근무경력, 보수교육 및 훈련, 상벌 등을 제시하고 선진국일수록 근무성적이나 시험성적 상벌 등 실적을 중시하는 경향이 높다고 밝혔다.

한편, 본 연구주제와 직접 연관되어 있는 군대사회학적 연구(Kohs & Irle, 1920; Razell, 1963; Lovell, 1964; Janowitz, 1971, 1977; Cailleteau, 1982; Peck, 1994)가운데 미국군 장교의 경력이동에 관한 한 연구(Peck, 1994)에서는 고위계급으로 진급에 주요 요소로 업무수행능력과 근무평정, 훈장과 표창, 및 군대내 고급 보수교육을 지적하고, 사관학교 졸업과 고위 민간학력은 예상보다 진급에 작용하는 영향이 적다고 밝혔다. 성적과 진급간의 관계에 대한 다른 연구(Janowitz, 1971; Howerton, 1945)에서는 육사성적이 저열하면 장군 진급률도 낮지만 그렇다고 성적이 절대적 요소는 아니라고 주장한다. 한편, 사관학교 교육과 보수교육 그리고 군 복무와의 관계를 분석한 다른 연구(윤종화, 1974: 온만금, 1999)는 육사성적이 임관 이후 보수교육뿐만 아니라 고위계급으로 진급에도 작용한다고 밝히고 있다.

조직 내에서 지위이동에 관한 제 연구와 군대 사회학적 연구를 바탕으로 고위계급으로의 진급에 영향을 미칠 수 있는 요소들을 정리하면, 가정배경과 개인의 지능과 성적 그리고 체력, 입학성적 및 육사성적, 군대내 비공식적 연결망인 하나회와 더불어 근무평정, 고급 보수과정과 고위 민간학력, 훈장과 표창, 및 차하급 계급에서 빠른 승진 등이라고 예상되며, 이들 개인적 사회적 변수와 성적과 그리고 진급 관계에 대한 이론적 예측을 요약, 정리하여 〈그림 7. 1〉과 같이 제시하였다.

첫째, 입학성적에는 가정배경과 지능, 체력 및 고교성적이, 둘째, 육사성적에는 위에 열거한 개인적 특성과 더불어 입학성적 등이 각각 작용할 것이고, 셋째, 대령진급에는 고교성적 및 지능, 체력, 가정배경, 입학성

그림 7. 1 직업적 진출모형

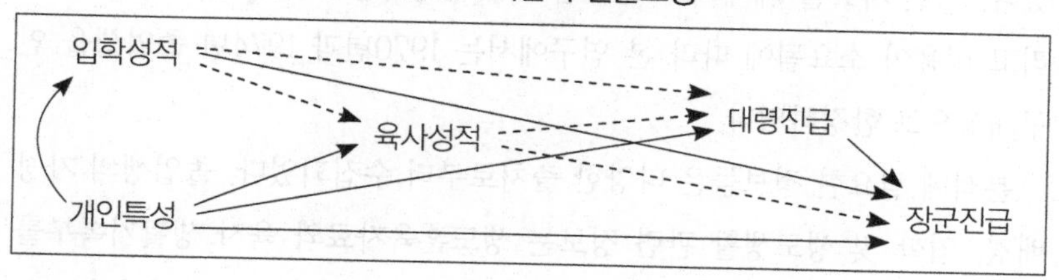

적 및 육사성적과 근무평정 및 육대 정규과정, 민간학위, 하나회, 훈, 표창 및 중령에서 빠른 진급 등이, 넷째, 장군진급에는 위에서 열거한 변수와 더불어 대령에서 빠른 진급이 각각 작용하리라고 예측된다. 그러나 분석 대상자들이 1990년대 전후 민주화 시대로의 과도기에 진급 대상이 됨에 따라 사회적 연결망 이론과 달리 하나회 변수는 대령과 장군 진급에 서로 상반된 영향을 줄 것이라고 예상된다. 또한 군대직업이라는 특수성을 고려할 때 민간교육보다는 군대 보수교육이 더 중요할 것이며, 진급 경쟁은 동급생간 이루어지는 점을 고려할 때, 선임 우선 원칙보다 차 하급에서 빠른 진급이 주요 변수로 작용할 것이다.

3. 연구방법

본 연구는 육사 졸업생 가운데 대령 및 장군 진급 시점까지 장기간 군복무를 마쳤거나 복무 중인 졸업생이 잠재적 연구대상이다. 이 연구를 위해서는 각 졸업생의 사회경제적 배경은 물론 입학성적 및 생도성적을 포함한 생도생활과 대령 및 장군급 등 고위계급으로 진출여부에 관한 개인별 자료 수집이 필수적인데, 1960년대 말 이전 졸업생까지는 관련 자료들이 수집, 관리가 안 되다가 그 이후 졸업생부터 자료들이 각 부서에 보관되어 있다. 이런 자료를 체계적으로 수집하기 위해서는 수많은 인력과 시간 그리고 비용이 소요됨에 따라 본 연구에서는 1970년과 1974년 졸업생을 연구대상으로 한정하였다.

분석에 필요한 정보들은 다양한 출처로부터 수집되었다. 졸업생의 가정배경, 입학 및 생도생활 관련 정보는 생도훈육자료와 육사 생활기록부를 통해, 그리고 각 개인의 성적은 육사의 학적자료에서, 그리고 예비역의 진급 관련 정보는 육군 중앙문서관리단에 보관되어 있는 자료로부터, 현역 진급 관련 정보는 각 동기회 수첩에서 각각 수집하였다. 군대를 평생 직업으로 택한 육사 출신의 군 직업교육은 여러 가지 면에서 일반대학 졸업생의 경력과 차이가 난다. 첫째, 육사생활은 다양한 영역의 교육과 평가로 이루어진다는 사실이다. 먼저 학사학위를 받는데 요구되는 대학수준의 교양 및 전공 교육, 다음으로 군사학 교육과 내무생활로 이루어지며 졸업성적은 이런 영역별 성적을 가중치하여 합한 결과로 얻어진다. 특히 적성평가는 함께 내무생활을 하는 동급생 상호간 근면성, 정직성, 책임감, 지도력, 성실성, 친교성 등을 서열화한 뒤 각 항목의 수치를 개인별로 합산한 결과로 그 순위가 결정된다.

예비적인 자료분석 결과, 전 학년 적성 평균치보다 3학년과 4학년의 평균치가 진급에 대한 설명력이 높아서 후자를 분석에 포함하였다. 둘째로, 사관학교라는 양성과정을 마치고 나면 초등군사반, 고등군사반, 육군대학, 그리고 국방대학원과 같은 다양한 보수과정을 차례로 거치면서 전문직업군인으로 필요한 전문지식을 획득하는데, 특히 육군대학의 정규과정 선발이 가장 경쟁적이고 고급장교로서 전문직업적 지식을 갖추는데 필수적인 과정으로 알려져 분석에 포함하였다. 셋째, 보호자 직업은 전문직, 관리행정, 사무직, 자영업, 노동자, 농민, 군인 및 기타로 분류하였고, 고교성적과 적성 및 졸업성적은 분석 편의를 위해 누적서열에 해당하는 점수 즉, 백분위(percentile)로 측정하여, 그 수치가 클수록 성적이나 적성순위가 높고, 반대로 적을수록 낮다. 그 밖의 변수들에 대한 측정은 일반적으로 통용되는 관례를 따르기로 하였다.

본 연구에서 변수의 속성과 분석목적에 따라 생도들의 사회 경제적 배경 및 입시 관련 자료에 대한 기술적 분석을 한 뒤, 입학성적 및 졸업성적 그리고 대령진급 및 장군진급에 대해 분석하였다. 본 연구에서는 진급이라는 사건(event)과 진급 연한이라는 시간(time)을 동시에 고려해야 하고 예측변수 혹은 공변량(covariate)의 영향을 분석할 수 있는 사건사 분석(event history analysis)이 보다 실상에 가까운 모델을 찾을 수 있는 효율적인 분석방법(Allison, 1995; SPSS, 2001)이라고 판단되어 사건사분석방법을 활용하였다.

이런 유형의 분석은 단계마다 표본의 크기가 급격히 줄어들어 주요 변수의 유의도 검증에서 불리하다. 1970년과 1974년 졸업생은 각 기수별로 입학시험 과목에서 차이가 있을 뿐, 성적 순위나 적성 순위 등 주요 변수의 측정은 표준화된 방법에 의해 동일하게 이루어졌고, 또한 전문지식의 습득과 진급에 중요한 것으로 알려진 육군대학 정규과정의 선발도 두 기수 공히 필기시험 성적에 기초하여 이루어졌다. 예비적 자료 분석(preliminary data analysis)결과, 기수별 분석결과와 통합 분석결과에서 주요 변수 간의 관계에 큰 차이가 없었고 통합분석이 유의도 검증에 더 유리함에 따라 기수별로 구분하는 대신 함께 분석하였다. 또한 관련 변수들의 관계를 보다 명확히 밝히기 위해 시간적으로 구분되는 변수들을 묶어 분석모델에 차례로 더하고 최종적으로 모든 변수를 분석하는 단계별 분석방식을 택하였다.

4. 연구대상에 대한 기술적 분석

〈표 7. 1〉에 주요 변수들의 최대값, 최소값 및 평균치를 제시하였다. 졸업생들의 부친 학력은 무학력에 0, 대학원 졸업에 5의 수치를 각각 부여함으로써, 부친의 교육수준 평균치 1.64는 중학교 중퇴수준이라는 점을 의미하며, 수입은 최저 3만 원에서 최고 820만 원이며 평균치는 31만원이다. 고교 성적은 최고 100 퍼센타일(percentile), 최저 2 퍼센타일로 평균 성적순위는 상위 74 퍼센타일로 나타났다. 지능지수는 최저 89, 최고 146이고 평균치는 117이다. 대령으로 진급은 6년에 걸쳐 이루어졌는데 수치 6은 진급년도가 가장 빠른 경우에, 수치 1은 가장 늦게 진급한 경우 주어진 수치이다. 대령 진급 평균치는 3.19이고 장군의 경우는 2.49로 이 수치는 기수별로 진급이 시작된 이후 주로 2년-4년 차에 다수가 진급한 것을 의미한다.

표 7. 1 각 변수의 최대값, 최소값, 평균값 및 표준편차

	최소값	최대값	평균값
부친학력	0	5	1.64
부친수입	3만원	820만원	31.42만원
고교성적	2.00	100.00	74.6444
지능지수	89.0	146.0	117.895
학과점수	229.0	479.0	299.143
면접점수	32.0	286.0	159.322
체력점수	46.0	190.0	69.867
입시총점	378.0	729.0	467.153
졸업평점	0.00	100.00	50.000
대령진급	1	6	3.20
장군진급	1	5	2.49

부친의 직업별 분포를 살펴보면 전문직(2.5%), 관리행정(18.4%), 사무직(3.5%) 등 소위 화이트칼라 출신이 전체의 24.4%를 차지한 반면, 농촌가정 출신이 39.9%로 가장 많다. 직업별 출신 비율을 서울소재 대학과 비교할 때, 농촌 출신이 상대적으로 많은 편인데(홍두승 1993), 미국 육사생과 비교하더라도, 전문직과 관리행정직 그리고 군인 집안 출신이 상대적으로 적은 반면, 농촌 출신이 많은 것으로 나타났다(Lovell, 1969). 특히 세대간 직업 승계률에서 한국 육사는 2.5%로 미국 육사의 18%대의 7분의 1수준에 머물러 있는데, 이 비율은 아래 기수로 내려갈수록 낮아져 세대간 직업 승계가 잘 이루어지지 않는 것으로 나타났다. 전체 입학생 대비 졸업생 비율은 81.8%로, 탈락률이 18.2%이며 입학 전 실시되는 기초군사훈련 중 탈락자를 포함하면 졸업 비율은 75%로 더욱 낮아진다. 탈락률은 부친 직업에 따라 통계적으로도 차이 나는데, 특히 행정관리직(24.7%), 사무직(31.4%)과 군인가정(30%) 출신이 상대적으로 높고 전문직, 노동계층 출신이 낮다.

부친의 직업에 따라 고교성적, 지능지수, 입학성적, 면접점수, 체력점수 및 졸업성적에서 의미있는 차이가 있는가를 확인하기 위하여 직업집단별 평균치를 구하였다. 예비적인 자료분석 결과, 직업집단간 성적 차이가 없고 다만 부친의 직업에 따라 면접점수에서 의미 있는 차이가 있는 것으로 나타났다.

5. 성적의 주요변수 분석

주요 변수간 상관관계

표 7. 3 생도생활의 주요 변수간 상관관계

변수	고교 성적	지능 지수	부친 학력	부친 수입	학과 성적	면접	체력	입시 총점	적성 비율	육사 성적
고교성적	1.000									
지능지수	–.139**	1.000								
부친학력	–.115*	.116*	1.000							
부친수입	–.040	–.142*	.079	1.000						
학과성적	.058	.526**	–.058	–.218**	1.000					
면 접	–.039	–.416**	.139**	.229**	–.803**	1.000				
체 력	–.085	–.300**	–.077	.087	–.545**	.470**	1.000			
입시총점	.066	.334**	.056	–.092	.652**	–.139**	–.065	1.000		
적성비율	–.018	.129**	–.036	–.030	.048	.060	.141**	.243**	1.000	
육사성적	.191**	.140**	–.007	–.065	.210**	–.006	.031	.421**	.463**	1.000

** 상관계수는 0.01 수준(양쪽)에서 유의합니다. * 상관계수는 0.05 수준(양쪽)에서 유의합니다.

부친의 학력과 수입을 포함한 사회경제적 배경과 학과성적, 체력 및 면접, 입시총점, 생도시절의 적성, 성적변수 간의 단순 상관관계를 〈표 7. 3〉에 정리하였다. 고교성적은 육사성적과 정의 상관관계를 나타내고, 지능지수는 부친수입과 체력 및 면접성적과 부의 상관을 보이나, 입학성적,

적성 그리고 육사성적과는 정의 상관관계를 나타내고 있다.

또한, 부친학력은 지능지수, 면접과 정의 관계이며, 부친수입은 면접점수, 체력과 정의 관계이나, 지능지수, 학과성적과는 부의 관계를 나타낸다. 부친의 학력과 수입이 면접성적과 정의 관계로 확인되어 가정배경이 면접에 긍정적으로 작용한다는 점을 시사하나 적성이나 성적과는 아무런 관계가 없다. 또한, 입학시험에서 학과성적은 체력 및 면접과 부의 상관을 보인다. 면접과 체력은 정의 상관관계이나 이 두 변수와 입시총점과는 부의 관계를 보이며 입시총점과 적성 및 육사성적은 정의 관계를 나타내고 있다.

입학성적에 대한 다중 회귀분석 결과

표 7. 4 입학성적에 대한 다중 회귀분석 결과

독립변수	모형 1	모형 2
부친학력	1.975	1.037
	.057	.030
부친수입	−.009*	−.005
	−.098	−.052
지능지수		1.469**
		.359
체력		.174
		.066
고교성적		.204*
		.102
절편	467.702	278.835
R제곱(OLS)	.012	.118
자유도		
회귀분석	2	5
잔 차	444	430
합 계	446	435

1: 비표준 회귀계수 2: 표준 회귀계수

₩**: p<.01, *: p<.05

언급하였듯이 본 주제에 대한 분석을 위해서는 진급관련 정보를 포함하여 장기간에 걸쳐 다양한 정보가 요구되는데 이렇듯 여러 출처에서 얻어진 정보를 바탕으로 입학성적, 육사성적 순위, 및 대령 및 장군으로 진급에 작용하는 주요 변수들이 어떤 것인지 분석하고자 한다.

분석방법에서 밝혔듯이 주요 변수간의 관계를 보다 명확하게 밝히기 위하여 시간적으로 구분되는 변수들을 묶어 단계적으로 분석하였다. 〈표 7.4〉의 입학성적에 대한 분석결과 모형 1에서 부친의 학력과 수입을, 분석모형 2에서는 본인의 지능지수와 고교성적 그리고 체력을 더한 다중 회귀분석 결과를 제시하였다. 모형 1에서 부친의 학력은 입학성적에 긍정적이지만 유의미하지 않았고, 수입은 입학성적에 부정적으로 작용하는 것으로 나타났다. 즉, 부친의 수입에서 한 표준단위가 올라가면 입학성적은 -.098 표준 단위만큼 떨어지는 것으로 확인되었다. 분석모형 2에서 본인의 지능지수와 체력, 고교성적을 포함하여 분석한 결과, 지능지수와 고교성적 만이 입학성적의 주요 변수로 나타났다. 즉, 지능지수에서 한 표준단위가 올라가면, 입학성적은 .359 표준단위 만큼 상승하고, 고교성적에서 한 표준단위가 올라가면 입학성적은 .102 표준단위 만큼 상승하는 것으로 확인되었다. 개인의 지능지수와 고교성적 그리고 체력을 분석모형에 포함하였을 때, 부친의 수입은 입학성적에 영향을 주지 않는다.

입학성적에 대한 회귀분석 결과, 입학성적에는 개인의 지능과 고교성적 변수가 중요하고 부친의 학력과 수입은 성적에 작용하지 않는 것으로 나타났다. 이 분석결과, 입학성적에는 인적 요소 가운데 개인관련 특성변수가 주로 작용한다고 볼 수 있는데 그렇다고 가정배경이 입학성적에 전혀 영향을 미치지 않는다고 단정하기도 어렵다. 그것은 앞에서 살펴본 바와 같이 직업에 따른 면접점수에서 차이가 있고, 그 결과가 입학성적에 영향을 줄 수 있기 때문이다.

육사성적에 대한 다중 회귀분석 결과

표 7. 5 육사성적에 대한 다중 회귀분석 결과

독립변수	모형 1	모형 2
부친학력	–.213	–.423
	–.010	–.019
부친수입	–.003	–.002
	–.052	–.035
지능지수	.577**	.208**
	.219	.079
체력	.216**	.186*
	.126	.015
고교성적	.284**	.228**
	.220	.177
입학성적		.259**
		.389
절편	–45.176	–118.802
R제곱(OLS)	.084	.215
자유도		
회귀분석	5	6
잔 차	422	421
합 계	427	427

1: 비표준 회귀계수 2: 표준 회귀계수
**: p〈.01, *: p〈.05

육사성적에 대한 다중 회귀분석 결과를 〈표 7. 5〉에 요약, 제시하였다. 모형 1에는 부친의 학력과 수입 그리고 개인의 지능지수 체력 고교성적이, 모형 2에서 위의 변수들에 입학성적이 첨가되었다. 분석결과 부친의 학력과 수입은 육사 성적 순위에 부정적으로 작용하지만 통계적으로 유의미하지는 않으며 지능지수 체력 고교성적은 입학성적을 통제하더라도 육사성적에 유의미한 영향을 주고 있다. 모형 1에서 지능지수에서 한 표준단위가 올라가면 육사성적은 .219 표준단위만큼 상승하고, 체력에서 한 표준단위가 올라가면 육사성적 역시 .126 표준단위만큼 올라간다. 한편, 고교성적에서 한 표준단위가 올라가면 육사성적은 .220 표준단위만큼 상승하여 고교성적이 대학성적을 예측할 수 있는 주요 변수라는 기존 연구 결과와 일치하여 고등학교 성적을 대학 선발에서 고려하는 충분한 근거가 있음을 시사해준다. 육사성적과 주요 변수 간의 회귀계수를 살펴보면, 어느 모형에서건 지능지수와 체력이 통계적으로 유의미하나 입학성적을 통제하면 그 회귀계수가 크게 떨어진다. 즉, 입학성적을 통제할 때, 지능지수의 회귀계수는 .219로부터 .079로 줄고, 체력의 경우는 .126에서 .015로, 고교성적의 경우는 .220에서 .177로 줄어들었다. 입학성적의 표준 회귀계수가 .398로 나타나 육사 성적 순위에 대한 상대적 영향력이 가장 큰 것으로 나타났다.

이런 결과를 종합하건데 육사 성적에 대한 지능지수, 체력 및 고교성적의 영향은 상당 부분 입학성적을 통해 나타나며 특히 지능지수와 체력의 경우는 더욱 그렇다. 체력이 성적의 주요 요소인 것은 육사 교육과정이 체력이 중요할 정도로 강도가 세다는 점을 시사해 준다. 부친의 학력이나 수입이 높을수록 육사성적은 떨어지는 경향이나 통계적으로 유의미하지는 않다. 이렇듯 가정배경이 육사성적에 크게 영향을 주지 않는 이유는 일단 육사에 합격하면 가정의 영향을 벗어나 전액 국비로 교육이 이루어짐에 따라 가정배경보다 개인의 지능지수나 체력 의지 등 개인 특성 변수들이 더 작용하기 때문이라 추측된다. 입학성적과 육사성적의 주요 변수에 대한 분석을 통해 체력이나 성적 등 개인적 요소들이 중요한 것으로 확인됨으로써, 군대가 야심 차고 잠재력 있는 중하위 계층 출신의 신분상승의 주요 통로 역할을 한다는 견해가 일면 타당하다는 점을 시사해준다.

6. 진급에 대한 사건사 분석

고위계급으로 진급에 대한 분석에 앞서 몇 가지 언급하고자 한다. 앞서 밝혔듯이 사건사 분석은 진급 단계마다 사례수가 급격히 줄어들어 유의도 검증에서 불리해짐에 따라 예비적인 자료 분석을 통해 진급과 무관한 변수들을 분석모형에서 제외하는 것이 바람직하다. 기존 연구에서 이론적 논의를 바탕으로 가정배경으로서 부친의 학력과 수입, 개인적 요소로서 지능, 고교성적, 및 체력, 그리고 입학성적, 육사성적 및 적성, 임관 이후 육대 정규과정 이수여부, 상훈과 차하급 계급에서 빠른 승진, 고위 민간학력 등을 진급의 잠재적 변수로 포함하였다. 또한, 근무평정과 군대 내 비공식적 연결망인 하나회 등이 진급의 잠재적인 요소라고 밝혔다. 예비적인 자료 분석 결과, 표창과 중령에서 진급순위는 대령 진급에 아무런 영향을 주지 않아서 분석에서 제외하였고, 비밀로 분류된 근무평정에 관한 정보 역시 획득이 어려워 분석대상에서 제외하였다. 또한, 학력에 따른 진급은 학사학위 집단과 그 이상 학위 집단에서 보다 분명하게 차이가 보여 두 집단으로 구분하는 변수를 분석모형에 포함하였다.

분석대상인 두개 기수의 졸업생 관련 정보를 요약하면 1970년도 졸업생 가운데 대령 및 장군 진급률은 각각 51.4%와 25.6%이고, 1974년도 졸업생 가운데 대령 및 장군 진급률은 각각 53.9%와 15.7%이다. 1970년도 졸업생의 경우, 1986년부터 1990년까지 5년에 걸쳐 대령으로 진급하였고, 1992년부터 1996년까지 5년에 걸쳐 장군으로 진급하였다. 1974년 졸업생의 경우, 1991년부터 1996년까지 6년에 걸쳐 대령으로 진급하였고, 1999년부터 2001년까지 3년에 걸쳐 장군으로 진급하였다. 한편, 학위별 진급률에서 학사 학위자의 대령과 장군 진급률은 각각 73.3%와 35.1%이고 석사 이상 학위자는 81.3%와 38.3%로 석사학위 이상 집단이 약간 높으나 그 차이는 통계적으로 유의미하지 않았다.

알려진 바와 같이 하나회는 군대내 비공식적 연결망으로서 진급과 보직에서 특혜를 누려 다른 장교들의 원성의 대상이 되기도 하였고, 그 후 12.12 사태를 주도하며 5공화국의 핵심세력으로 부상하면서 세간의 집중적인 관심의 대상이 되기도 하였다. 참고로 두개 기수의 하나회원은 각각 7명과 8명인데 전원이 대령으로 진급하였으며, 이 가운데 1970년 졸업생 7명 중 4명은 1992년에, 1974년 졸업생 8명 중 2명은 2000년에 각각 준장으로 진급하였으나, 1992년 이후 하나회원을 군 고위직에서 배제함에 따라 1970년 졸업생 하나회원은 소장으로 진출하지 못하였다.

표 7. 6 대령진급 순위에 대한 사건사 분석결과

독립변수	모형 1	모형 2	모형 3
부친학력	-.108(.056)*	-.119(.057)*	-.125(.063)*
부친수입	.000(.002)	.000(.002)	.000(.002)
고교성적	.002(.003)	.003(.004)	.005(.004)
지능	-.007(.007)	-.010(.007)	-.011(.008)
체력	.003(.004)	.001(.004)	.008(.005)
입학성적	.002(.004)*	.000(.002)	-.002(.002)
졸업순위		.001(.003)	.000(.003)
적성순위		.008(.003)*	.009(.003)*
정규육대			.283(.184)
하나회			.177(.297)
훈장			.191(.093)*
석사학위			.264(.158)
사건	232	225	196
중도절단	58	57	51
전체케이스	291	282	247
Log 우도함수	2425.873	2341.367	1954.088

( ) 표준오차

*: p<.01

대령진급에 대한 분석

〈표 7. 6〉에서와 같이 대령 진급에 대한 사건사 분석은 세 단계로 이루어졌는데, 모형 1에서 부친의 학력을 포함한 입학성적 변수를, 모형 2에서는 모형 1에 포함된 변수에다 육사성적과 적성을, 모형 3에서는 하나회, 정규육대, 고위 민간학력, 훈장변수를 더하여 각각 분석하였다. 모형 1에서는 부친의 학력과 입학성적이 중요한 변수로 나타났는데, 부친의 학력은 어느 모형에서건 진급에 부정적인 영향을 주고 있다. 육사성적 및 적성이 더해진 모형 2에서는 부친학력과 적성이 대령진급에 중요한 변수로 나타났으며 육사성적은 대령진급에 긍정적으로 작용하나 통계적으로 유의미하지는 않다.

한편, 모형 1에서 중요했던 입학성적은 육사성적과 적성을 통제한 모형 2에서는, 대령 진급에 유의미한 영향을 미치지 않는 것으로 확인되었다. 모형 3에서는 부친의 학력과 적성 그리고 훈장이 중요한 변수로 작용하고 있다. 〈표 7. 6〉에 나타나 있듯이 부친의 학력은 어떤 변수를 통제하더라도 대령 진급에 부정적으로 작용하고 있다. 지능은 대령진급에 부정적으로, 그리고 육사성적은 긍정적으로 작용하지만 통계적으로 유의미하지는 않다. 육대 정규과정과 민간학력은 진급 가능성을 각각 32.7%와 30.2%씩 높이고 예상했던 대로 진급에 군대 보수교육이 민간교육보다 더 중요하나, 표본 크기가 작은 관계로 통계적으로 중요하지는 않다(유의수준이 각각 .12와 .09). 군대 내 전형적인 연결망이라 할 수 있는 하나회 변수는 대령진급 가능성을 19.4% 높여 진급에 긍정적으로 작용하나 이 변수 역시 통계적으로 유의미하지는 않다.

대령진급에 대한 분석결과를 좀 더 자세히 설명하면, 수여 받은 훈장이 하나 더 증가할 때, 대령 진급 가능성은 21.0%(exp .191=1.21) 상승한다. 한편, 적성비율에서 한 단위 상승하면 대령 진급 확률 역시 .9% 높아지고

그림 7. 2 졸업성적 십분위별 대령진급률

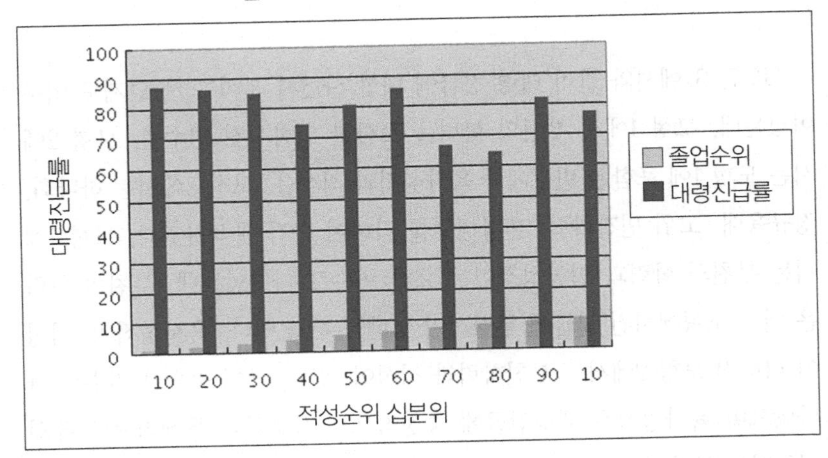

그림 7. 3 적성순위 십분위별 대령진급률

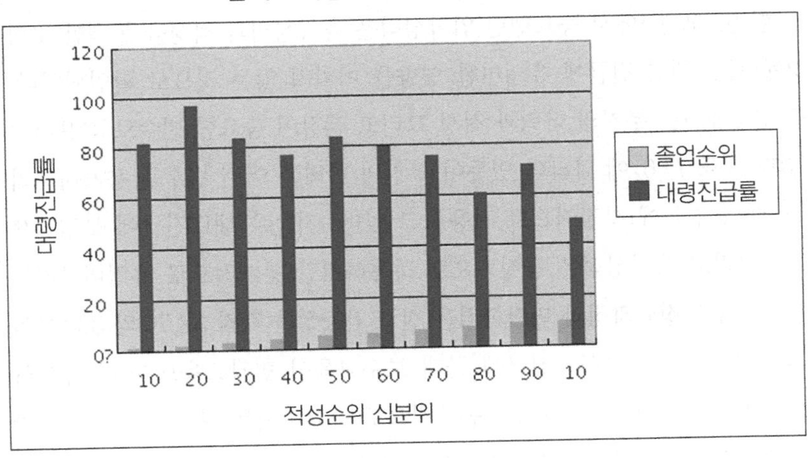

반대로, 부친의 학력이 한 단위 상승할 때, 대령 진급할 확률은 11.6% 낮아진다.

생도시절 성적과 적성으로 인해 다수의 탈락자가 생길 정도로 성적과 적성을 강조하는데, 분석결과에서 이 변수들이 진급에 긍정적으로 작용하나 통계적으로 유의미하지는 않다. 그리하여 개인을 분석단위로 한 사건사 분석에 이어서, 졸업성적 십분위 집단별로 대령 진급률의 추이는 어떤지 살펴보기 위해 두 변수 간의 관계를 〈그림 7. 2〉에 제시하였다. 그림에서 성적이 가장 우수한 십 분위 집단이 1등급이고 가장 저열한 집단이 10등급 집단인데, 성적이 우수할수록 진급률도 높아서 집단간 진급률의 차이는 최대 20% 이상이다. 그렇다고 두 변수관계가 완전한 선형관계가 아니어서 성적이 진급률의 결정적 변수가 아니라는 기존 연구 결과와 일맥상통한다.

다음으로, 적성 십 분위 집단과 대령 진급률 간의 관계를 같은 방식으로 〈그림 7. 3〉에 도식화하였다. 적성에서 두 번째로 높은 집단의 진급률이 96.6%로 가장 높았고, 최하위 적성집단의 진급률이 50%로 가장 낮아 적성 십 분위와 진급률은 선형관계에 유사하다. 즉, 적성 십 분위 집단 가운데 상위집단일수록 대령 진급률이 높고 하위집단일수록 떨어지는 것으로 나타났다.

장군진급에 대한 분석

대령 진급분석에서와같이 장군 진급에 대한 사건사 분석도 세 단계에 걸쳐 이루어졌다. 모형 1에서는 부친의 학력을 포함하여 입학성적 변수를, 모형 2에서는 모형 1에 포함된 변수에다 졸업성적과 적성비율을, 모형 3에서는 하나회, 정규 육대, 대령 1차 진급, 훈장, 및 고위 민간학력 변수를 포함한 각각의 분석결과를 〈표 7. 7〉에 정리, 제시하였다.

앞서 언급하였듯이 1970년과 1974년 졸업생은 각각 5년과 6년에 걸쳐 각각 대령으로 진급하였는데, 예비적인 자료 분석에서 1차 대령 진급자와 그 외 집단간 장군진급에서 명확한 차이가 확인되어 대령진급 1차 집단과 기타 집단으로 구분하는 하나의 진급변수를 분석모형에 포함하였다. 부친의 학력과 수입을 비롯하여 입학성적까지 포함한 모형 1에서는 부친의 수입이 장군 진급에 유의미한 영향을 주고, 육사 성적과 적성이 첨가된 모형 2에서는 부친의 수입과 적성이, 그리고 하나회, 정규 육대 이수여부, 훈장 및 대령 1차 진급 변수를 첨가한 모형 3에서는 부친의 수입, 훈장과 대령 1차 진급이 주요 변수로 확인되었다. 앞의 분석 결과와 유사하게 군대 보수교육이 민간교육보다 더 강하게 작용하나 통계적으로 유의미하지는 않다. 하나회 변수는 앞서 대령진급의 경우와 달리 장군진급에 부정적으로 작용하나 역시 통계적으로 유의미하지는 않다.

표 7. 7 장군진급 순위에 대한 사건사 분석 결과

독립변수	모형 1	모형 2	모형 3
부친학력	-.070(.093)	-.072(.096)	-.112(.099)
부친수입	.007(.003)*	.007(.003)*	.007(.003)*
고교성적	.004(.006)	.006(.006)	.010(.006)
지능	.013(.013)	.012(.013)	.013(.013)
체력	.005(.007)	.004(.007)	.010(.008)
입학성적	.003(.002)	.004(.003)	.004(.003)
졸업순위		-.005(.005)	-.003(.005)
적성순위		.009(.006)*	.006(.005)
정규육대			.319(.337)
훈장			.309(.129)**
대령1차			.962(.261)**
하나회			-.756(.467)
석사학위			.280(.257)
사건	81	78	75
중도단절	145	141	115
전체케이스	226	219	190
Log 우도함수	851.791	815.784	729.948

( ) 표준오차
**: p<.01, *: p<.05

장군진급에 대한 분석결과를 좀 더 자세히 살펴보면, 부친의 수입이 한 단위 증가하면 장군으로 진급할 확률은 7% 올라가고, 훈장을 하나 더 받을 때마다 장군으로 진급할 확률은 36.2% 높아진다. 한편, 대령으로 1차에 진급한 자는 그렇지 않은 경우보다 장군진급 확률이 161.7% 높아져 장군 진급에는 대령을 1차로 진급하는 것이 무엇보다 중요한 것으로 나타났다. 하나회 변수는 장군으로 진급할 확률을 55.1% 떨어뜨려 대령 진급의 경우와 달리 하나회원들이 장군진급에서 배제되고 있음을 알 수 있다.

분석모형 2에서 적성에서 한 단위 올라가면 장군 진급의 확률은 9%가 상승하나, 대령진급 변수를 포함한 4개 변수를 더한 모형 3에서는 진급확률이 9%에서 5%로 떨어지고 통계적으로 중요하지도 않다. 이에 따라 장군진급에 대한 적성의 영향이 어느 변수를 통해 매개되는가를 확인하기 위하여 모형 3에 포함한 4개 변수를 모형 2에 교대로 한 변수씩 더하여 분석한 결과, 적성의 영향 4%가 대령 1차 진급변수로 옮겨가는 것이 확인되었다. 이 결과로 장군진급에 대한 적성의 영향은 대령 진급변수를 통해 매개된다는 사실이 밝혀졌다.

부친의 학력은 장군 진급에 부정적이나 유의미하지 않는 반면, 부친의 수입은 다른 변수들을 통제하고도 장군 진급에 여전히 긍정적으로 작용하고 있다. 부친의 수입이 장군진급에 작용하는 것은, 고위계급으로 진급시 주변 여론이 중요시된다는 점을 감안할 때, 성장과정에서 경제적으로 여유 있는 생활로부터 형성된 원만한 대인관계나 예절 등이 주변 여론에 반영되어 장군진급에 긍정적으로 작용하지 않은가 예상된다. 한편, 하나회 변수는 대령진급에는 긍정적으로 작용하나 장군진급에서는 부정적으로 작용하여 사회적 연결망이 사회 구성원 다수가 묵인할 때 긍정적인 사회적 자본이 될 수 있으나 그 반대의 경우에는 도리어 배척의 근원이 될 수 있다는 점을 보여준다.

앞에서와 같이 성적 십분위 집단별 장군 진급률을 그림으로 표시하였다. 〈그림 7. 4〉에서 성적 십분위 집단과 진급률 간에는 별다른 관계가 없다. 성적 최상위 집단보다 도리어 중상위 집단의 진급률이 높은 편이고,

그림 7. 4 졸업성적 십분위별 장군진급률

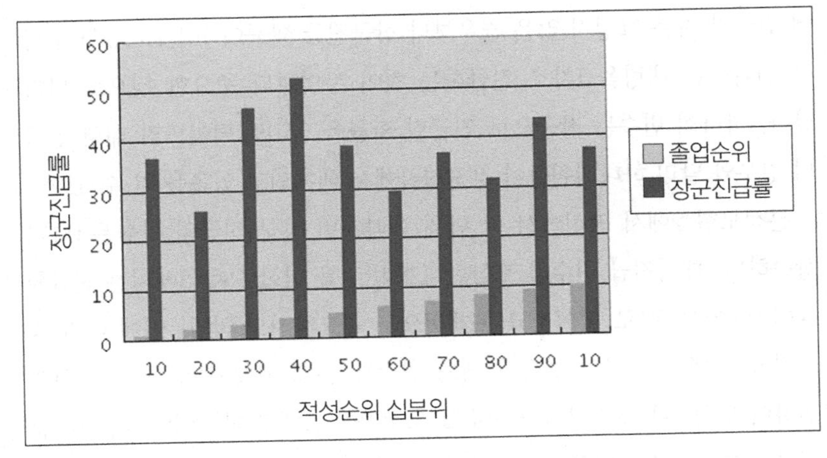

그림 7. 5 적성순위 십분위별 장군 진급률

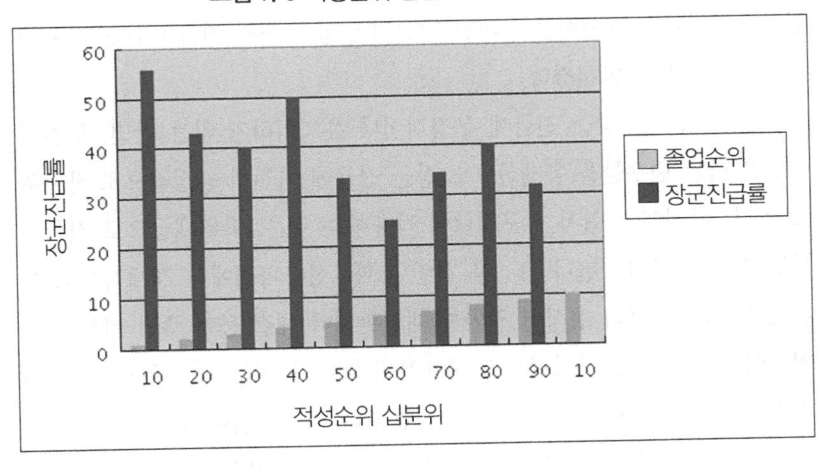

성적 중위 집단보다 하위 집단의 진급률이 도리어 높게 나타났다. 이런 결과는 일단 대령으로 진급한 뒤에는 육사성적이 장군진급에 아무런 영향을 미치지 않는다는 점을 시사하는데, 이는 육사성적 하위 25% 이하와 그 이상에서 진급률에 큰 차이가 난다는 기존의 군대 진급관련 연구와는 크게 차이가 있다.

한편, 적성 십 분위 집단별 장군 진급률의 추이를 〈그림 7. 5〉에 제시하였다. 그림에 나타난 바와 같이 적성 십 분위와 장군 진급률 간에는 선형 관계가 있는 것으로 확인되었다. 즉, 적성이 높은 집단일수록 장군 진급률도 높고, 반대로 낮은 집단일수록 장군 진출률도 떨어지는 것으로 나타났다. 그림에 나타난 바와 같이 적성 십 분위 집단과 장군 진출률의 관계를 넓게 보면 선형관계이고 좀더 세분하면 쌍봉 낙타형이다. 적성 최상위 집단의 장군 진급률이 가장 높고, 다음으로 상위 40% 집단이 두 번째로 높고, 그 다음으로 하위 20% 집단이 세 번째이고, 최하위 10%에서는 장군 진급한 자가 전무하다는 점이 특이하다. 성적과는 달리, 적성 최하위 집단에서 장군으로 진급한 자가 전혀 없다는 사실은 장군진급에 적성이 그만큼 중요하게 작용한다는 점을 시사한다. 대체로 적성 상위 40% 이상 집단에서 진급률이 높고, 그 다음으로 하위 70%–90% 집단이 두 번 째로 높고 중간집단(50–60%대)이 낮은데, 왜 적성 중간집단이 그 이하 집단보다 장군 진급률에서 낮은지는 앞으로 규명하여야 할 과제이다.

요약 및 결론

이 장은 장교단의 개인적 특성과 군 전문직업교육 그리고 근무 경력이 고위계급으로 진급에 어떤 영향을 미치는지를 밝히는데 그 목적이 있었다. 이를 위해 조직 내에서 지위이동에 관련된 기존 연구와 군대 사회학적 연구에 대한 비판적 검토를 통해 성적과 고위계급으로 진급에 작용하는 변수가 무엇인가를 밝히는 새로운 분석모형을 제시하였다.

이를 바탕으로 성적에 대한 회귀분석 결과, 입학성적에는 지능과 고교성적이, 육사성적에는 지능, 체력, 고교성적, 및 입학성적이 각각 주요 변수로 작용하였다. 육사 성적에 체력이 중요한 이유는 교육 강도가 그만큼 강하기 때문이며, 가정배경 대신 체력을 포함한 지능과 고교성적 등 개인 특성변수들이 주요 변수로 작용함으로써 지휘이동에 관한 고전적 이론이 육사 성적을 설명하는데 부분적으로 타당하다는 점을 시사한다. 이것은 육사 교육이 가정의 영향으로부터 벗어나 독립적으로 이루어진다는 점을 고려할 때 예견된 결과이고, 이 때문에 군대가 야심 차고 잠재력 있는 젊은이의 신분상승의 주요 통로가 될 수 있다고 본다.

다음으로 진급에 대한 사건사 분석결과, 대령 진급에는 부친의 학력, 적성, 그리고 훈장이, 장군 진급에는 부친의 수입, 적성, 훈장, 그리고 대령 1차 진급이 주요 변수로 각각 작용하였다. 대령과 장군 진급의 공통 요소로 훈장과 적성이 작용하고 대령 진급에는 부친의 학력이 부정적으로, 그리고 장군 진급에는 부친의 수입과 대령 1차 진급이 긍정적으로 작용하였다. 이 결과는 계급과 무관하게 공통적으로 요구되는 자질이 있는 반면, 각 계급에 따라 기대되는 자질이나 작용하는 변수가 각각 다르다는 점을 예시한다. 또한 진급에는 성적보다 훈장 또는 차하급 계급에서 빠른 진급 등 임관 이후 근무와 관련된 경력변수와 가정배경이 작용함으로써 지휘이동에 관한 연구와 및 군대 경력이동에 관한 기존 연구들을 부분적으로 지지하고 있다.

한편, 표본의 규모가 크지 않은 관계로 유의도 검증에서는 약간 벗어나 있지만 이론적으로 매우 중요한 의미를 담고 있는 결과로 진급에 대한 교육과 사회적 연결망의 영향이다. 고전 이론을 포함한 인적 자본론은 승진에 교육의 중요성을, 미국군 진급에 관한 연구는 군대 진급에 민간교육보다는 군대내 고급 보수교육과정을 각각 강조하고 있다. 본 연구 결과, 민간교육과 군대 보수교육 모두 진급에 작용하는 것으로 나타났으나 민간교육보다 군대의 고급 보수교육이 진급에 중요한 것으로 밝혀져 각 조직의 성격과 지향하는 목표와 업무의 특성에 따라 세분화된 지위이동 모형이 요구된다는 점을 예시한다.

예상한 바와 같이 군대내 비공식적 연결망인 하나회 변수는 대령진급에는 긍정적으로 작용하나 장군진급에는 부정적으로 작용함으로써 사회적 연결망이 정치 사회적으로 용인되는 상황에서는 사회적 자본으로서 긍정적으로 작용하나, 그 반대 경우에는 도리어 차별의 근원이 되어 지위이동에 부정적으로 작용한다는 점을 시사해준다. 이 점은 연결망이 어느 경우에 긍정적으로 작용하고 어느 경우에 부정적으로 작용하는지 세분화할 필요성을 제기한다.

본 연구는 사회경제적 배경을 포함한 전문직업적 교육과 경력이 고위계급의 진급에 어떻게 작용하는가를 규명함으로써 한국 장교단의 지위이동 과정을 체계적으로 밝혔으며 현실적으로 군대의 인재양성과 관리 및 충원에 활용할 수 있는 기초지식을 제공했다는 데서 그 의의를 찾을 수 있다.

제8장

군대에 관한 사회적 쟁점과 변혁

모든 인간은 타인으로부터 자신의 존엄성을 인정받고자 하는 욕구를 가지고 있다. 후쿠야마(Fukuyama, 1992: 135)는 이를 충족시키기 위한 투쟁이 자유민주주의를 향한 원동력이 되었다고 말한다. 그 결과 자유민주주의 체제 하에서는 개인의 자유와 인권에 대한 존중이 무엇보다 중요한 가치를 갖게 되었다. 이러한 개인적 가치는 때로는 조직의 효율성과 충돌을 일으키기도 하는데 그 대표적인 사례가 여성의 군대 참여, 양심적 병역거부, 동성애자의 군 복무문제 등을 둘러싼 군대 조직과 사회의 갈등이다. 사회 전체의 안전 보장이라는 특수한 목적 달성을 위해서 군대는 고도의 효율성을 유지해야 하고, 이를 위해서는 개인의 인권과 자유를 불가피하게 어느 정도 제한될 수밖에 없다. 그러나 군대 조직의 효율성과 개인의 존엄성 중 어느 것이 우선시 되는지는 각 사회의 역사적 경험과 정치적, 문화적 상황에 따라 서로 다른 양상을 보이고 있다.

1. 여성의 군대 참여

현황과 주요 쟁점

세계 각국의 여군(女軍)은 대개 전쟁 중에 창설되었다. 미국의 경우, 스페인과의 전쟁 중에 탄생했고 이스라엘도 유대 임시정부 때 조직되어 아랍과의 독립전쟁에서 그 명성을 얻었다. 우리나라 여군도 1950년 한국전쟁이 발발하자 여자의용대가 창설되어 첩보수집 및 선무 심리전 활동에 투입되었다.[1] 전쟁이라는 국가적 위기상황이 도래하면 이러한 위기를 극복하기 위하여 국가의 모든 인적, 물적 역량을 총동원하게 되는데 여기에 여성들도 예외일 수 없었다. 그리하여 전쟁 중 많은 여성들이 군대에 들어와 직접 전투에 참여하거나 군수물자의 생산, 간호, 첩보수집, 심리전 활동 등의 다양한 군사업무에 종사하였으며, 오늘날 여권의 신장과 더불어 여러 나라에서 여군을 적극적으로 활용하면서 그 규모와 역할이 증대되어 왔다.

한국에서 1951년 전쟁이 소강상태로 접어들면서 해체된 여자의용대가 1953년 여군간부후보생 과정으로 다시 창설되어 1기 13명의 간부를 배출하였다. 그 뒤 발전을 거듭한 여군은 1993년부터는 사단 신병교육대 소대장, 보병 중대장, 법무장교, 연대장 직책으로 진출하는 등 군대에서 여성의 역할이 획기적으로 확대되어 왔다. 특히 2002년에는 육사 출신 여군 장교들이 전방 보병부대에 소대장으로 배치되고, 2003년에는 최초의 여성

---

1) 한국 여군의 모태는 1949년 1개월의 교육훈련을 받고 탄생한 '여자배속장교' 1기 32명이다. 한국전쟁이 발발하자 이들은 활발한 모병활동을 통해 여자의용대 교육대를 창설하였으며, 1기 491명의 교육생이 1개월간의 교육을 마치고 정훈대대와 첩보대(HID)에 배치되었다. 최재영. "여군 50년 전쟁발발 직후 창설." 경향신문 〈00/07/27〉.

전투 조종사가 실전에 배치되었으며, 같은 해 5월 해군에서 여군의 전투함 승선을 허용하여 육, 해, 공군의 최일선에서 여군이 전투임무를 담당하게 되었다. 최근 국방부는 여성인력의 활용을 확대하기 위하여 2014년부터 육 · 해 · 공군의 모든 병과를 여군에게 개방하였다(국방일보, 2014-2-20). 이는 직접 전투를 지휘하는 직위에 여군의 배치를 금지하거나 일선 전투부대 보직을 허용하지 않는 일부 국가에 비해서 한국 여군의 역할이 크게 신장되었었다는 사실을 보여준다. 〈표 8. 1〉에서 볼 수 있듯이 여군 장교는 여러 나라에서 특정 전투병과에 대한 제한이 있었으나 최근들어 이러한 제한이 폐지되고 있는 추세이다.

표 8. 1 각 국가별 여성 모집대상 및 활용 범위

구 분	모집대상 및 활용 범위
북 한	하전사, 군관, 보병, 포병 등 총 47개 병종 중 13개 병종에 활용 (기갑, 함정 근무 제외)
중 국	학교 및 연구기관, 대외업무 등 비전투분야 활용
일 본	1998년부터 장교, 부사관, 병, 전 병과 개방
이스라엘	장교, 부사관, 병(의무병제)을 행정 및 기술직 위주 활용 2000년 남녀혼성 대대편성 포병 정보 방공 등 전투병과 개방
영 국	장교, 부사관, 병을 보병, 기갑, 해병 잠수함 제외한 전 병과에 활용
프랑스	병, 부사관, 장교로의 진급제도 시행, 잠수함, 해병대 제외 전병과 개방
스위스	장교, 부사관, 병(민병제)을 기능 및 행정직 위주 편성
독 일	장교, 부사관, 병을 의무병과로 제한, 1991년 군악대, 2001년 전 병과 개방
러시아	장교, 준사관, 병을 의무, 통신, 재정 등 후방 근무요원으로 활용
미 국	장교, 부사관, 병에게 직접 전투 직위(보병, 기갑) 제외한 전 직위 개방 2013년 보병 기갑에 여군 배치금지 규정 폐지
캐나다	1989년 인권 재판소 지시에 따라 장교, 부사관, 병 전 병과 / 직위에 활용 (잠수함 근무 제외)
브라질	학문 분야 위주 활용

출처: 국방부 여군발전단. "정책과 발전." 국방여군. 2003년 6월호. pp. 10-11와 최근 미국, 영국, 이스라엘의 변화를 포함하여 재구성.

표 8. 2 육군 병과별 여군 장교 활용 현황 및 향후 목표

병과		인원(2003)			비율	목표 인원(2020)			목표 비율
전투병과	보병	130	(17.8)	305 (41.7)	0.9	303	(9.7)	1020 (32.6)	2.1
	정보	75	(10.2)		3.7	292	(9.3)		14.4
	통신	52	(7.1)		1.7	239	(7.6)		7.8
	공병	41	(5.6)		1.5	161	(5.2)		5.9
	항공	7	(1.0)		0.6	25	(0.8)		2.1
기술병과	전산	43	(5.9)	171 (23.4)	3.8	367	(11.7)	859 (27.4)	32.4
	병참	36	(4.9)		4.7	156	(5.0)		20.4
	수송	36	(4.9)		4.7	125	(4.0)		16.3
	화학	30	(4.1)		4.4	95	(3.1)		14.0
	병기	26	(3.6)		1.8	116	(3.7)		8.0
행정병과	부관	41	(5.6)	179 (24.5)	11.6	118	(3.8)	640 (20.5)	33.3
	경리	49	(6.7)		6.6	223	(7.1)		30.1
	헌병	26	(3.6)		4.4	119	(3.8)		20.1
	정훈	63	(8.6)		8.0	180	(5.8)		22.9
특수병과	군의	2	(0.3)	171 (23.4)	0.1	36	(1.2)	611 (15.5)	1.8
	수의	10	(1.4)		1.0	345	(11.0)		34.5
	의정	57	(7.8)		8.5	201	(6.4)		30.0
	법무	8	(1.1)		2.8	29	(0.9)		10.0
합계		732	(100)			3129	(100)		

출처: 국방부 여군발전단. "정책과 발전." 국방여군. 2003년 6월호. p. 31. 토대로 재구성.
* 2020년 목표 인원 = 2003년 인원 × 2020년 목표 비율 / 2003년 비율

2014년 현재 한국군에서 여군 비율을 보면 약 4.7%로 이스라엘(33%), 미국(15%), 프랑스(13%), 영국(9%) 등과 비교할 때 낮은 수준이다(MBCnews, 2014-2-28). 국방부는 여성인력 활용 차원에서 여군의 규모를 늘려 2020년까지 군 간부의 5%를 여군으로 대폭 확대할 방침인데, 2020년의 목표대로 여군 인력이 확충되었을 때, 육군 전투병과에서 여성 비율은 약 33%로 감소하고, 기술병과에서 비율은 약 27%로 증가하게 된다.

여군이 가장 많이 근무하는 병과도 보병에서 기술병과인 전산으로 바뀌게 된다.

여군 인력이 증가하게 되면 지금까지 보직되지 않았던 분야에서 여군들이 근무하게 된다. 일반적으로 여군들의 직무 만족도는 전투근무지원부대보다 전투지원부대에서, 전투지원부대보다 전투부대에서 더 높게 나타나는 것으로 알려졌다(여군발전단, 2003: 31). 이는 여군들이 전투 병과와 전투 부대의 보직을 선호한다는 것을 의미하는데, 실제로 2005년 7월 국회에서 열린 여성들의 안보참여 방안 세미나에서는 여군 간부의 비율을 8~10% 규모로 확대하고, 보병 병과의 여군 진출을 제한하지 않아야 한다는 주장이 제기되었다(조창현, 2005).

그러나 다른 한 편에서는 여성의 신체적 특성이나 부대의 근무환경 등을 감안할 때 여성의 전투병과 진출을 금지해야 한다는 주장이 높아지고 있다.[2] 특히 전시상황에서 여군이 적의 포로로 감금되는 상황을 고려할 때 군대의 사기에 부정적인 영향을 준다는 주장이 제기되었다. 실제로 2004년 이라크에서 알 자르카위의 테러 조직은 미국 여군의 납치를 시도하였는데, 그 이유는 여군 병사가 테러집단에 납치될 경우 미국 국민에게 보다 큰 충격을 줄 수 있기 때문이다(김대영, 2004). 이러한 사실은 여군의 전투직위로 보직을 제한하는 설득력 있는 명분으로 작용할 수 있다.

1990년대 여군 인력의 확대는 여성의 권익보장 차원에서 적극적으로 추진되었다(여군발전단, 2003: 8). 세계적으로 성역할에 대한 인식이 전환되면서 군에서 남녀에게 동등한 기회를 보장해주어야 한다는 주장이 제기되었다. 그러나 정치적 판단으로 여군 인력과 역할을 확대하는 것보다 더욱

2) 국방부 관계자는 "다양한 전투경험을 갖고 있는 미국과 유럽 국가들이 전투병과에 여군을 배치하지 않는 것은 신체적 특성을 고려한 조치다. 우리 여군의 각 군 전투병과 진출은 전투역량을 무시한 채 정치권과 여성계의 압력에 굴복한 결과"라고 지적했다. 최재영. "한국 여군 지위는 '세계 최고' 수준." 경향신문 〈03/08/24〉.

중요한 것은 양성 평등에 관한 사회적 인식의 전환을 통해 성역할에 대한 사회적 편견을 극복하는 것이 무엇보다 선행되어야 할 것이다.

각국의 여군 현황

미국에서는 1970년대부터 여성들의 군대 참여가 본격화되어 1972년에 여학생의 학군단 가입이 허용되었고, 1976년 사관학교에 여성이 입학하였다. 그러나 당시 냉전 상황에서 군사적 긴장이 지속되고 있어서 여군이 전투 부대에서 근무할 수는 없었다. 전투부대에서 근무 제한은 여군들이 고위직으로 진급하지 못하도록 하는 구조적 요인이었다. 냉전이 종식된 이후 여군에 대한 전투부대 근무 제한은 풀리기 시작하였는데, 1990년대 초반부터 해병대와 접적(接敵) 전투 병과를 제외하고는 모든 신병들이 남녀 구분 없이 동일한 훈련소에서 교육을 받게 되었고 일부 고등 군사훈련 과정도 여군에게 개방되었다. 해군에서는 1995년부터 잠수함을 제외한 함정 근무가 허용되었고 전투 조종사로 진출할 수 있게 되었다. 공군에서도 많지 않지만 전투기나 폭격기의 조종사로 근무하는 여군이 등장하기 시작하였다. 그러나 '여군은 전투부대에 배속될 수 없다'는 규정이 문서화된 1994년 이후 여군은 지상전을 주요 임무로 하는 여단(brigade)급 이하의 부대 단위에는 배속되지 않고 있다.[3)]

여성들의 군대 진출이 활발해지자 군대 내의 여성의 지위에 대한 사회적 관심도 높아졌다. 1991년 라스베가스에서 발생했던 해군 남성 조종사들의 여성 조종사에 대한 성희롱 사건은 사회적 논란의 대상이 되었다.[4)]

---

3) 미 국방부는 '적군의 총격에 노출되고, 적군과 직접적인 신체 접촉을 할 가능성이 아주 높은 상황에서 여군의 임무 수행을 제한하고 있다('미 국방장관 규약: 직접지상전투의 정의와 임무 규칙' 1994년). 김재명. "전쟁과 여성, 그 역할과 고통." 국방저널 365호. 2004년 5월호.

4) 1991년 라스베가스에서 열린 테일훅 협회(Tailhook Association)에 참석한 여성 해군 조종사들은 남성 조종사들이 술에 취한 채 호텔 복도에서 지나가는 여성들의 몸을 더듬었다고 주장

1996년 육군 신병 훈련소에서 발생한 성희롱 사건 역시 육군을 들썩이게 했다. 병영 내에서 여군이 처한 불합리한 실상이 공개되면서 군은 지금까지 여성들에게 금지되었던 많은 영역을 여성에게 개방하지 않을 수 없었다. 실제로 1991년 해군 조종사들의 성희롱 사건은 해군이 여군의 함정 근무를 허용하는 계기가 되었다. 2013년 이후 미국은 보병과 기갑 등 번투병과에 여군의 배치를 금지하던 규정을 폐지하였다. 그 결과로 여군의 비율이 전체 장병의 15% 수준으로 높아지면서 전투 임무 참여가 불가피해졌고, 이런 변화는 성별에 관계없이 군 복무할 권리를 허용해야 한다는 시민단체의 요구에 기인한 바가 크다. 여군의 전투병과 배치 금지 규정이 여군의 승진을 가로막는 장벽으로 작용해 왔다는 점을 고려할 때, 이번 조치로 인해 평등한 기회가 보장됨에 따라 군 지휘부에 여성의 진출이 증가할 것으로 예상된다.

다음으로 영국에서 여성들의 군대 참여는 1915년 왕립 여군단의 창설로 시작되었다. 이들은 1, 2차 세계대전 동안 영국을 구하는데 지대한 공헌을 했으나 전후 영국군에서 여성들의 역할은 두드러지지 않았다. 1970년대까지 여군의 규모는 전체 육군의 2.5%에 불과했으며, 이들은 전투는 물론 야전기동훈련에도 참가할 수 없었고 주로 행정지원 역할을 담당하고 근무지역도 후방 부대로 제한되었다. 민간 사회에서는 남녀고용평등법이 제정되어 여성들이 공직 취임에 있어서 남성과 동등한 기회를 부여받고 있었지만 군은 여전의 금녀(禁女)의 영역으로 남겨졌다.

여군의 지위에 획기적인 변화가 이루어진 것은 1980년대와 1990년대 초반이었다. 육군은 1990년대 초반 기갑과 보병을 제외한 모든 병과에서 여성의 근무를 허용하였다. 1991년에는 134개 기술직위 중 100개가 여성에게 개방된 결과, 여군의 비율은 8.8%까지 증가하였다(Dandeker, 2000:

했다. 성희롱을 당한 여성 26명 중 절반 가까이는 여성 해군 조종사들이었다. Turque, Bill. "Running a Gantlet of Sexual Assault." *Newsweek*. 119(June 1, 1992). p. 45.

40). 그러나 여군을 접적(接敵) 중인 연대의 2제대 부대보다 전방에 배치되는 것이 여전히 금지되었다. 영국군은 '여군의 신체적 적응 가능성 여부'보다 '강도 높은 근접 전투상황에서 여군의 존재가 팀의 결집력에 어떤 영향을 줄 것인가'를 우선적으로 고려하고 있다.[5] 그 결과, 여군의 전투부대 배치는 전투 효율성 측면에서 오히려 부대를 위험에 노출시킨다는 결론에 도달했다(박진선, 2002). 이에 따라 2002년 5월 영국의 제프 훈 국방장관은 "영국군은 여군의 배치로 인해 예상되는 전투력의 손실을 감당할 준비가 되어있지 않다."라고 주장하며 여군의 전투부대 배치에 반대 입장을 명확히 했다.

왕립 공군의 경우 육군이나 해군에 비해서 여군의 비율이 높은 편이다. 공군은 실제 전투를 담당하는 군인보다 이를 지원하는 군인의 비율이 높기 때문에 주로 기술직에 한정되는 여군의 활용이 활발히 이루어졌다. 그럼에도 불구하고 공군에서 여성들의 조종사 진출은 쉽게 허용되지 않았다. 군의 입장에서는 막대한 예산이 조종사 양성에 소요되기 때문에 장기적으로 활용 가능한 인원을 조종사로 선발하려고 했다. 여군에 대한 편견과 임신과 출산에 따른 조기 전역 문제가 조종사로 선발을 제한하고 있었지만 여군들이 평균적으로 조종사 양성 및 활용을 위해 필요한 기간인 10년 이상 근무한다는 사실이 밝혀지고 우수한 여성 인력이 지원함에 따라 조종사가 될 수 있는 길이 열렸으나 여성들의 전투 조종사로서 근무는 여전히 제한되고 있다.

왕립 해군(Royal Navy)은 1990년 9월 이후 여군의 함정 근무를 허용하였다. 다만 육군과 유사한 접적(接敵) 전투를 하는 해병대, 강습 헬리콥터

---

5) 영국 하원의 군사위원회는 '디프컷'(Deepcut) 신병 훈련소의 의문사 사건에 대한 진상 조사를 통해 영국 육군에서 집단 괴롭힘과 성폭행 등의 인권유린 행위가 벌어지고 있다고 지적하였다. 당시 조사에서 사병들은 일부 여군이 안락한 군대생활을 하기 위해 장교들과 섹스를 하고 있으며 일부 고참병들은 새로 들어온 여군에게 기합을 준다는 이유로 집단 성폭행을 하기도 했다고 주장했다. 김연희. "여군 기합 준다며 집단 성폭행." 문화일보 〈05/03/12〉.

조종, 그리고 소뢰정(掃雷艇), 잠수함, 어업 보호선 등과 같은 소규모의 함정 근무는 제한하고 있다. 이 외의 다른 직위는 여성들에게 개방되어 군에서 요구하는 조건을 갖추고 있으면 조종사는 물론 모든 전문화된 직위에 진출할 수 있게 되었다.

영국군에서 여군의 통합이 성공적으로 이루어질 수 있었던 요인은 크게 네 가지로 지적할 수 있다(Dandeker, 2000: 40-42). 첫째, 여성에게 군대를 개방하라는 사회적 압력이 크게 작용하였다. 여성들의 사회활동 증가는 남녀 고용 평등문제에 대한 일반 시민들의 인식을 전환시켜 1975년 남녀고용평등법안이 제정된 이래 여성에게 평등한 고용기회를 부여하기 위한 법적인 노력이 계속되었다. 둘째, 남성 지원병의 감소로 인해 전투준비태세 유지에 어려움을 겪고 있던 군의 입장에서 우수한 자질을 갖춘 여성의 군대 복무를 반대할 이유가 없었다. 이는 군 복무 여건을 개선하고자 하는 자체적인 노력으로 이어졌고, 그 결과 1980년대 후반 여성 인력의 충원이 확대되기 시작하였다. 셋째, 현대 과학기술의 발전에 따른 전쟁양상의 변화가 여성 인력의 활용 범위를 확장시켰다. 육체적 힘이나 공격성 등이 차지하는 비중이 상대적으로 축소된 오늘날의 전쟁에서 '신체적 조건'은 더 이상 중요 고려요소가 아니었다. 마지막으로 주요 정책 결정자인 관료, 정치인, 군 고위층 등의 의식이 변화하였다. 이들은 여성의 군 복무기회를 확대하라는 시민사회의 요구에 반발하기 보다 새로운 정책을 개발하여 그러한 의견을 수용하려고 하고 있다. 그러나 2007년 영국 여성 해군이 이란 혁명수비대에 포로로 잡히는 사건이 발생한 이후 여성의 전투 임무 수행에 대한 논란이 불거져 현재까지 영국은 "적과 접촉하거나 사살해야 하는 임무"로부터 여군을 배제하고 있으며 이에 따라 보병, 기갑, 해병 특수부대, 잠수함 근무 등이 허용되지 않는다.

1970년대 중반 프랑스에서 모든 여군 교육기관이 해체되었을 때만 해도 프랑스 군대에서 여군은 이제 사라지게 될 것이라고 생각되었다. 그러나 전반적인 군대 감축 추세에도 불구하고 1990년에 이르자 여군 인력은 군 전체의 4%에 해당하는 20,000여명으로 증가하였으며 1990년대 여성들의 사관학교 입학이 허용되었고, 아주 적은 수이기는 하지만 장군 진급자가 나왔다(Boëne and Martin, 2000). 1992년에는 해군에서 여군의 함정근무가 허용되었으며, 이 중 한 명은 함장으로 임명되기도 했다. 이는 프랑스군의 인력 관리자들이 여성 인력이 갖는 잠재력에 주목하고 있었고, 여성들 스스로 군 복무에 많은 관심을 가지고 있었기 때문이다. 남성들의 경쟁률이 2대1에서 3대1에 불과한 반면 여성들의 경우 군 복무를 하기 위해서는 10대1에서 15대1의 높은 경쟁을 뚫어야 한다.

프랑스에서도 여군의 전투부대 근무는 제한되고 있다. 여군의 약 75%가 기술직에 종사하는 부사관으로 흥미로운 것은 여군들이 이에 대해 별다른 불만을 제기하지 않는다는 사실이다. 프랑스에서 여군들은 군 복무를 하나의 안정적인 직업으로 생각하고 있다. 대부분 군인가정 출신인 이들은 군대 문화에 대한 이해와 적응이 빠를 뿐만 아니라, 민간인들이 종사하는 일상적인 업무 외에 다른 일을 해보겠다는 동기로 군대를 직업으로 선택했기 때문에 직업에 대한 만족도가 높은 편이다. 이로 인해 군대문화에 대한 강한 반감을 갖는 프랑스의 페미니스트조차 군대는 투쟁의 대상이 될 수 없었다. 프랑스는 심각한 내부갈등 없이 여군의 권익을 향상시켜 온 대표적인 사례라고 할 수 있다.

독일은 여성의 군대 참여를 부정적으로 보는 오랜 전통이 있는데, 이러한 문화적 요인이 오랫동안 강하게 영향을 미치고 있었다. 1, 2차 세계대전 기간 독일군에서 동원된 여성의 규모는 미국이나 영국에 비해서 상당히 낮은 수준이었고 여군은 군에 고용된 민간 근로자 정도로 인식되어 군대에서 주변적 역할만 담당하였다.

독일에서 여성이 군에 보다 많이 참여하게 된 전기는 동독 지역에 사회주의 체제가 수립되면서부터였다(Fleckenstein, 2000). 동독에서 여성들은

3년간의 단기 근무나 10년 이상의 장기 근무를 선택하여 복무할 수 있었는데, 독일이 통일되는 과정에서 동독군이 해체되며 여성들은 다시 군에서 배제되었다. 군대 통합을 주도하였던 서독이 여성들의 군 복무를 허용하지 않았기 때문이다. 이 과정에서 강제로 전역해야 했던 동독의 여군들에 대한 사회적 관심은 미미하였고, 이에 대해 언론이나 여성단체, 일반 시민 가운데 어느 누구도 문제를 제기하지 않았다.

사회주의 체제의 동독과 달리 서독에서 여성은 군에 복무할 수 없다는 인식이 그대로 지속되었다. 패전 후 독일군을 재건하는 과정에서 사소한 문제를 두고서 격렬한 논쟁이 끊이지 않았지만, 여성의 군대 복무 허용은 거의 만장일치로 거부되었다. 그 이후 1975년에 군의관 부족 문제가 심각해지면서 여군에 대한 부정적 인식에 변화가 일어나기 시작하였다. 당시 서독 군대에서 2,100명의 군의관이 필요했으나, 실제로 충원된 인력이 거의 절반 수준에 불과하자 군대에서 군의관 부족 문제를 근본적으로 해결하기 위한 방법으로 여성 인력을 활용하는 길 밖에 없었다. 이에 따라 국방장관은 의사, 치과의사, 수의사, 약사 자격을 갖춘 여성들이 군의관으로 복무할 수 있도록 법률을 개정하였다. 그 결과, 1989년부터 여성들의 군의관 지원이 허용되었고 뒤이어 1991년에는 군악 병과도 여성에게 개방되었다. 여성의 군대 참여는 법률에 의해서 두 병과로 제한되었음에도 불구하고, 여군 인력은 1993년 1,300명에서 1998년 4,000명으로 세 배 가까이 증가하였다.

이와 같이 독일군에서 여군 지원자의 증가는 많은 젊은 여성들이 군 복무에 관심을 갖고 있다는 것을 의미한다. 1998년에 14세에서 20세 사이의 청소년을 대상으로 실시된 여론조사에서는 남성(33%) 보다 여성(42%)들이 군대에서 여성의 역할을 확대해야 한다고 응답했다(Fleckenstein, 2000). 1997년 독일 법원은 여성의 군 복무가 의무 및 군악 병과로 제한되어 있는 문제를 제기하고 연방 헌법재판소에 이에 대한 위헌 심의를 요청했다.

헌법 재판소는 현재 규정이 평등권에 대한 침해일 뿐만 아니라 독일 시민들이 자신의 능력과 기호(嗜好), 전문적 자격 등에 따라 공직에 종사할 수 있는 공무담임권을 침해하고 있다고 판결함에 따라 2001년 독일군 모든 병과가 여성에게 개방되었다.

이스라엘에서는 남녀 모두에게 병역 의무가 주어져 이스라엘군에서 여성들이 차지하는 비율 역시 30% 수준으로 상당히 높은 편이나 여성들은 남성에 비해 제한된 영역에서 짧은 기간 군 복무를 하고 있다. 남성의 군 복무기간은 36개월이지만 여성의 경우 24개월로 1년 정도 짧으며 더욱이 여성의 의무 복무기간이 1994년 20개월로 단축되었다. 실제 징병 대상자 중 남성의 경우 80%가 입대하는데 반해, 여성의 경우는 70% 이하이다(Gal and Cohen, 2000: 235).

이스라엘 군에서 수행하는 역할에 있어서도 여군은 종속적 상태를 벗어나지 못하고 있다. 이스라엘에는 여군들의 복지문제를 전담하는 여군단이 아직도 있으며 여군의 보직 역시 주로 행정 요원, 교관, 기술 요원 등으로 제한된다. 이들은 전투부대에 배치될 수 있지만, 전투 참가는 금지되어 있다. 이는 독립전쟁에서 아랍국과 맞서 싸운 이후 형성된 이스라엘 여성들의 전사로서 이미지가 현실과 크게 다르다는 사실을 보여준다. 이스라엘 여군의 군 조직에 완전한 통합은 아직까지 낮은 수준이다. 1995년 11월 이스라엘 대법원은 여성의 항공학교 지원을 허용할 것을 군 당국에게 지시하는 등 변화의 움직임이 가시화되어 1990년 중반부터 군대에서 여성의 통합이 본격화된 이스라엘에서는 1999년 남군과 여군이 혼성 편성된 중대가 시범적으로 만들어졌고, 2000년에는 대대급으로 확대되었다. 이후 여성의 진출이 활성화되어 포병, 정보, 탐색구조, 화생방, 국경 경비, 방공 등 전투 보직이 여성에게 개방되었다. 2011년에는 오르나 바르비바이(Orna Barbivay) 준장이 소장으로 진급하여, 이스라엘 역사상 최고위급 여군 장교가 되었다.

2. 양심적 병역거부와 대체 복무

쟁점과 현황

군 복무는 공공의 이익을 위하여 봉사해야 할 보편적 의무로서 병역을 거부하는 사람은 처벌의 대상이 된다. 한편, 헌법은 개인의 양심을 보호하고 이에 따른 선택을 존중해 줄 것도 요구한다. 개인의 양심에 따라 병역을 거부하는 사람들에 대한 평가는 각 사회의 특수한 여건이나 상황에 따라 다르지만 오늘날 양심적 병역거부 문제는 다음과 같은 추세로 일반화되어 가고 있다. 첫째, 종교 외적인 요인에 의한 양심적 병역거부가 허용되고 있다. 둘째, 이에 따라 양심적 병역 거부자들이 과연 진실로 양심에 따라 병역이나 집총을 거부하는 것인지 여부를 심사하는 기관을 설치하고 있으며, 셋째, 양심적 병역 거부를 인정하는 거의 대부분 국가에서 대체복무제를 도입하고 있다.

대부분의 서구 사회에서는 양심적 병역거부를 공식적으로 인정하고 있는데, 독일의 경우 양심적 병역거부자의 인권 침해를 막기 위해 기본법 제4조 3항에서 '누구든지 양심에 반하여 집총병역을 강제받지 안 한다'라고 규정하고 있다. 이 외에도 미국, 영국, 프랑스, 스웨덴, 노르웨이, 핀란드, 네덜란드, 이스라엘, 캐나다, 호주, 뉴질랜드 등에서 헌법 또는 법률로 양심적 병역거부를 인정하고 있다. 반면, 한국에서는 1969년의 대법원 판례에 따라 양심적 병역거부를 인정하지 않고 있다.[6] 이는 무엇보다 남북이

6) 1969년 7월 22일 대법원 판례 69도 934에는 '그리스도인의 양심상의 결정으로 군 복무를 거부하는 행위는 병역법의 규정에 따른 처벌을 받아야 하며, 양심상의 결정은 헌법에서 보장하는 양심의 자유에 속하는 것이 아니다'라고 판시하고 있다. http://www.scourt.go.kr/main/Main.work.

분단되어 군사적으로 대치하고 있는 상황에서 양심적 병역거부를 인정하면 병역의무 이행의 기본질서가 와해돼 국가 존립 자체를 위태롭게 할 수 있으며, 종교적 신념에 의한 대체복무 제도는 특정 종교에 대한 특혜 시비로 병역의무의 형평성을 저해할 수 있기 때문이다(김영인, 2004).

그러나 사회적 약자인 병역 거부자들의 문제를 인권차원에서 진지하고 고민해야 한다는 사회적 요구가 높아졌고, 이에 따라 2004년 사법사상 처음으로 종교적인 이유로 병역을 거부한 여호와의 증인 신도 세 사람에 대해 무죄가 선고되면서 양심적 병역거부 문제는 새로운 국면을 맞이하게 되었다. 정치권에서는 2004년 11월 양심적 병역거부자로 인정받은 사람에게 군사훈련을 면제하는 대신 현역병 근무기간의 1.5배 동안 대체복무를 시킨다는 내용의 병역법 개정안을 각각 발의하는 등 활발한 논의가 이루어지고 있다.

최근 국가인권위원회는 징집제를 채택하고 있는 현행 병역법이 양심적 병역 거부자들의 인권을 침해할 소지가 있다고 보고 대체 복무제 도입 등의 대안을 제시하는 방안을 검토 중이다. 대체 복무제 도입을 둘러싼 논쟁의 핵심은 이를 병역기피 목적으로 악용할 가능성이 존재한다는 것이다. 타이완은 우리와 정치적, 안보적 상황이 유사하지만 대체 복무제의 도입을 통해 사회복지 환경과 서비스의 질적 향상을 가져왔다는 평가를 받고 있다(정홍민, 2005). 따라서 각 국의 대체복무제도에 대한 검토를 통해 사회적 약자의 인권을 존중하면서 공공의 이익을 위한 봉사의 의무를 조화시킬 수 있는 방안을 모색할 필요가 있다.

각국의 양심적 병역거부와 대책

2차 세계대전까지 미국은 메노파(Mennonites), 형제파(Brethren), 퀘이커교(Quakers), 제7안식일 교회(Seventh Day Adventists), 여호와의 증

인(Jehovah's Witnesses) 등 세계 평화주의를 주장하는 일부 종파의 신도를 제외하고는 병역거부를 인정하지 않았다. 1945년 이후에는 청교도(Protestant)의 주류 교파, 로마 카톨릭, 그 외의 다른 종교의 신자들도 양심적 병역거부를 요구할 수 있게 되었다. 양심적 병역 거부자에 대해서는 매우 철저하고 엄정한 심사가 이루어졌으며, 병역거부 사유를 명확하게 소명하지 못할 경우 감옥에 수감되거나 군에 입대해서 비전투 임무를 수행해야 했다.

1989년 냉전이 종식된 이후 종교 외의 다른 이유로 인한 양심적 병역거부도 허용하기 시작하였다. 종교적인 동기 외에도 인도주의적인 동기 등이 양심적 병역거부의 사유로 인정될 수 있었던 것은 직접적인 군사적 위협이 사라진 상태에서 군 복무와 공공봉사 활동을 동일한 개념으로 인식하였기 때문이다(Moskos, 2000: 25). 미국은 1973년 지원병제로 전환하였지만, 양심적 병역거부 문제는 병영에서 사라지지 않았다. 지원병제 하에서 양심적 병역거부는 특정 임무를 거부하는 방식으로 나타났는데, 실제로 걸프전에서 약 500명의 병사가 양심을 이유로 임무수행을 거부하였다.[7]

프랑스에서 양심적 병역거부는 원천적으로 금지되었으나 1963년 엄격하게 제한된 대체 복무제도가 도입되었고, 1983년부터 보다 더 자유로워진 형태의 대체 복무제도가 시행되고 있는데 이에 따라 정부와 무관한 비영리단체 등 다양한 영역에서의 봉사활동으로 병역 의무를 대신하고 있다. 그러나 양심적 병역 거부자들은 일반 징집병의 2배에 해당하는 20개월 동안 근무해야 한다.

---

7) 걸프전이 한창 벌어지던 1990년 8월 30일, 당시 22세의 미 해병대 상병이던 제프 패터슨은 하와이에서 사우디아라비아로 향하는 수송기 탑승을 거부했다. 그는 미국이 주도한 이라크 공격에서 전시 명령을 거부한 최초의 군인이었다. 김삼석, "아프간 전쟁과 한국의 징병제." UNEWS 〈01/11/28〉.

대체 복무제도가 시행되고 있음에도 불구하고 프랑스는 독일이나 스페인과 비교해보았을 때 양심적 병역 거부자의 수가 그리 많지는 않다. 1992년 징집대상자 가운데 양심적 병역 거부자는 전체의 1%에 못 미치는 4,933명으로 적은 편인데 극좌파를 제외한 대부분 국민들이 양심적 병역거부를 부정적으로 평가하기 때문이다. 그러나 최근에는 그 수가 급격하게 늘어나고 있는 양상을 보여 1993년에 양심적 병역 거부자의 수는 42.3% 증가하여 7,265명으로 증가하였으며, 2000년에는 징집대상자 전체의 2%에 해당하는 8,000명에 육박하였다. 이는 냉전 종식과 함께 양심적 병역 거부자를 심사하는 기준이 약해졌기 때문인데(Boën and Martin, 2000: 68), 이로 인해 과거 양심적 병역 거부 대상자가 될 수 없었던 많은 인원들이 종교적 이유를 들어 병역을 거부하고 대체복무를 선택하는 비율이 증가하고 있다.

2차 세계대전에서 패배한 후 독일군을 재건하는 과정에서 징병제를 채택할 것인지, 모병제를 채택할 것인지를 놓고 논란이 있었다. 독일 의회는 결국 투표를 통해 징병제를 채택하여 1956년 7월 관련 법률이 제정되었다. 이에 따라 약 800만 명의 독일 젊은이들이 징집병으로 군에 복무해왔고, 1960년대 후반까지 양심적 병역거부는 독일인의 사회적 통념에 어긋나는 행위였다. 양심적 병역거부를 희망하는 인원도 거의 없었고 대체복무의 필요성도 제기되지 않았다. 그러나 1961년 대체 복무제도가 도입되자 군 복무에 대한 독일인들의 인식에도 변화가 일어났다. 남자라면 당연히 군대에 가야 한다는 독일인들의 일반 정서에도 불구하고, 1968년까지 짧은 기간 동안 양심적 병역 거부자가 두 배로 증가하였다.

양심적 병역 거부자가 대폭 증가하자 1983년 이후 독일에서는 군 복무를 강제하는 대신 개인에게 군 복무 희망여부를 먼저 물어보고 군 복무를 원하는 자만 입대하고 그렇지 않은 인원은 대체 복무를 할 수 있도록 허용하였다(Fleckenstein, 2000: 96). 병역 거부자는 13개월 동안 병원에서 장애인을 돌보거나 응급 구호요원으로 활동함으로써 병역 대신 사회에 실질적인 기여를 하게 된다. 최근 독일에서는 징집 대상자의 30%에서 35% 군 복무 대신 대체복무를 선택하고 있다. 1997년 9월에는 15만 명 이상이 대체복무에 투입되었고, 1999년에는 그 규모가 171,657명으로 증가하였다. 1956년 이후 현재까지 누계된 양심적 병역 거부자는 총 2백 만 명에 달한다(Fleckenstein, 2000: 97).

이스라엘에서 조직적인 양심적 병역거부 운동은 1982년 레바논 침공 당시 이를 명분 없는 침략전쟁이라고 반대하던 군인들에 의해 '예쉬 그불(한계가 있다)'이라는 조직이 만들어지면서 시작되었다. 이 운동은 이스라엘의 긴박한 안보 상황으로 인한 국민들의 투철한 안보의식 때문에 별 호응을 얻지 못했다. 유대교 전통에는 기독교의 가르침이 내포하고 있는 평화주의적인 요소를 발견할 수 없다는 것 또한 하나의 요인이었다(Gal and Cohen, 2000: 237). 그러나 양심적 병역거부가 사회문제로 대두하자 1995년 이를 심사하는 양심위원회가 설립되었다. 양심위원회에서 징집면제를 받은 경우에는 주로 사회 재교육기관, 자원봉사단체, 의료봉사단체, 환경보호단체 등에서 대체복무를 하게 된다. 징집면제 판정을 받지 못하면 군사재판에 회부되고 일반적으로 1년형을 선고받는다. 1995년부터 2002년까지 이 위원회에 심사를 신청한 150명의 남학생 중 면제 판정을 받은 학생은 6명으로 신청자의 4%에 불과했다.

이스라엘의 양심적 병역거부 문제는 두 가지 특징을 갖고 있다. 하나는 종교적인 이유에서 군 복무의 면제 또는 징병 유예를 허용하고 있다는 점이고, 다른 하나는 정치적 이유에서 이루어진 '선택적' 병역거부이다.

1948년 유대교 원리주의자인 하레디(Haredi)파의 지도자는 벤 구리온(Ben Gurion)에게 랍비 학원의 남학생들에 대한 징집을 연기해달라고 요청했다. 아울러 군 생활이 종교적 생활양식의 유지에 방해가 된다는 이유를 들어 여성 신도들의 병역을 면제해줄 것도 요청했다. 종교 세력의 지지는 의회를 장악하는데 도움이 될 수 있었고, 나치의 대학살로 손상된 유대인의 전통적 생활양식을 복원하는 것이 이스라엘의 국가적 의무였기 때문에 벤 구리온은 이러한 요청을 모두 승인하였다. 이를 계기로 종교 세력이 병역 문제에 영향을 미치게 되었다. 매년 20,000여 명의 남성 원리주의자들이 유대교 율법을 공부한다는 명분으로 징병을 유예 받았는데, 이들 중 대부분은 결국 병역 의무를 수행하지 않는다. 더욱이 병역 면제를 위해서 랍비 회의의 승인을 받아야 했던 여성 원리주의자들의 경우도 형식적인 선서만으로 병역을 면제받을 수 있게 되었다. 여성 징집 대상자의 20% 이상이 이 제도를 활용해서 병역을 면제받고 있는 것으로 알려져 있다(Gal and Cohen, 2000: 237).

선택적 병역 거부는 양심을 이유로 특정 임무를 거부함으로써 정부 정책에 대한 정치적 반대 의사를 표명하는 양심적 병역거부의 한 형태이다. '사에레트 마트칼' 소속 장교 13명이 팔레스타인 자치지역 내에서 비인도적인 군사작전에 반대해 점령지에서의 복무를 거부한 사건이 대표적 사례다. 이스라엘 최고 엘리트 부대로 알려져 있는 이 부대 소속 장교들의 양심적 병역거부는 이스라엘 사회에 큰 파장을 일으켰다. 2003년 장교 11명을 포함하여 76명이 선택적 병역거부로 복역했으며, 18명의 장교와 79명의 사병이 또 다른 양심적 병역거부 단체인 '오메츠 레사레브(거부하는 용기)'에 이름을 올렸다.[8] 이스라엘에서는 최근 인티파다[9]를 계기로 팔레스

8) '이스라엘 민주주의 연구소'가 지난 3월 발표한 연례보고에 따르면 18살 이하 청소년의 무려 43%가 점령지에서의 복무나 정착촌 철거 같은 특정 임무를 거부하는 것으로 나타났다. 실제로 2001년 고등학교 3학년에 해당하는 남녀 학생 5명이 양심상의 이유와 점령지에서의 군사작전에 반대해 징집을 거부한다는 내용의 공개서한을 작성하여 사회적 논란이 되었다. 남성준, "양심적 병역거부 심사부터 받는다." 주간동아 494호 〈05/07/19〉. pp. 50-51.

9) 인티파다는 봉기·반란·각성 등을 뜻하는 아랍어이다. 1987년 이스라엘군 지프차에 치여 팔레스타인인 4명이 사망한 사건을 계기로 시작되었으며, 이로 인해 세계적으로 팔레스타인 문제가 쟁점으로 떠올랐다. 2000년 9월에 팔레스타인인들이 일으킨 작은 봉기를 이스라엘 군대가 진압하면서부터 다시 시작되어 팔레스타인의 대이스라엘 테러, 이스라엘의 보복이 계속되고 있다. http://100.naver.com/100.php?id=775621.

타인 주민에 대한 비인도적인 군사작전에 반대해 복무를 거부하는 양심적 병역거부자의 수가 늘고 있으며 이에 대한 사회적 공감대도 형성되고 있다(남성준, 2005: 51).

한국과 같은 분단국가인 타이완은 280만이 넘는 병력의 중국과 대치하고 있다. 전체 인구 2천만 명인 타이완은 이중 40만 명을 군대에 동원하는 등 안보를 유지하기 위해 사회가 감당해야 할 부담이 다른 국가들에 비해 높은 편이다. 불확실한 안보상황으로 인해 사회의 3배에서 5배에 이르는 병사들의 자살률이나, 병영 내 의문사 등 군 내부의 문제에 대한 사회적 관심도 극히 적었다. 이에 따라 1996년 2월 처음으로 대체복무 제도에 대한 논의가 시작되었을 때, 일반 시민들은 물론 대체복무 제도의 수혜자가 될 수 있는 대학생들조차도 이 문제에 관심을 보이지 않았다(한홍구, 2001).

타이완에서 대체복무 제도에 대한 사회적 공감대가 형성된 계기를 크게 세 가지 측면에서 살펴볼 수 있다. 첫째, 1997년 국방부는 군 병력 감축과 장비의 현대화 추진 계획을 발표하였다. 이에 따라 병력원의 부족을 명분으로 대체복무 제도 도입을 거부하던 국방부가 더 이상 이를 거부할 수 없게 되었다. 둘째, 타이완의 사회복지단체들이 유럽에서 적용하고 있는 대체복무 제도를 도입할 것으로 요구하였다. 이들은 1998년부터 대체복무 제도가 사회복지, 환경, 그리고 원주민 복지 등에 기여할 수 있는 바를 홍보하여 이 제도의 도입에 대한 사회적 지지를 얻었다. 셋째, 여호와의 증인 등 종교적 양심범의 인권에 대한 폭넓은 공감대가 형성되었다. 종교적 이유로 병역을 거부하여 복역 중인 사람은 40여 명에 불과할 정도로 많지 않았다. 그러나 1999년 10월 이 문제에 관한 공청회에서 국방부는 인권 존중과 병역의 형평성의 원칙에 따라 제도를 개혁할 것을 약속하였다. 그 결과 2000년 1월 15일 입법원은 병역법 수정안과 대체복무 실시조례를 통과시켰고 이 제도는 2000년 7월부터 시행되었다.

타이완의 대체복무는 처음에는 '사회역'(社會役)이라는 명칭으로 사회

복지, 환경보호, 의료, 교육, 외교 해외파견 등 공익과 관련된 영역에서 봉사하는 것으로 계획되었으나, 정부가 이 제도를 받아들이는 과정에서 보안경찰, 교통, 순찰, 교정, 소방 등이 포함되어 전체 인원의 60퍼센트 이상을 차지하게 되었고 명칭도 체대역(替代役)으로 변화되었다(곽용수, 2000). 모든 징병 대상자는 신체검사 후 현역, 체대역, 면제로 구분된다. 현역 판정을 받은 사람도 대체복무를 원하면 체대역을 신청할 수 있다. 복무기한은 현역은 22개월이고 신체검사에서 체대역 판정을 받은 사람의 복무기한도 현역과 같다. 그러나 자원에 의해 체대역을 신청한 사람은 4개월이 긴 26개월을 복무한다. 종교적 이유로 체대역을 신청한 사람은 4주간의 군사훈련이 면제되는 대신 복무기간이 현역의 1.5배인 33개월로 늘어난다.

3. 병영 내 동성애 문제

쟁점과 현황

동성애자들의 권리를 찾기 위한 운동은 20세기 후반 본격적으로 시작되었다. 1973년 유전자 연구를 통해서 동성애 성향이 피부색이나 외모, 성별처럼 생물학적으로 발현되는 다양한 특성 중 하나라는 사실이 밝혀지자, 성적 취향이 다른 사람과 다르다고 해서 차별을 받거나 인권을 박탈당하는 것은 불공정하다는 인식이 확산하였다. 그 결과 동성애자 차별금지법이 제정되는 등 세계적으로 동성애에 관한 사회적 인식이 변화하고 있으나 사회의 모든 영역에서 동성애자들의 존재를 수용하는 것은 아니며 그 대표적인 예외 집단이 바로 군대이다. 거의 대부분의 국가에서는 동성애자의 군 복무를 제한하거나 금지하고 있다. 병영 내의 동성애 행위는 처벌의 대상이 되기도 한다. 이러한 규정을 악용하여 2004년 이탈리아에서는 의사로부터 '게이'라는 허위 진단서를 발급 받아 군 복무를 회피한 사건이 발생하기도 했다(정원수, 2000).

한국 군대에서 동성애에 대한 관심이 높아진 것은 병영 내 각종 성추행 사건들이 잇따라 발생하면서부터이다. 2004년 국가인권위원회는 병사들의 15.7%가 병영 내에서 성폭력을 경험한 바가 있다는 조사결과를 발표하였다. 이 조사에서는 성폭력 피해자와 가해자 모두 동성애 성향을 보이지 않기 때문에 군대 내 성폭력의 원인은 동성애자들의 일탈 행위가 아니라 위계질서와 권력의 문제라고 결론지었다.[10] 그러나 이들이 자신을 스스로 동성애자로 밝히지 못하는 것은 군 내부적으로 동성애는 아직까지 관용의 대상이 아니기 때문이다.[11] 일반적으로 동성애자 비율은 전체 인구의 4~10%에 달한다(홍세화, 2000). 한국의 경우 동성애 성향이 군 복무 면제의 사유가 아니므로 병영 내 인원의 4~10%는 동성애 성향을 갖고 있다고 볼 수 있다. 이들은 군 조직 내의 업무상 위계 또는 상명하복 관계를 이용해 추행을 저지를 수 있는 환경에 놓여 있는 것이다.

이에 따라 한국의 경우 군 형법 92조에 동성애를 포함하여 계간 및 기타 추행을 한 자에 대해서 1년 이하의 징역에 처하도록 규정하고 있다. 이러한 처벌 규정은 다른 나라와 비교했을 때 상당히 약한 편이다.[12] 이에

---

10) 가해자 계급을 답한 응답사례 128건 중 71.7%는 가해자가 선임병이라고 답했으며 7.0%는 부사관, 3.1%는 장교로 모두 81.2%의 성폭력이 상급자에 의해 강제적으로 저질러지고 있었다. 권혁철. "더는 참기 힘든 고참님의 포옹." 한겨레 21 505호 〈04/04/14〉

11) 인권연대는 1999년 군복무 중 동성애자임을 밝히고 군병원에 입원해 의사들로부터 '호모'라는 비아냥거림을 당하고 강제로 에이즈검사를 받은 정모씨(24)의 인권이 침해당했다며 국가인권위에 진정을 접수시킨 바 있다. 김선미. "동성애자 인권운동 팔 걷었다." 동아닷컴 〈02/03/20〉.

12) 미 육군은 성폭력 가해 장병에 대해서 구속은 물론 불명예 제대, 영구자격 박탈 등 엄단을 원칙으로 한다. 주한미군 군사법정은 미 2사단 영내에서 카투사 1명을 흉기로 위협해 성폭행한 미군 병장에게 징역 30년을 선고했다. 성폭행뿐 아니라 음란, 변태행위, 허위진술, 사

따라 2003년 대한변호사협회는 병영 내 위계에 의한 추행에 대하여 5년 이하의 징역형으로 처벌을 강화하는 개정 법률안을 국회에 제출하기도 하였다.

외국의 사례와 달리 한국에 동성애자의 군 복무나 보직을 제한하는 규정은 없다. 이는 동성애자들의 사회적 실체를 인정하지 않는다는 의미에서 동성애자들에 대한 더 큰 억압이 될 수 있기 때문이다(신을진, 2000). 그러나 동성애가 무조건 금기시되던 과거와 달리 최근에는 동성애에 대한 일반인들의 시각이 변하고 있다. 동성애자에 대한 사회적 혐오감이 변함없이 존재하고 있지만, 자신을 스스로 동성애자라고 밝히고 자신의 권리를 찾아가려는 움직임 역시 늘어나고 있다. 사회가 성숙하여 이들에 대한 편견이 약화될수록 군대라는 특수한 공간에서 이들이 차지해야 할 위상을 재정립하기 위한 논의가 필요하게 될 것이다.

주요국의 동성애 문제와 대책

미국 군대에는 현역에 3만 6000여명, 예비군에 2만 9000여명 등 총 6만 5000여명의 남녀 동성애자가 복무 중인 것으로 추정된다(윤영현, 2004). 이는 미군의 약 3%에 해당하는 규모이다. 군대 내에서 동성애자의 지위는 여전히 논쟁의 대상이 되고 있으나, 이를 관대히 받아들이려는 것이 일반적인 추세이다. 1945년 이전의 미국 군대에서는 동성애자로 밝혀진 군인은 전시에는 수감되었고, 평시에는 불명예제대의 대상이 되었다(Moskos, 2000: 24). 하지만 이러한 처벌로는 동성애자들의 입대나 병영 내에서 은밀한 모임 등을 차단할 수 없었다. 냉전 시기에 동성애에 대한 처벌의 수위는 낮아졌지만, 이들에 대한 편견은 지속되었다. 동성애자는 전

전 모의 혐의 등이 추가로 적용된 중형이지만 성폭력에 대한 미군의 강력한 처벌의지를 보여준다. 김정호. "군인이 아니라 성 노리개였다." 주간한국 〈03/07/23〉.

역 조치되었고, 전역 당하게 된 이유는 병적 기록을 통해 공개되었다.

냉전 이후 시기에는 동성애를 용인해 주어야 한다는 사회적 인식이 확산되었다. 이와 함께 동성애자에게 군 복무를 허용하라는 요구가 높아지기 시작했다.[13] 교육단체는 학군단을 계속해서 운영하고 싶으면 동성애자의 입대 금지 규정을 철폐하라고 수년에 걸쳐 국방부에 압력을 가했다. 1993년 클린턴 대통령이 동성애자 입대금지 규정을 개정하려고 시도하면서 동성애자 문제는 다시 한 번 국민의 이목을 끌었다. 1994년 군과 의회, 행정부는 협상을 통해 새로운 정책을 입안했는데 이 정책은 군 복무자의 성적인 성향을 알아보기 위한 질문을 금지하고 있는데 만약 군 복무자가 스스로 동성애자임을 밝히면 전역시키도록 했다. "묻지 말고, 말하지도 마라" 정책은 동성애자에 대한 차별이 군에 여전히 존재하고 있음을 보여준다. 이 제도가 도입된 이후 2004년까지 대략 1만 명이 동성애를 이유로 전역했다.[14]

영국군은 동성애 문제에 대해서 엄격한 입장을 취하고 있다. 1991년 국방부 차관 아치 해밀턴(Archie Hamilton)은 동성애자의 군 복무를 인정할 수 없다고 주장했다. 성적으로 동기화된 관계가 부대 내에 형성된다면 부대의 기강과 도덕성이 심하게 훼손될 것이며, 만약 서로 다른 계급 간에 이와 같은 일이 일어난다면 문제는 더욱 심각해진다는 것이 동성애자의 군대 복무를 반대하는 이유였다(Dandeker, 2000: 44). 그러나 일반 사회에서는 동성애가 불법 행위가 아니므로, 군 복무규정으로 동성애를 제한하

---

13) 동성애자 초등학교 교사임용에 대한 찬성 비율이 1977년 27%에서 2003년 61%로 크게 상승하였다. 동성애자의 군복무에 대한 찬성 정도 역시 같은 시기 51%에서 80%로 증가하였다. 정민. "미국 동성애 관련 정책 지지비율 꾸준히 증가추세." 위클리뉴스 〈04/04/04〉.

14) 1999년 7월 5일 베리 윈첼(Barry Winchell, 21) 일병이 동성애자라는 이유로 동료 병사의 집단 구타에 의해 사망한 이래 101 공수사단의 주둔지인 캠프벨(Campbell) 기지에서 스스로를 동성애자라고 밝히고 전역한 사람이 1999년 17명에서 2000년에는 161명으로 증가하는 등 군 복무를 포기하는 인원이 급증했다. Suro, Roberto. "Military's Discharges of Gays Increase." Washington Post 〈01/06/02〉.

려는 시도는 곧 한계에 직면하게 되었다. 1991년 총리가 동성애 여부로 인해 공무 담임권을 제한할 수 없도록 규정하자, 1992년 군은 군복무규율이 동성애를 처벌할 수 있는 근거가 될 수 없다는 사실을 인정해야 했다. 그러나 이로 인해서 병영 내의 동성애자에 대한 정책이 변경되지는 않았다. 동성애 자체는 문제 삼을 수 없게 되었지만, 공개적인 동성애에 대해서는 여전히 행정적인 처벌을 가하고 있다.

군이 제시하고 있는 동성애자의 군 복무 허용 반대는 여러 가지 비판을 받고 있다. 첫째, 동성애가 군 임무수행 능력을 저해한다는 주장은 실제 경험적 자료에 근거한 판단이 아니라 개인적 신념에 불과하다는 것이다. 많은 국가들에서 동성애자의 군 복무를 허용하고 있지만 국방부가 우려하는 문제는 거의 발생하지 않고 있다(Dandeker, 2000: 44). 둘째, 동성애 여부를 확인하기 위한 절차가 인권을 침해한다는 주장이다. 유럽 인권재판소는 동성애자라는 이유로 군에서 축출당한 인원들이 제기한 소송에서 군 입대 지원자를 상대로 성생활에 대해 조사하고 면접을 하는 것은 유럽 인권협약에 대한 심각한 위반이라고 지적했다. 이에 따라 영국군의 동성애자 정책에서도 대폭적인 변화가 예상된다.

프랑스는 양심에 의해 용납될 수 있는 일탈 행위에 대해서 관대하게 용인해주는 전통을 갖고 있다. 프랑스의 문화적 전통은 모든 개인이 틀에 박힌 형태대로 살 것을 강요하지 않는다. 개인적 다양성에 대해 존중하는 분위기는 동성애자를 혐오하는 행위를 인종 차별이나 유대인 박해와 유사한 범죄로 간주하도록 하는 사회적 분위기를 형성시켰다.[15] 프랑스 군대 내에서도 동성애자들에 대한 차별과 편견이 없었기 때문에 리요테(Lyautey)

15) 프랑스 정부는 2004년 6월 23일 시라크 대통령 주재의 각료 회의에서 동성애를 혐오하는 행위를 불법화하는 법안을 승인했다. 이 법안은 성적인 성향을 이유로 타인을 차별, 증오, 폭력, 혹은 폭력을 선동한 행위에 대하여 1년 이하의 징역이나 4만 5천 유로(6천만원)의 벌금에 처할 수 있도록 하고 있다. 매일선교소식. "프랑스 동성애 혐오금지법 제정 추진." http://www.peppermintcandy.com/cgi-bin/read.cgi?board=maeil&y_number=2419

원수[16] 등과 같이 동성애 성향을 가진 이들도 존경받는 군사 지도자로 성장할 수 있었다.

1992년 15,000명의 병영 사고 중에서 오직 20건만이 성과 관련된 사고였고, 이 가운데 불과 5건만이 동성애와 관련되어 있었다. 프랑스에서는 미국이나 영국에서와 같이 동성애자와 관련된 세간의 이목을 끌만한 사건이 발생하지 않았으며, 앞으로도 이러한 사건은 일어나지 않을 것으로 보인다(Boëne and Martin 2000: 68). 프랑스는 동성애를 제한하는 최소한의 규율과 징병 검사를 통해 동성애자의 군 복무를 면제시키는 비공식적인 절차를 통해 지금까지 동성애자 문제를 조화롭게 해결해왔기 때문이다.

동성애 그 자체는 불법 행위가 아니므로 동성애자는 동성애 행위로 차별받지 않을 권리가 있다. 다만 영내에서 성 행위는 규정에 의해 금지되고 있다. 이 규정은 철저하게 강요될 수도 있고, 지휘관의 재량에 따라 유통성 있게 적용될 수도 있다. 하지만 군 복무 중인 동성애자들은 이 규정을 잘 준수하고 있다(Boëne and Martin 2000: 68). 이들은 동성애 성향으로 인하여 면제받을 수 있었던 군 복무를 스스로 선택할 만큼 보수적인 성향을 갖고 있기 때문이다. 프랑스는 부대의 결속을 해칠 우려가 있다고 판단되는 동성애자에 대해서는 징병 검사 과정에서 군 복무를 면제시키고 있다. 이에 따라 프랑스 군대에서 동성애자들의 비율은 사회에 비해 적은 것이 사실이다.

최근 군 복무 중인 동성애자의 권리에 관한 판결이나 이에 관심을 갖는 일반 시민단체의 압력이 프랑스의 정책 변화를 유도하고 있다. 이에 따라 프랑스에서도 영국이나 미국에서와 같이 동성애자의 군 복무를 제한하던

16) 식민지 행정에 유능한 군인으로 1894년 베트남으로 넘어가서 인도차이나의 프랑스 식민지화를 완성하였다. 1896년에는 마다가스카르섬으로 건너가 반(反)프랑스 반(反)그리스도교 반란을 무력으로 진압하는 한편, 프랑스 본국에의 동화정책(同化政策)을 수행하여 식민지 행정의 모범이 되었다. 1917년 육군장관이 되었으며, 《식민지에서의 군대의 역할》(1900) 등의 저서를 남겼다. http://100.naver.com/100.php?id=57384,

관행을 포기하고, 이들의 군 복무를 허용하는 새로운 규정을 제정해야 하라는 압력이 높아지고 있다. 징병제의 폐지로 인한 상황 변화와 프랑스 사회의 성숙된 분위기로 인하여 동성애자와 이성애자의 평등한 관계 설정이라는 사회적 요구는 궁극적으로 받아들여지게 될 것이다.

독일의 경우 동성애 병사들의 실태에 대한 구체적이고 공식적인 자료가 아직 보고되고 있지 않다. 군 복무자의 사생활을 존중하는 독일에서는 동성애 병사들의 명단을 파악하지 않았고 이에 따라 군대 내의 동성애자에 대한 통계자료 또한 수집되지 않았기 때문이다(Fleckenstein, 2000: 96). 다만 동성애 성향의 병사에 의해서 다른 병사들이 피해를 당하지 않도록 하기 위한 예방조치는 강구되고 있다. 독일에서 동성애자의 군 복무는 성적인 지향 그 자체가 아니라 군대라는 특수한 집단 활동에 무리 없이 동참할 수 있는가를 기준으로 결정된다.

모든 징병 대상자는 신체검사 당시 동성애 성향을 파악하기 위한 질문을 받는다. 동성애 성향을 갖고 있는 신병들은 의사가 관련된 주제로 이야기를 꺼내면 대부분 자신들의 성적인 지향을 공개한다. 동성애 성향을 밝힌 신병에 대해서는 일단 의사들이 군 복무를 정상적으로 할 수 있을지를 판단하고, 만약 병영 내에서 다른 병사들과 자연스럽게 어울려 생활할 수 없을 것으로 생각되면 전문가와의 상담을 거쳐서 규정에 의해서 복무 부적합 판정을 내린다. 이러한 절차는 동성애자의 부대 배치를 원하지 않는 지휘관이나 군 복무에 부담을 느끼는 신병 모두의 이익에 부합한다.

동성애에 대한 사회적 인식이 바뀌면서 동성애에 대한 관용적 태도가 확산되고 있지만, 군대 내에는 동성애자에 대한 의혹이 여전히 존재한다. 독일에서는 임관 후 3년 이내에 동성애로 인한 부적합 사유가 발견된 위관 장교는 즉시 전역 조치할 수 있다. 이 규정에 따라 임관 3년 이내의 동성애자에 대해서는 전역 조치를 취하고 있다. 그러나 4년 이상 근무한 단기 또는 장기 복무 장교의 경우에는 복무기간 만료 시까지 근무해야 하기 때문에 동성애자일 경우라도 강제로 전역 당하지는 않는다. 다만 이들은 지휘관에 보직될 수 없는데, 만약 지휘관으로 근무 중 동성애자로 밝혀지면 지휘권직을 박탈당하게 된다. 지휘관이 동성애자라는 사실이 알려지면 지휘관으로서 권위와 신뢰에 금이 가고, 이는 부대의 훈련과 단결, 임무수행에 영향을 미치기 때문이다. 지휘관 보직의 이수는 군 경력체계에서 매우 중요한 의미를 갖기 때문에 동성애자들은 자연스럽게 진급에서 배제된다. 독일 연방정부는 동성애자의 지휘관 보직이 지휘관의 권위 손실로 작전 능력을 약화시킬 것이라는 군의 입장을 지지하고 있다. 독일 연방법원 역시 1978년 이래 1984년, 1990년, 그리고 1997년에 각각 동성애를 일종의 행동장애로 판결하여 군이 동성애자를 지휘관, 교관, 교수 등의 직위에서 배제할 수 있는 법적 근거를 마련해주고 있다.

제9장

군대 문화의 제 측면

일반적으로 군인들은 민간 사회로부터 격리된 지역에서 근무하고 부대 주변에 거주하며 항상 상부 지시에 따라 출동할 대비태세를 갖추며 살아간다. 군대가 수행하는 직무는 평시에는 병력과 무기와 장비를 효율적으로 운용할 수 있는 교육훈련과 부대의 경계활동 중심 임무를 수행하고 전시에는 목숨을 바쳐 적과 싸우는 일이다. 무기를 운용하기 위한 전기전술을 연마하는 훈련이나 실제 전투도 모두 군인들의 위험을 동반하며 생명을 잃을 수도 있다

이러한 특수한 임무를 수행하는 군인들은 일반인과는 다른 생활을 하면서 그들의 행동양식이나 가치관과 규범 그리고 사고방식이 일반인과는 다르다. 따라서 이러한 군대의 독특한 문화를 이해하기 위해서는 군대조직과 일반 사회의 차이가 무엇이며 그에 따라 군대문화는 어떻게 다른가를 살펴보아야 한다.

1. 군대 문화의 의미

오늘날 널리 사용되고 있는 문화라는 용어를 정의하기는 그리 쉽지 않다. 자연 상태에서 홀로 살아가던 인간이 다른 사람과 더불어 공동생활을 하면서 형성된 모든 것이 문화와 관련되어 있기 때문이다. 사회학적 관점에서 문화란 인간이 공동체를 이루고 살아가면서 축적해 온 사회적 관습과 행동양식이나 가치관의 구체적인 내용을 의미한다(김채윤 외, 1986: 64). 그리하여 문화란 단순히 생물학적으로 얻은 것도 아니고 유전적으로 전승된 것은 더욱 아니다. 문화란 인간이 집단과 조직을 이루고 살아가면서 오랜 기간에 걸쳐 형성된 의식주와 관련된 기본적인 생활양식은 물론 인간의 삶의 질을 높여주는 취미나 여가활동, 그리고 인간의 모든 삶을 규제하는 관습이나 규범 행위양식과 도덕, 그리고 축적된 기술과 지식 및 가치관과 믿음을 망라한 총체적 집합체이다. 쉽게 말하면 문화란 우리의 일상과 밀접하게 관련되어 있는 생활양식 전반을 일컫는 말이다.

일반문화가 그 사회의 보편적인 규범이나 가치관 공통의 생활양식이나 생활기반을 의미한다면, 하위문화는 사회 속에 있는 다양한 하위집단의 생활양식과 행동양식 그리고 규범과 가치관을 의미한다. 사회가 점차 복잡해지고 다양해져 각각의 성격과 역할을 달리하는 집단이 출현하는데, 이런 하부집단들은 전체 사회의 한 부분을 형성하며 모 사회와 의존관계를 가지면서도 독자적인 영역과 역할을 가지며 나름대로 독특한 생활양식이나 규범 그리고 가치관을 형성하며 살아가는데, 이렇듯 전체 사회의 하위집단들이 독자적인 영역을 이루고 각각의 역할을 수행하면서 형성된 생활양식 전반을 하위문화라고 한다.

군대도 전체 사회의 한 하위 체계로 모 사회의 대외적 안전보장이라는 고유 임무를 수행하면서 일반 사회와는 구별되는 독특한 생활양식을 갖게 된다. 이렇듯 군대가 전체 사회의 한 하부조직으로서 국가안보의 임무와 기능을 수행하면서 형성, 발전시켜 온 의식주의 생활양식, 태도와 관행을 포함한 행동양식, 조직체계, 규범과 믿음 그리고 가치관 등의 생활양식의 총체를 군대문화라고 한다. 요약하면 군대문화란 군대가 고유의 임무를 수행하면서 형성해 온 총체적 생활양식이다.

흔히 군대 문화를 영어로는 "barrack's culture" 혹은 "military culture"로 지칭하는데, 이를 번역하면 전자를 병영문화로, 후자를 군대문화라고 번역되며 양자 간 큰 차이는 없다. 굳이 구분하자면 병영문화는 병영생활에서 구성원 간 관계에서 지켜야 할 예의범절이나 관습 태도 및 의식주와 관련하여 형성된 생활양식 등 실제 군대생활의 삶과 직접 연관된 부분을 대상으로 한다면, 군대문화란 군대 구성원 간 공유하는 전통이나 태도 가치관 등 의식이나 정신적인 요소와 관련된 것까지 포함한다고 볼 수 있다. 헌팅턴에 의하면 직업군인과 같이 유사한 방식으로 생활하는 자는 나름대로 독특하고 지속적인 사고방식을 익히게 되어 독특한 세계관을 형성하고 자기 활동과 역할을 정당화하는데, 군대문화는 군대조직이 전문적 역할 수행에서 유래하는 가치, 태도, 그리고 관점까지 포함한다고 볼 수 있다.

군인들은 군대 구성원으로서 사고하고 행동할 것을 요구하는 집단적 규범과 바람직한 가치체계, 사고방식, 행동양식 등을 포함한 내면화된 정향을 보인다. 그리하여 군대문화란 조직된 특수집단으로서 군대에서 오랫동안 함께 일하고 생활하며 형성된 군인들의 독특한 생활양식과 사고방식, 태도와 관습 그리고 가치관의 총화라고 할 수 있다.

2. 조직문화로서 군대문화의 요소와 특성

군대문화의 주요 요소

군대 사회에서 통용되는 오랜 관행과 전통은 군대문화의 중요한 한 부분을 이루고 있다. 군인들의 단정한 군복과 용모와 언행 및 의식절차를 규정하는 군대의 관행과 전통은 외적인 모습과 형식 및 절차를 강조하는 군대문화의 한 단면이다. 또한, 군인들의 언행, 엄정한 위계서열과 군기는 군인들의 행동양식을 규정하는 외적 모습이다. 동일한 군복을 입고 군에 대한 소속감과 자부심을 키워가며 상호경례로 상하급자 간 유대감과 존경심을 나타낸다. 군대의 각종 의식은 지휘관과 부대 그리고 국가에 대한 충성심과 부대의 단결된 모습을 과시한다.

다음으로 일반 사회와 달리 군대와 군인이 중요시하는 이상적 가치와 믿음은 시대와 동서양 그리고 학자에 따라 각기 다르다. 먼저 孫子는 군인의 주요 가치로 智 信 勇 仁 嚴을 강조하였고, 尉繚子는 勇 智 仁 信 忠을 제시하여 두 학자가 제시하는 내용이 대부분이 겹치고 있다. 한편, 고대 그리스에서는 군인이 갖추어야 할 주요 가치로 정의감과 공명정대, 분별력, 지혜와 신중, 기민함, 용기를, 클라우제비츠는 지성과 통찰력을 강조하였다. 한편, 훌륭한 군인이 갖추어야 할 주요 개인적 가치로 인격적 특성과 지적, 실천적 능력으로 충성심(loyalty), 의무감(duty), 존경심(respect), 희생정신(selfless service), 명예심(honor), 진실성(integrity), 용기(courage)는 여러 학자들은 물론 미국 군대와 한국 군대에서 훌륭한 군인이 갖추어야 할 바람직한 개인적 가치관으로 꼽고 있어서 이 가치관을 중심으로 살펴보고자 한다.

첫째, 충성심(loyalty)이란, 훌륭한 군인들이 갖추어야 할 덕목으로서 진실한 신념과 충성심을 의미한다. 충성의 대상으로는 통치자와 헌법, 군대제도와 군인들, 자기 부대 및 다른 군인들이다. 군인은 대통령과 헌법에 충성해야 하는데, 그것은 자유민주주의를 보호하고 헌법과 각종 법률 규정을 준수하고 국가의 이상과 이념을 구현하는 일로 나타난다. 또한 군대 규범과 제도를 존중하며 부대 발전과 전투력 향상을 위해 헌신하며 상관과 동료 및 부하에 대한 배려와 헌신하는 것을 의미한다. 둘째, 의무감(duty)이란 법과 규정 그리고 명령이 요구하는 책임과 의무를 다하는 태도로 직업군인으로서 책임을 다하기 위해 자신의 능력을 다하여 헌신하는 것이다. 의무감은 도덕적 책임감과 법적인 책임감을 포함하는데, 법적인 책임감이란 계급과 직책에 부여된 임무를 완수하고 그 결과에 대해 책임을 지려는 마음가짐이며, 도덕적 책임감은 자기 자신의 행동이나 부하 행동의 결과에 대해 책임을 지려는 마음가짐으로 군인은 항상 자신의 능력 범위 내에서 최선을 다하고 결과에 책임지는 자세가 필요하다. 셋째, 존경심(respect)이란 상대에 대한 존중을 자신이 타인으로부터 대우받고자 하는 대로 타인을 대우하는 것으로, 모든 군인은 타인 존중을 실천하여 설득과 대화로 부하들의 자발적 참여를 이끌어 내도록 해야 한다는 것이다. 넷째, 희생정신(selfless service)이란 국가와 군대 그리고 부하의 복지를 자신의 복지보다 우선하는 것이다. 따라서 희생정신은 타인 존중의 발로이며 자신의 개인적 야망이나 관심보다 국가 군부대 그리고 부하의 요구와 관심에 더 큰 비중을 두고 하는 행동을 의미한다. 다섯째, 명예심(honor)이란 군인의 명예는 항상 군대의 모든 이상적 가치에 따라 행동하며 사는 것을 의미하는데, 그것은 인격과 개인의 행동을 위한 도덕적 나침판과 같은 역할을 제공한다. 명예로운 군인은 전문직업적 업적의 성취를 통해 일하는 보람과 긍지를 느끼고 이를 다른 사람으로부터 인정받는다. 여섯째, 진실성(integrity)이란 본질적으로 도덕적 진실성을 의미하는데 인간다운 인간의 모습을 지칭한다. "법적으로나 도덕적으로 항상 옳은 일을 하는 것"이 진실성의 끝과 시작이다. 진실성을 갖춘 사람은 원칙에 따라 행동하며 그런 원칙을 공개하고 그에 부합하게 행동한다. 진실성은 모든 군대 가치의 기초인데, 그것은 도덕적 진실성을 갖춘 대상에 대해 존경심과 믿음이 나오기 때문이다. 마지막으로, 용기(courage)란 육체적으로나 도덕적으로 두려움, 위험, 그리고 곤경의 위험에 처해서도 피하거나 굽히지 않고 극복해 가는 불굴의 태도를 지칭하는데, 진정한 군인은 육체적 용기와 도덕적 용기를 동시에 갖춘 자여야 한다. 육체적 용기는 육체적 위험을 무릅쓰고 임무를 수행하는 것으로 전투에서 부상이나 죽음의 두려움을 극복하는 용맹이다. 도덕적 용기는 부정과 부패, 부도덕한 유혹, 물리적 압력이나 위험에 굴하지 않고 대의명분과 참다운 가치, 원칙과 원리, 자신의 신념을 지키는 것이다. 이러한 용기는 진실성과 명예라는 군의 가치에 따라 살아가는 데 있어서 필수적인 것으로 자기 행위에 대한 책임을 지는 군인은 도덕적 용기를 발휘할 수 있으며 이것은 가끔 솔직성 정직 등으로 표현되기도 한다(박연수 편, 2001: 214-24). 이러한 개인적 차원의 가치관과 더불어 조직으로서 군대문화의 특성은 다음과 같다.

군대문화의 특성

한 사회의 군대문화는 모 사회의 문화적 특성에 기초하고 있지만 다른 한편으로 일반문화와 다른 나름의 독특한 조직문화의 특성을 지니고 있다. 조직문화로서 군대문화가 가진 특성은 첫째, 군대문화는 인간의 본성이 본질적으로 이기적이고 탐욕스럽고 악하다는 성악설적 전재에 기초하고 있다. 그리하여 군대는 인간집단 간 이익의 상축과 갈등 그리고 폭력 사용이 보편적이고 불가피한 현상이라고 판단하는데, 그것은 인간의 본성이 본질적으로 사악하기 때문이다. 인간은 본질적으로 이기적이며 탐욕스럽고 권력과 안전에 대한 충동으로 동기화되어 있다는 것이다. 그리하여

한 국가나 민족이 자신의 안전을 보장받기 위해서 군대를 포함한 국력 요소를 바탕으로 강력한 힘을 가지고 있을 때 비로소 국가의 안전이 보장되며, 국가의 안전이 보장된 후에 국가와 민족의 번창도 가능하다고 본다. 또한, 인간의 이기심 때문에 개인이나 집단이 갈등하고 투쟁하지만 동시에 인간이 연약하기 때문에 조직 속에 개인을 묶어두고 엄격한 규율로 통제하고 강력한 지도자의 지휘 통솔 하에 있어야 한다고 보는 것이다. 그리하여 군대문화는 인간의 선하고 합리적인 측면을 부인하지 않지만, 본질적으로 인간의 본능이 악하고 약하고 비합리적인 존재라는 점을 전제하고 있다.

둘째, 군대문화는 개인보다는 집단을, 부분보다는 전체의 이익과 안전을 중시하고 집단 의사는 개인 의사에 우선한다는 의미에서 공공 조직적 성격이 강하다고 볼 수 있다. 국가에 대한 군사적 안보를 담당하고 있는 군대는 협동 조직과 규율을 필요로 하며 전체 사회의 안전에 대한 책임을 담당하고 있어서 개인보다는 집단 전체를 중요시하며 개인의 의지를 집단의 의지에 종속시킨다. 그것은 개인에 대한 사회의 우월성과 명령 그리고 민족국가를 정치조직의 최고 형태로 받아들이고 국가 간의 전쟁 가능성을 전제하고 있기 때문이다. 과거 독일의 군 장교들이 인정했듯이 군인은 개인의 이익이나 이득 그리고 영달을 극복해야 하고 이기주의는 장교단에 필요한 자질의 최대의 적이라고 본다. 그리하여 헌팅턴은 군직업윤리의 본질을 집단적이고 반개인주의적이라고 규정하기도 하였다. 냉전체제가 붕괴되고 평화가 지속되면서 이런 공공조직적 성격이 약화되고 대신 직업주의에 기초하여 개인의 의사와 이익을 존중하는 개인주의가 강해지는 경향이나 군대의 역할수행과 관련된 공공조직적 특성은 여전히 군대문화의 주요 성격적 특성이다.

셋째, 군대문화는 엄격한 위계서열과 질서를 중요시한다. 군대문화는 엄격한 위계서열을 강조하고 있는데, 국가의 대외적 안전을 책임지고 있는 유일한 합법적 폭력집단으로서 군대조직과 군대 지휘관이 국가에 효율적으로 봉사하기 위해서 엄격한 위계질서에 의존하고 있다. 그리하여 군대조직 내에서 상급자는 하급자의 즉각적이고 충성스런 복종을 요구한다. 군인은 권위 있는 상급자로부터 합법적인 명령에 주저하지 않고 즉시 복종해야 한다. 이런 엄격한 위계서열 상의 명령-복종의 관계는 극히 위험한 무기를 보유하고 있는 군대가 임무 수행하는데 중요한 요건이다. 따라서 군대에서 충성과 복종은 최고의 덕목이고 합법적 명령에 대한 복종은 다른 어떤 군사적 덕목보다 중요시된다. 엄격한 위계서열을 강조하는 군대조직에서 오랜 세월 동안 생활하다 보면 위계서열 그 자체를 중시하는 권위주의적 성향으로 흐를 수 있는데, 이런 권위주의적 성향은 연장자나 상급자를 중시하는 유교적 전통의 동양사회의 가부장적 문화와 결부될 때, 더욱 강화되는 경향을 나타내기도 한다.

넷째, 군대문화의 일반적 특성으로 일정한 형식과 절차 그리고 통일성을 중시하는 형식주의가 강조된다. 군인들의 복장이나 언행 및 업무수행에서 일정한 형식과 통일성을 강조한다. 업무처리에서 일정한 형식이나 절차를 강조하는 것은 관료조직의 일반적 특성이지만 군대는 더욱 그런 관료조직이다. 군대의 이런 형식주의는 전시와 같은 극한상황에서 효율적으로 그리고 정확하게 주어진 임무를 수행하는데 유리한 점도 많으나, 형식과 통일을 지나치게 강조하여 다양성과 개성 그리고 개인의 독창성이 중시되는 현대 사회에서는 오히려 비효율과 의례주의를 초래할 수도 있다 (홍두승, 1996: 122)

다섯째, 군대문화는 현실적 보수주의를 지향한다. 현실적 보수주의란 급진적 진보주의와 대립되는 개념으로 급격한 변화나 개혁 대신 정치적, 사회적 질서를 일반적으로 받아들이고 역사와 전통 그리고 현재의 권력체제를 존중하는 이념을 지칭한다. 군대는 기존 질서와 안정을 추구하고 급격한 변화를 바라지 않는다. 현재의 통치 권력과 국가체제를 수용하고 충성의 대상으로 삼는다. 군대가 기존 질서에 대한 수호자적 역할을 하고 변화나 개혁에 적극적이지 않지만 그렇다고 항상 보수주의적 태도를 고수하는 것은 아니다. 개발도상국에서 군대는 기존의 질서를 수호하기 보다 종종 기존 질서를 타파하고 개혁적인 성향을 보이며, 특히 경제 부문 및 분배정책에 대해서는 진보적이거나 개혁적인 입장을 나타낸다.

한편, 군대문화와 군사문화는 영어로는 동일한 의미를 지니고 있으나 이를 구분하려는 경향이 있다. 군대문화가 군대의 전통 및 관습 등을 포함하여 군대조직 성원들이 공유하는 집단문화를 의미하는 중립적인 의미라면, 군사문화는 군대식(military style) 내지는 군대에서 강조되는 권위적 방식(authoritarian style)을 지칭하며 군대문화의 부정적 의미를 내포하고 있다. 또한 군대문화가 권위적이고 획일성과 집합주의, 형식주의와 공공조직주의를 중시하는 문화라고, 그리고 일반문화를 민주주의, 다양성, 개인주의, 실용주의, 유연성을 가진 문화라고 상호 비교하여 아래와 같이 요약되기도 한다.

표 9. 1 군사 문화와 일반문화의 이념형 비교

군사문화	일반문화
권위주의 획일성 집합주의 형식주의 완전무결주의 공공조직주의	민주주의 다양성 개인주의 실용주의 유연성 직업주의

출처: 홍두승. 1996. 『한국군대의 사회학』. 나남출판. p. 124. 표 5-1

그러나 앞서 언급한 군대 문화에 대한 부정적 인식은 근본적으로는 군조직의 특성과 그 속에서 수행하는 군대 업무의 특수성을 간과한 결과이다(홍두승, 1996: 119). 군대 업무의 특수성은 고유한 임무와 조직, 그리고 역할 수행 방법의 특수성에 기인하고 군 조직은 국가의 안전보장이라는 명확한 임무를 갖고 있다. 개인은 군 조직이 최고의 효율성을 발휘하여 임무를 완수할 수 있도록 자유와 이익은 물론 생명까지 전체 집단에 귀속시킬 것을 요구받는다. 그리하여 바로 개인보다 집단과 전체를 강조하는 성격과 권위주의적 특성으로 인해 오늘날 한국 사회가 권위주의적이고 비민주적, 반민주적 성격의 문화라고 비판받기도 한다(오홍근, 1988: 김영종, 1988). 상급자의 권위에 복종하는 군대의 권위주의적 문화가 군의 정치 개입과 장기 독재를 통해 한국 사회에 확산되었다는 것이다.[1] 그러나 군대에서 개인의 생명과 자아실현, 자유와 평등의 권리를 제한하는 요소를 완전히 배제하기도 쉬운 일은 아니다. 생명의 위험을 수반하는 군대 임무를 성공적으로 완수하기 위해서 민주적 가치관이나 행동양식에 상반되는 사고와 행동양식이 때로 요구되기 때문이다.[2]

군대 문화의 두 얼굴

육군, 해군, 공군은 군대 조직으로서 군대 문화를 공유하지만, 각 군의 병영 내에서 나타나는 생활양식이나 언어에서 군대마다 커다란 차이가 존재한다. 군대를 구성하는 하위 집단들은 나름대로 고유 문화를 형성, 발전

1) 이는 무엇보다 과거 군의 정치개입과 권위주의적 통치에 대한 거부감 때문이다. 우리 사회에서 '군사문화'란 용어가 널리 사용되기 시작한 것은 중앙일보 오홍근 기자의 "청산해야할 군사문화"란 글이 직접적 계기가 되었다. 그는 '군사문화'란 비민주적인 사고방식과 행동양식을 상징하는 것이며, 민주화의 걸림돌 내지 우리 사회의 모든 비리와 병폐의 원인이라고 평가했다. 조승옥 외, 1995. 『군대윤리』. 경희출판사. p. 151.

2) 6 · 25 전쟁 당시 워커(Walton Walker) 장군은 낙동강 방어선을 사수하기 위해 "부산으로 후퇴하면 안 된다. 최후까지 싸워야 한다."는 요지의 훈시를 내렸다. 이에 대해 언론에서 "비민주적이고 광신적인 명령"이라고 비난하자, 워커 장군의 상관이었던 맥아더 장군은 "군대에는 민주주의가 없다."는 말로 워커 장군을 두둔했다. 이는 시민사회의 가치 척도와 문화로 군대 문화를 평가해서는 안 된다는 것을 의미한다. 위의 글, p. 157.

시키는데, 그것은 해당 집단이 담당하는 임무의 성격에 따라 달라지기 때문이다. 노동 집약적인 복무 형태의 전투 부대와 상급 제대 지휘관들의 가치관은 일반적으로 공공 조직주의를 지향한다. 반면 교육, 회계, 군수, 의무, 등 기술 병과에서는 일반 직업적 특성이 두드러지게 나타난다. 일반적으로는 개인에 대한 위협의 수준이 높고, 임무 완수에 소요되는 기간이 짧을수록 공공 조직적 특성이 강하게 나타나고, 그 반대의 경우, 일반 직업적 특성이 강하게 나타난다.

표 9. 2 일반적인 임무수행 상황과 조직문화의 특성

구분	고(高) ⇦ 생명의 위협 ⇨ 저(底)
활동기간 장(長) ⇕ 단(短)	1) 사령부, 참모부 내근(內勤) 2) 주둔지 활동, 통상적 항해, PKO 활동 ⇒ 파편화된 조직문화 3) 항공모함 승선 임무수행 4) 전투, 위기 상황에 투입 ⇒ 통합된 조직문화

군대 조직은 평시와 전시라는 확연히 구분되는 상황 하에서도 임무를 수행한다. 군인들이 처하는 상황을 생명에 대한 위협정도와 활동기간에 따라 구분하면 〈표 9. 2〉와 같이 정리할 수 있다(Soeters, 2000: 246). 표에 제시한 바와 같이 위에서 밑으로 내려갈수록 활동기간은 짧아지고, 우측에서 좌측으로 갈수록 생명의 위협수준은 높아진다. 근무기간과 위협수준의 두 축에 따라 군대의 조직문화의 특성을 구분하면, 군사령부나 참모부 또는 주둔지와 같이 장기간에 걸쳐 일상적인 임무를 수행하며 생명의 위협 수준이 낮은 상황에서는 파편화된 조직문화가 출현하고, 반대로 좌측하단과 같이 항공모함을 승선하거나 전투 시나 위기상황과 같이 단기간의 근무기간에 생명의 위협 수준이 높은 위기 상황에서는 통합된 조직문화가

각각 나타난다.

파편화된 조직문화

맥코믹(McCormick, 1998)은 전문적인 자격을 갖춘 군인이 업무를 수행하는 군 조직의 특성을 '기업(corporate)형 군대'라는 개념으로 설명한다. 군대 내의 사령부나 참모부 조직은 위계구조와 전문화를 토대로 하여 합리적 의사결정, 기획, 비용-효과분석 등을 통해 의사결정이 이루어진다는 점에서 일반 기업조직과 크게 다르지 않다. 이러한 조직 형태는 효율성을 극대화할 수 있는 장점이 있으나, 조직 내 비공식 집단의 형성, 이권을 둘러싼 권력 투쟁, 예산 배분과 관련된 갈등 등 관료제의 일반적인 문제점들이 그대로 나타난다. 따라서 전체적인 조직의 통합보다 하위 집단의 독특한 문화가 우선시된다.[3] 군대 내에서도 육, 해, 공군 또는 각 군의 하위 병과들이 각자의 목표와 이권을 추구하기 위해 서로 경쟁하고 충돌하고 있는 것이 일반적인 현실이다.

주둔지 내의 상황도 크게 다르지 않다. 전투에 참가하지 않는 대부분의 부대 임무는 상황이 악화되었을 때를 대비하는 것이다. 이를 위해 교육훈련, 야외훈련, 정비, 그리고 준비태세가 유지된다. 이러한 상황에서 부대 내에는 지루함, 비효율, 자극의 결여, 사생활에 대한 강한 욕구 등을 특징으로 하는 파편화된 문화가 형성된다. 그 결과, 이런 부대에서는 사고의 빈도와 내부 갈등의 수위가 높아진다. 분쟁의 강도가 낮은 사이프러스(Cyprus)와 시나이(Sinai) 등지의 PKO 활동에서도 유사한 결과가 나타났다

---

3) 예를 들어 스웨덴 공군에서는 비행대대, 정비부대, 그리고 작전센터 사이에 커다란 문화적 차이가 존재하는 것으로 알려져 있다. 지리적으로 전국적으로 산재되어 비행대대 및 정비부대와 접촉이 없는 작전센터의 경우 공군의 고유한 문화가 거의 나타나지 않는다. 이에 따라 작전센터의 한 지휘관은 자신의 부대가 공군 소속인지조차 의심스럽다고 말했다. Weibul, A.. 1988. *Air Force Pilots*. Stockholm: FOA Report.

(Harris and Segal, 1985). 부대원의 단결은 임무 수행을 위한 전제 조건이므로 이 경우 지휘관은 부대원을 결속시키기 위한 노력을 하게 된다. 이에 따라 파편화된 조직문화를 가진 군 조직에서 부대원 간의 반목과 단결이 반복되어 나타나게 된다(Soeters, 2000: 247).

통합된 조직문화

파편화된 조직문화가 일상적인 업무를 수행하는 군 조직에서 자연스럽게 형성되는 것과 달리 통합된 조직문화는 부대원의 생명이 위협을 받을 수 있는 전투나 위기상황에서 일시적으로 형성된다(Vogelaar and Kramer, 1997). 여기에서 부대원은 관료제적 형식과 관계없이 유연한 형태의 조직을 유지하는데 전통적인 지휘체계보다 용기, 두려움의 극복, 동료애 등 정서적 요인이 더욱 중요해진다. 이를 통해 부대원들은 '우리'와 '그들'을 구분하고, 우리를 위한 용기와 충성, 그들에 대한 배타적이고 적대적인 감정을 공유한다.

전시가 아니더라도 전시에 준하는 긴장과 위험 속에서 임무를 수행해야 하는 항공모함 승무원들 간에는 통합된 조직문화가 형성되어 왔다(Weick and Roberts, 1993). 각 부분의 역할이 유기적으로 연결된 항공모함에서 임무 수행을 위해서는 자신에게 부여된 임무 외에도 다른 승무원들에 대한 배려가 무엇보다 중시된다. 한 개인의 작은 실수도 커다란 비극으로 이어질 수 있는 상황에서 승무원들 간에는 동료들의 배려 없이는 자신에게 부여된 임무 완수는 물론 안전도 보장받을 수 없다는 강한 집합의식이 형성된다.

이러한 문화를 공유한 조직은 구성원들의 관계가 더욱 유기적이며, 상황 변화에 유연하게 반응하고, 주어진 범위 내에서 자율성을 누린다. 이들 사이에 공유되는 강한 신뢰는 집단 내부적으로 강력한 통제 기재로 작용하여 공식적인 규정에 의하지 않고도 구성원들 사이에 협력적인 관계가 형성될 수 있다. 반면 이러한 과정에서 형성된 집단 문화는 절도, 허위는 물론 외부 인원에 대한 폭력 등 병영 부조리를 양산하는 원인이 되기도 한다. 이에 대한 비판 논의 자체가 터부시 되기 때문에 외부의 압력 없이는 개선되기 어렵다.[4] 설사 외부의 압력이 가해진다고 해도 조직 구성원들은 결속을 강화하여 외부 조사에 협조하지 않거나, 내부 고발자를 따돌리는 방식으로 저항하게 된다.

군대 문화를 바라보는 시각

각 집단별로 생활양식이 다르게 나타난다는 점 때문에 문화는 다음과 같은 세 가지 측면에서 살펴볼 수 있다(Martin, 1992; Winslow: 2000). 첫째는 전체 사회의 공통적으로 나타나는 문화의 특성에 주목하는 통합론(integration)이다. 모든 문화는 사회 구성원의 결속을 가능하게 하는 사고방식 및 가치 체계를 제공한다. 이 관점은 문화를 공유하는 집단의 구성원들이 일체감을 형성해나간다는 사실에 주목한다. 따라서 다른 집단과 구분되는 문화를 공유하는 집단은 하나의 작은 사회로 간주된다. 둘째는 하위 집단에서 나타날 수 있는 문화적 다양성에 주목하는 차별론(differentiation)이다. 이 관점은 한 사회의 문화는 일관된 방향성을 갖고 있지만 세부적으로는 서로 다른 특성을 갖는 다양한 하위문화들이 어우러져 형성된다고 본다. 예를 들면, 군대문화는 육군, 해군, 공군의 문화와 남군과 여군의 문화, 그리고 장교와 부사관의 문화 등 서로 다른 여러 집

4) 1994년 9월 27일 53사단에서는 2명의 장교가 병사들의 장교 길들이기에 대한 반발로 무장탈영한 사건이 발생했다. 사고의 직접적인 원인은 9월 23일 이모 소위가 하급자를 구타하는 신모 병장을 나무라다 도리어 구타당한 사건을 중대장 김모 대위가 자신의 문책을 우려, 상부에 보고하지 않고 가볍게 처리한데서 비롯되었다. 김성전. "바보들, 그러니까 국적 포기하는거야." 데일리 서프라이즈 〈05/06/20〉.

단의 특성이 혼합되어 형성된 것이다. 셋째는 분절론(fragmentation)이다. 이 관점은 일반적으로 현실을 바라보고 평가하는 기준은 집단 또는 조직마다 서로 다르다는 사실에 주목한다. 한너즈(Hannerz, 1992)는 이 개념을 구체화하기 위해서 미시문화(microculture)라는 용어를 사용했다. 하위문화와 미시문화의 차이는 문화를 공유하는 집단의 규모에 있는데, 일반적으로 미시문화의 구성원은 100명을 넘지 않는다.

군대 문화를 연구하는 사람들이 주로 사용하는 관점은 통합론이다(Winslow, 2000). 이견(異見)이나 갈등이 없는 일사불란 함을 강조하는 군대는 집단 구성원간의 일체감에 주목하는 통합론과 가깝다. 그러나 경험적으로는 모든 조직 내 일반화된 문화 외에도 차별화되고 이질적인 하위문화가 공존하는 것이 현실이다. 집단 내의 모든 인원이 동일한 행동 및 사고를 하는 조직에서는 문제 해결을 위한 여러 가지 대안을 모색하는 것이 불가능하다. 외부환경의 변화와 대안을 평가하는데 적용되는 시각도 단 한 가지만 존재하기 때문이다. 전체적인 통일성을 강조하는 '강한 문화'는 궁극적으로 조직의 쇠락을 초래하게 된다. 조직 고유의 문화에만 집착하다가 외부환경 변화를 파악하지 못하고 도산하는 기업 조직이 대표적인 사례이다.[5] 변화하는 환경에 보다 효율적으로 대응하기 위해서는 무엇보다 다양한 의견 제시와 토론이 가능해야 한다. 이를 위해서는 차별론적 관점에서 지적하는 바와 같이 군대 문화도 획일성을 강요하기보다는 하위 집단의 다양한 문화에 주목하고, 이를 긍정적으로 발전시킬 수 있는 방안에 관심을 가져야 한다.

5) 한국의 중견 PC 업체들은 주로 기술력을 중심으로 하여 시장에서 성장해왔다. 그러나 최근 시장 규모가 축소되고 진입 장벽이 낮아지면서 기술력보다는 마케팅이 주요 경쟁력으로 등장하게 되었다. 이에 따라 중국의 저가 PC 등장에 따른 가격 경쟁력 상실과 기업의 브랜드 파워 부족으로 시장에서 생존이 불가능한 상황으로 몰리고 있다. 변형주. "위기의 IT 비즈니스." 한경비즈니스 〈05/06/05〉.

3. 군대문화의 지속과 변화

군대 문화의 습득

'사회화'는 사람들이 태어나서 그 사회의 문화를 배우고 가치를 내면화시키는 과정을 의미한다(김채윤 외, 1986: 81), 사회의 구성원들은 사회화 과정을 거쳐 자신의 문화에 따라 행동하며 살아가게 된다. 군대 문화는 군대 조직의 생활양식이라고 할 수 있으므로 군대 문화의 특성을 이해하기 위해서는 무엇보다 군대 생활의 특성에 대한 이해가 필요하다. 군복을 착용한 채 영내에서 군인들의 생활은 일반적인 생활과 크게 다르다. 군대 조직 내에서는 구성원들의 사생활이 제한되고, 이들을 보다 효율적으로 통제하기 위한 위계구조가 갖추어진다. 그리고 위계질서 내에서 효율적으로 명령하기 위한 규율과 통제 대책이 마련된다. 이에 따라 군대에 새로 들어온 인원은 일반 사회와 구분되는 군대 특유의 생활양식과 행동규범을 학습하는 사회화의 과정을 거치게 된다.[6] 개인이 군대 문화에 통합되는 과정은 크게 네 가지 방식으로 이루어지게 된다(Soeters, 2000: 249).

6) 앰즐리(Wamsley, 1972: 401)는 군사문화의 내용을 1) 위계와 복종의 수용, 2) 복장, 태도, 몸치장을 극도로 강조, 3) 특수한 언어의 사용, 4) 명예, 완전무결, 직업상 책임 강조, 5) 전우애 강조, 6) 공격적 열광에 의해 특징지워지는 전투정신, 7) 역사와 전통의 존중, 8) 부양가족에 대한 사회적 근접성 등으로 규정하고, 군대에서 이러한 문화의 내용이 군 복무자들에게 사회화된다고 본다. 홍두승. 1996.『한국군대의 사회학』. 나남출판. p. 120.

그림 9. 3 개인과 군대 문화의 통합 과정

개인의 태도	군대 문화와 동질적		군대 문화와 이질적	
통합방식	자연적 동일시 (natural identification)	사회화 (socialization)	선택적 동일시 (selective identification)	계산적 동일시 (calculative identification)
중요가치	조직의 가치가 우위			개인의 가치가 우위

출처: Soeters, Joseph. L.. 앞의 글. p. 250.

〈표 9. 3〉에는 개인이 군대문화와의 이질성 여부와 그에 따라 군대문화에 통합되는 유형 및 중요가치를 정리하였다. 첫째, 군인, 경찰, 소방관 등의 직업을 가진 가정에서 자라난 어린아이들은 이들 직업의 사회적 가치를 배우게 되고, 그 결과 커서도 이러한 직업들을 선호하게 된다. 이처럼 개인이 추구하는 가치와 조직이 추구하는 가치가 같다면 개인은 자연스럽게 현재의 문화에 동질감을 느끼게 된다. 이러한 형태의 문화적 통합이 일어나는 곳은 군대 외에도 교회나 정당과 같이 명확한 임무와 목표를 가지고 있는 조직이다.

둘째는 사회화 과정이다. 모든 신병은 훈련 및 교육기관에서 사회화 과정을 거쳐야 한다. 신병들은 신병훈련소에서 민간 사회에서의 지위를 박탈당하고 새로운 정체성을 부여 받는다. 이러한 관행은 공수부대, 해병대 등과 같은 특수부대에서 더욱 강하게 나타난다. 이들 부대에 입문하기 위해서는 갖은 고초를 겪어야 하고, 조직에 참여하기 위해서 자신을 스스로 희생할 의지가 있음을 입증해야 한다. 어려운 관문을 통과해 새로운 조직 구성원이 된 인원들은 조직에 대한 높은 헌신을 보여주게 된다. 그러나 이들이 입문 단계에서 가졌던 기대는 일단 조직에 들어오게 되면 대부분 충족되지 않는다(Heffron, 1989). 부대 생활에 적응해갈수록 신병들은 군 생활이 완벽하지 않으며, 오히려 훈련기간에 교육받았던 것과 다르다는 사실을 알게 된다(Soeters, 2000: 251). 이에 따라 최초에 가졌던 헌신의 자세는 부대 배치 후 신속히 사라지게 된다.

셋째, 이런 이유로 일선 부대의 군 복무자들은 일반적으로 새로운 업무를 회피하고, 자발적으로 일을 맡지 않으며, 실제보다 많은 일을 하는 것처럼 엄살을 피우거나 꾀병을 부려가며 적당히 시간을 보내려고 한다(Hockey, 1986). 이는 군대에서 공식적으로 요구하는 복무 자세와 실제 군 복무자들의 행위가 충돌하고 있음을 보여준다. 이에 따라 물질적 보상을 통해 개인의 순응을 유도하는 선택적, 그리고 계산적 동일시 과정이 군 복무자들을 군대 문화에 통합시키는 보다 효과적인 방식이지만 이러한 방식은 전통적으로 군대에서 사용되어온 방식은 아니다. 왜냐하면 군대는 공동체를 위한 자발적 헌신을 기대하는 공공 조직주의를 지향해왔기 때문이다. 그럼에도 불구하고 군 조직 내에서 일반 직업주의가 확산되고, 군대와 기업의 문화가 수렴되어가는 것이 일반적 추세이므로 새로운 인원들을 군대에 동화시키기 위한 수단으로 봉급, 근로 조건, 진급 체계 등 물질적 보상의 중요성이 강조될 것이고 이는 궁극적으로 군대 문화의 본질적인 변화를 초래하게 될 것이다.

군대문화의 변화

오늘날 한국 사회의 생활양식은 과거와는 크게 다르다. 이는 외부 문화와의 끊임없는 접촉 과정에서 사회 구성원들이 중시하는 가치와 행동 양식에도 변화가 일어나기 때문이다. 고대 고구려 사회를 지배했던 상무(尙武)의 기풍은 고려 중세 시대까지 이어졌으나, 근세 조선에 들어 쇠락하였다. 이는 무엇보다 유교라는 새로운 정치이념의 도입과 함께 안보 논리

보다 정치 논리를 우선시하여 군사력 건설에 소홀했기 때문이었다.[7] 두 개의 서로 다른 문화가 접촉하게 되었을 때, 각각의 문화는 그 고유의 정체(正體)와 가치체계를 그대로 지키면서 공존할 수도 있고, 기존의 문화가 새로운 문화로 흡수될 수 있다. 그러나 현대 사회에서 두드러진 현상은 두 개의 문화가 접촉하여 고유의 정체와 가치는 그대로 유지하면서 다른 문화의 특성을 일부 받아들이는 것이다.[8]

군대 문화 역시 다른 문화와의 접촉으로 영향을 받게 된다. 한국 군대 문화가 간부 위주, 인명 경시, 대민 우월의식, 무조건 절대 복종 등 일본 군대문화의 영향을 많이 받았다는 비판이 제기되고 있다. 한국군의 창군 과정에서 일본 군대에서 장교, 부사관, 병으로 복무했던 인원들이 주도적 역할을 함에 따라 한국의 군대 문화가 일본 제국주의 군대 문화로 동화되었다는 것이다. 그러나 이러한 주장은 해방 이후 오늘날까지 긴밀한 접촉을 유지하고 있는 미국과의 관계를 고려해볼 때 설명력이 약한 것으로 보인다. 오늘날 한국 사회에 압도적인 영향을 끼치고 있는 미국 문화의 유입 과정에서 기지촌이 저급문화의 통로가 되었다면 군은 중급 내지는 고급문화의 유입 통로로 기능했다고 볼 수 있다.[9] 그럼에도 불구하고 오늘날 한

---

7) 조선시대에는 국가의 지도층이 군사에 대한 관심을 크게 두지 않았고, 국방군으로서의 상비군이 사실상 존재하지 않았으며, 군역은 피할 수만 있다면 피하고자 하는 일종의 고역으로 여겨졌다. 육군본부. 1999.『육군문화: 새천년 선진 육군문화』. 육군본부. p. 43.

8) 한국 사회에 살고 있는 화교들과 같이 고유한 정체와 가치를 지키며 다른 문화와 공존하는 경우를 '수용(收容)'이라고 하고, 미국으로 이주한 수많은 외국인들이 고유의 문화를 상실하고 미국 문화에 흡수되는 현상을 '동화(同化)'라고 한다. 반면 두 개의 문화가 전반적인 정체와 가치는 그대로 유지하면서 다른 문화의 특성을 일부 받아들이는 경우를 '문화접변'(文化接變) 또는 문화교차'(文化交叉)'라고 한다. 김채윤 · 권진환 · 홍두승. 1986.『사회학개론』. 서울대학교 출판부. p. 79.

9) 1953년부터 1966년까지 해외유학인정 선발시험을 통과해 해외로 유학한 사람은 모두 7,398명으로 그중 86%인 6,366명이 미국으로 유학했다. 그러나 이들 유학생이 학업을 마치고 귀국한 비율은 6%에 지나지 않는다. 반면 한국군 장교는 1950년대에만 무려 9,000여명의 미국의 각종 군사학교에 파견되어 교육받고 돌아왔다. 물론 장교의 미국 연수기간이 일반 유학생들의 유학기간에 비해 짧았다고는 하지만 군은 일반사회와는 비교도 할 수 없을 정도로 많은 해외유학 경험자들을 보유했다. 한홍구. "그들은 왜 말뚝을 안 박았을까." 한겨레 21

국 군대가 미국 군대 문화의 영향을 받았다는 비판은 전혀 제시되지 않고 있다.

표 9. 4 병영 문화의 변화

구분	1990년대	2000년대 이후
TV 시청	병장만 누워서 시청 일병, 이병은 곧바로 앉아서 시청	이병부터 병장까지 편한 자세로 시청
오락거리	장기, 바둑이 유일 일병 이하는 독서 금지	PC방, 보드게임방, 전자오락기
구타 및 폭언	취침 전 수시로 폭언, 구타	구타는 사라지고 폭언은 상존
식기 세척	후임이 고참 배식 식기 세척	고참병과 후임병이 각자 세척
PX 출입	이등병 출입 제한	이등병 자유롭게 출입
소원소리	고참병에게 구타당해도 하소연 불가	수원수리 통한 신고문화 정착

출처: 정강현. 2005. "나도 신병 때 인권주장, 고참 되니 군대 알아." 중앙일보 〈05/06/22〉.

따라서 군대 문화의 변화는 일반 문화와의 관련성 속에서 찾아보는 것이 타당하다. 일반문화와 군대 문화의 관계에서 두드러지는 현상은 '문화접변'(文化接變)이다. 한국 사회와 같이 징병제를 채택하고 있는 사회에서는 모든 남성들에게 부여된 군 복무의 경험이 일반 사회 문화의 일부를 형성하게 된다.[10] 마찬가지로 군대에서 재사회화 과정을 통해 군대에서 요구하는 가치와 행동양식을 주입시키지만, 군대의 구성원은 일반 사회로

〈02/05/08〉.

10) 최근 중국의 유명 인터넷 포탈 사이트는 한국 남성에 대해 '먼저 국가를 사랑하고, 다음 여자를 사랑한다. 혈기가 넘치면서도 진지하고, 큰 칼과 도끼를 휘두르듯이 과감하고, 우레같이 맹렬하고 바람처럼 날쌘 기풍을 가지고 있다.'고 평가했다. 이는 유교문화가 한국에서 비교적 최근까지 지속되어온 이유도 있겠지만 군대문화의 긍정적이고 순기능적인 역할에서도 그 이유를 찾을 수 있다. 군대에서 짧지 않은 한 시기를 거치는 동안 최초의 완전한 독립, 다시 돌아보는 사랑과 우정, 위계질서 속에서 배우는 겸손, 조직을 통솔하는 리더십 등의 독특한 경험을 통해 군대문화가 한국 남자들의 일상에 깊숙이 관여하고 여기저기서 표출되는 것이다. 한화준. 2005. "한류스타와 군대." 동아일보 〈05/04/19〉.

부터 충원되기 때문에 군대 문화 역시 일반 사회의 문화로부터 자유로울 수 없다. 개성과 인권을 중시하는 신세대 장병들로 군대 구성원이 바뀌어 가면서 선임병들에 의한 억압적 군대 문화는 점차 개선되어 나가고 있다. 〈표 9. 4〉에는 1990년대 이전과 2000년대 이후 병사들의 내무반 생활에서 벌어지는 제반 활동과 상하급자 관계를 비롯한 병영문화 전반에서 두드러진 변화 모습을 정리하여 놓았다.

한국 사회에서 군대는 사회가 성장하는 과정에서 기술적, 관리적 측면에서 긍정적으로 기여하였다. 1950년대 전근대적인 인습과 가치에 사로잡혀 있던 농촌 청년들에게 군대는 글을 배울 수 있을 뿐만 아니라 자동차, 무기, 통신장비 등 기계문명을 접할 수 있는 유일한 공간이었으며 1960년대 초반에는 제대 군인들에게 농사기술을 교육시키기도 하였다(한홍구, 2005). 이에 따라 군대에 다녀와야 사람 된다는 말이 생겨나기도 하였다. 그러나 군 조직의 특수성에서 파생되는 군대 문화는 여러 면에서 긍정적이기 보다는 부정적인 영향을 미쳐온 것으로 비판받고 있다.[11] 따라서 한국 사회 일각에서는 일반 사회의 민주적 가치를 군대에 확신시켜야 한다는 주장이 제기되고 있다. 그 결과 병영내의 인권 문제 개선에 대한 기대가 높아지는데 반하여, 단체성과 규율을 중시하는 군대에서 이를 뒷받침할 수 있는 체계를 갖추지 못하는 '기술지체'(技術遲滯) 현상이 발생하고 있다.[12] 대부분 가정에서 외아들로 자라나 즉각적인 욕구충족에 길들여진 신세대 장병들은 욕구가 충족되지 않을 경우 심한 좌절감을 느끼게

---

11) 한국 군대의 권위주의는 한국 사회의 전통적인 권위주의와 상승 작용하여 정치권력을 소수의 엘리트에게 집중시키고 국민들을 정치 과정에서 배제시켰다. 또한 행정의 능률성과 효과성을 지나치게 강조하고 개인의 창의성과 다양성을 경시하여 민주주의 사회의 필연적인 요소인 갈등과 대립을 원칙적으로 봉쇄하고자 함으로써 사회적 기능 분화를 저해하였다. 박재하 외, 1991.『군문화와 사회발전』. 한국국방연구원. pp. 109-110.

12) 후진국이나 개발도상국에서 선진국에서 발전된 이념이나 지식이 도입하여 교육을 통해 널리 확산시켰으나, 실제로 이를 지원하는 기술 체계가 뒤떨어져 사회적인 문제가 발생하는 현상을 '기술지체'라고 한다. 김채윤 외. 앞의 글. p. 80.

된다. 따라서 인권과 개성 존중이라는 일반 사회의 가치가 병영 내에서 지켜지지 않을 때, 장병들은 극심한 좌절감을 느끼게 될 수 있다. 이는 오늘날 신세대 장병들의 복무 부적응이 증가하는 주요 원인이 되고 있다.

군대문화의 향후 전망

군대 구성원들 간의 인간관계는 친밀하고 정의(情誼)적이며 상호 신뢰와 협동심이 존재한다. 이들은 상호간 책임을 공유하고 있으며, 이로 인해 상호 의존하고 있다는 사실을 경험하면서 공동체 의식을 형성시켜 나간다. 이에 따라 군대에서 특별히 중시되고 있는 가치 중 하나가 전우애이다. 그렇지만 군인에게 가장 중요한 일반적 가치는 부여된 임무에 대한 헌신이다(Caser, 1994: 44). 군대에서 이러한 특성이 나타날 수 있는 것은 영리추구를 위해 치열하게 경쟁해야 하는 일반 직업과 달리 군 복무자들에게는 공동체에 대한 헌신의 대가로 국가가 일정 부분 생계를 보장하기 때문이다(Soeters, 2000: 241).

18개국 사관학교의 군대 문화를 비교 연구한 결과에 의하면 실제로 장기간 군 복무가 가능하도록 제도적으로 보장된 국가에서 국가와 헌법 질서에 대한 헌신을 보다 중요시하며, 그렇지 않은 국가에서 물질적 보상이 우선시된다(Soeters, 1997; Soeter and Recht, 1998). 40년 가까이 군 복무가 보장되는 벨기에, 이탈리아, 독일에서는 군인들이 사생활의 자유나 물질적 보상을 상대적으로 덜 중시하는데 반해, 기껏해야 20년 정도 복무할 수 있는 덴마크, 노르웨이, 미국, 캐나다 등지의 장교들은 이와 달리 여가생활, 생활 여건, 봉급 수준, 그리고 진급 기회 등을 보다 중요하게 생각한다.

모스코스(Moskos, 1977)는 이러한 현상을 제도-직업모형(institutional-organizational)을 통해 설명한다. 공공 조직적 특성을 갖는 군대에서는 공동체에 대한 헌신이 신념화되어 개인적 영역의 활동이 사소한 것으로 간주되는데 반하여, 일반 직업적 특성을 가진 군대에서는 군 복무가 일종의 직업으로 인식된다. 따라서 군 복무자들은 자신의 사생활에 대한 군대의 직접적인 통제를 최소화하고, 일반 노동시장에서 자신의 가치를 높이기 위해 끊임없이 노력한다.

최근 경제 및 교육 수준 향상에 따라 3D 업종 기피현상이 심화되면서 군 복무를 회피하려는 경향 역시 늘어나고 있다. 이에 따라 군은 사회가 필요로 하는 적정 규모의 군 인력을 확보하기 위한 수단으로 결국 물질적 보상의 제공에 의존하고 있다.[13] 더욱이 대부분의 국가에서 추진하고 있는 '작지만 강한 군대' 육성을 위한 군 구조개혁 방안은 군 인력 감축을 수반하므로 장기 복무자의 직업 안정성을 저해시키게 될 것이다. 그 결과 군 복무자들 사이에서 '공동체에 대한 헌신'이라는 가치가 갖는 중요성은 지속적으로 약화될 수밖에 없을 것이다.

위계 구조

군대 내의 위계질서는 크게 세 가지 측면에서 중요한 역할을 수행한다(Caser, 1994: 35). 첫째, 어떤 계급의 군인은 그 계급에 상응하는 제대 지휘관으로서 당연히 갖추어야 할 자질을 소유하고 있는 것으로 간주할 수 있도록 해준다. 둘째, 지휘자가 부재중이거나 유고시 지휘권을 승계할 순서를 지시해주는 기능을 수행한다. 셋째, 상급자와 하급자들 간의 질서를 유지하고 결정해주는 토대가 될 수 있다.

---

13) 우리 군대에서도 단기복무 부사관을 확보하기 위하여 단기복무부사관 장려수당을 지급하고 있다. 수당 지급액은 단기하사 1호봉 봉급액의 1년분에 해당하는 금액으로 약 720만원에 달한다. 수당의 지급은 전투부대에 근무 중이거나 근무 가능한 자, 접적 지역에 근무 중인 자, 인력 획득이 어려운 업무 분야에 근무 중이거나 근무 가능한 자에게 우선 지급하도록 되어있다. 대통령령 제 17158호(일부개정 2001.3.27).

군대에 위계질서가 확립된 것은 중세 후반에 용병제가 도입되면서부터 이다.[14] 일단 용병제가 도입되자 다수의 병사를 지휘하기 위해서 상·하급 단위대로 나눠는 조직구조와 계급의 위계질서가 요구되었다. 이에 따라 용병 군대의 강력한 징계법 체계가 점차 군법의 성격으로 발전하게 되면서 체계적인 훈련과 즉각적인 복종을 가능하게 하는 위계구조가 확립되었다. 군사 활동이 기능별로 뚜렷하게 세분화되지 않았던 19세기까지 군내의 지휘계통은 단순한 수직형 직선구조로 되어 있었다. 명령에 대해 수동적으로 복종해야만 하는 기계적 형태의 조직 체계는 1차 세계대전까지 지속되었다.

그러나 과학기술이 발전함에 따라 군대 조직의 복잡성 역시 증가하게 되었다. 작전 반경이 확장됨에 따라 최전방에서 임무를 수행하고 있는 현장 지휘관의 역할이 중요해졌다. 또한, 무기 및 장비의 기술적 복잡성이 증가하여 자신의 지휘계통 밖에 있는 전문가에 대한 의존도가 높아졌다. 권위의 근거로서 계급의 중요성이 줄어들고 전문지식, 기술, 직무수행 능력의 역할이 증가하게 된 것이다. 이에 따라 군 당국은 고도로 숙련된 군대 기술자들이 군에서 떠나는 것을 막기 위하여 이들의 지위를 보장해주지 않을 수 없게 되었다. 이는 군대 상관의 권위적 지위를 약화시키는 결과를 초래하고 있다.

군대 조직은 엄격한 규율과 수직적 위계구조에 의존하는 기계적(machine) 관료제에서 전문화된 영역별로 세분화된 부대 업무가 전문적인 교육을 받은 관리자와 소규모 집단에 의해 수행되는 전문적(professional)

14) 고대 부족군대에서는 전사(戰士)들이 스스로 지휘자를 선택했기 때문에 지휘자의 지휘에 멋대로 간섭할 수 있었다. 이러한 군대에서는 가문과 연령에 따라 무리를 짓게 한 것을 제외하고는 조직을 갖추지 못했고 기능에 따른 전문화도 이루어지지 않았다. 중세 이후의 기사를 중심으로 하는 봉건 군대 역시 개인들의 단순한 집합체에 불과했다. 마상 결투를 중시했던 기사들은 전투대형을 형성하지 못했으며, 국왕에 대한 충성심이 미약하여 종종 상관에게 반항하기도 하였다. Caser, Nico. 1994.『군대명령과 복종』. 조승옥외 역. 법문사. p. 26.

관료제의 형태로 변화하고 있다(Mintzberg, 1979). 애들러(Adler)와 보리스(Borys)는 이를 강압적(coercive) 관료제와 위임적(enabling) 관료제라는 용어로 설명한다. 강압적 관료제에서는 규정을 통해 사소한 것까지 통제하려고 하는데 반해, 위임적 관료제는 구성원들이 참고해야 할 기준을 제시해 주고 임무를 보다 효과적으로 수행하고, 조직에 헌신하도록 유도한다(Adler and Borys, 1996).

군대는 전통적으로 규정에 의해 수직적으로 계층화 되어있는 강력한 위계질서를 갖고 있다. 이처럼 권력의 비대칭성이 높게 나타나는 조직에서는 강압적 위계구조가 효율적이다(Adler and Borys, 1996: 82-83). 그러나 군 조직 내에 고도의 전문적 기술이 요구되는 업무가 늘어나게 됨에 따라 명령에 대한 복종보다는 상호의견 교환과 협조가 중시되고 있다. 현대 군사기술의 정교화와 사회적 다원화 추세는 군대 조직 역시 수평적 네트워크 조직으로 변화시키고 있다. 따라서 강압적 위계구조의 효율성은 점차 약화되고 자율성에 토대한 새로운 조직 문화가 형성되어 갈 것이다.

군기(軍紀)

오늘날의 군대 조직은 방대한 양의 규정을 갖고 있다. 각각의 장비에 대한 정비 및 관리에서부터 두발과 경례 요령에 이르기까지 모든 행동을 규제하는 수많은 규정들이 임무 수행과정을 통제하고 있다. 군기는 규정에 대한 복종을 의미하는 것으로 권위에 대한 인정과 명령의 불복종에 대한 처벌까지를 포함한다. 군대 조직 내에서 군기는 몇 가지 잠재적 기능을 수행한다. 우선 영내에서 허용되는 행동과 그렇지 않은 행동의 기준을 제공한다. 이를 통해 부대원의 행동을 직접 통제한다. 이러한 행동화는 다른 집단과 자신을 구분 짓도록 하여 집단 구성원으로서의 정체성을 부여한다.

각국 군대에서 군 복무자들에게 강조하는 군기의 내용은 서로 다르다. 이러한 차이는 경례 방식과 군복의 착용 방식 등과 같이 외형적으로 나타날 수도 있고, 상관의 명령에 대한 수명(受命) 태도 등과 같이 기능적으로 나타날 수도 있다.[15] 18개국 사관학교에 대한 비교 연구에서 독일, 벨기에, 네덜란드, 스웨덴, 덴마크, 노르웨이 등과 같은 서유럽 국가의 생도들은 군복 다림질, 경례 자세, 단화 손질 등을 별로 중시하지 않는 것으로 나타났다(Soeters and Recht, 1998). 반면 영국, 프랑스, 이탈리아, 스페인, 아르헨티나, 브라질 등에서는 외적 자세와 관련된 군기를 상당히 중시했다.

군대 구성원들의 일상생활을 규율하는 규범은 공식적인 위계 구조에서만 파생되는 것은 아니다. 대면관계에 의해 결합된 소규모 사회집단은 그들 나름의 규범과 가치는 물론 사회적 통제수단들을 발전시킨다(Caser, 1994: 51). 이에 따라 인간관계의 친밀도가 높고 구성원들이 서로 강력한 영향을 미치는 군대 내에서도 희롱, 조소, 아니면 단순한 단교(斷交) 등의 수단을 동원하여 구성원의 견해와 태도를 같게 만들려는 움직임이 나타난다. 사관학교 비교연구에서도 군기를 중시하지 않는 국가에서는 비공식 집단의 규범이 매우 중요한 것으로 나타났다(Soeters and Recht, 1998). 반면 군기를 중시하는 국가에서는 비공식 집단의 규범이 상대적으로 덜 중요시되는 것으로 나타났다. 이는 엄격한 통제를 중시하는 집단보다 자율성을 강조하는 집단에서 활발한 의사소통을 통해 구성원들 간에 정보, 태도, 가치의 공유가 가능해지기 때문이다.

최근 사회적으로 군기는 전투력을 강화하는데 국한하고, 병사들이 군 복무 간 자기계발을 할 수 있도록 자율성을 보장할 것을 요구하는 목소리

15) 기능적(functional) 군기는 특정한 상황에서 임무 수행을 보다 용이하게 하도록 하는 수단이다. 반면 형식적(formal) 군기는 다양한 상황에서 공통적으로 적용 가능한 일반적인 행위 규정을 의미한다. Shalit, B.. 1988. *The Psychology of Conflict and Combat*. New york: Praeger. pp. 122-126.

가 높아지고 있다(김덕련, 2005). 병영 내에서 병사들의 자율성이 확대될수록 병사들을 중심으로 한 비공식적 규범의 중요성 역시 증대될 것이다. 이 경우 비공식 집단의 규범을 통한 자기 절제의 방식이 일반적인 군기의 강요를 대신하여 병영 내의 질서를 유지할 수 있는 수단이 될 수 있다(Soeters, 2000: 243). 따라서 이들이 지향하는 방향이 군 조직의 공식적인 규범과 일치하도록 유도할 경우 대화와 합의에 토대한 자율적인 군대 문화를 형성해 나갈 수 있을 것이다.

일반적으로 전통적 군대 문화에서는 공공 조직적 특성, 위계구조, 그리고 군기가 강조된다. 이러한 형태의 군대 문화는 서구화의 수준이 상대적으로 낮은 국가들에서 주로 나타난다. 반면 북미와 서유럽 등지에서는 군 복무에 대한 태도나 일하는 방식 등이 기업과 유사한 형태로 변화하고 있다. 대부분 유럽 국가의 군대는 미국이나 캐나다에 비하면 아직도 높은 수준의 공공 조직적 특성을 갖고 있다. 그러나 모병제로 전환한 네덜란드, 벨기에, 프랑스 등지에서는 일반 직업적 특성이 증가하고 있다. 특히 단기 복무제의 도입은 이러한 경향을 강화시키고 있다. 이에 따라 모병제를 채택한 국가에서는 전 생애에 걸쳐 군인으로 복무하고, 또 군인으로서 공동체를 위해 기꺼이 희생한다는 의식이 약화될 것이다(Soeters, 2000: 244). 반면 징병제와 결합하여 전문직업 군인에 대한 종신고용을 보장하는 국가에서는 공공 조직적 특성이 얼마간 유지될 수 있을 것이다.

군대에서의 업무 방식과 관련해서는 효율성과 통일성을 기하기 위해 관료제가 유지될 수밖에 없다. 그러나 관료제의 성격도 점진적으로 강압적 관료제에서 위임적 관료제로 전환될 것이다. 위임적 관료제 하에서 군 복무자들은 집단 내의 비공식적 규범에 따라 스스로 절제하며, 자율적으로 업무를 수행해나갈 수 있게 된다. 관료 조직이 제시하는 기준과 규정들은 군 복무자들이 업무를 수행해나가는 방향을 제시해주는 역할만을 수행하게 된다. 리더십과 관련해서도 강압적 형태의 전통적인 리더십이 사라지고, 임무형(mission oriented) 리더십으로 전환될 것이다. 지휘관은 부하에 대한 신뢰를 바탕으로 자율성을 인정하고, 부하는 자신의 판단에 따라 지휘관의 의도를 관철할 수 있는 효율적인 방법을 모색하게 된다.

이러한 변화의 원인으로는 무엇보다 교육 수준이 향상되어 전문 기술을 가진 군 인력이 증가하고 있으며, 정보 · 통신 기술의 발달로 수평적 조직 체계의 효율성이 증대되었고, 대부분의 국가에서 서구화의 진행과 함께 개인주의가 확산되고 있는 것 등을 제시할 수 있다. 향후 각 국에서 징병제가 폐지될수록 이러한 변화는 더욱 가속화되어 궁극적으로 군대 조직은 〈표 9. 5〉와 같이 일반 기업조직과 유사한 형태로 발전해 나가게 될 것이다.

표 9. 5 군대 문화의 변화 방향

전통적 군대 문화		새로운 군대 문화
공공조직주의 (institutional)	⇒	일반직업주의 (occupational)
강압적 관료제 (coercive breaucratic)		위임적 관료제 (enabling bureaucratic)
전통적 군기 (traditional discipline)		자율적 군기 (self-steering)

출처: Soeters, Joseph. L.. 2000. “Military Culture.” Giuseppe Caforio(ed). *Handbook of the Sociology of the Military*. New York: Plenum Publisher. p. 244.

제10장

군 직업주의의 변화와 도전

역사적으로 군 직업주의가 도입된 배경에는 서양에서 중세의 기사로부터 용병, 절대 군주의 상비군을 거쳐 근대적 국민군대가 등장한 뒤 직업적 장교단이 정착되면서부터이다. 한편, 역사적 경험이 달랐던 동양에서는 절대 군주의 충성스런 상비군이 유지되었으나 외세에 의해 식민지화 된 국가들이 현대 국가로 독립되면서 직업적 군대가 정착하였다. 이렇듯 시기와 방법은 달랐지만 군사적 업무를 전담할 직업적 장교단이 대부분 국가에 정착되었지만 그 결과는 여러 사람의 예측과 상반되게 나타났다. 남미 아시아 및 아프리카 여러 국가에서 전문화된 장교단이 군대 영역에 전념하기보다 정치에 개입하여 정치 권력을 장악하고 오랫동안 국가를 통치하였다. 그리하여 헌팅턴이 예견한 전문화된 군대집단이 정치적 중립을 지키며 군대 영역에 전념하는 직업주의를 구직업주의, 정치에 관여하여 정치세력화한 직업주의를 신직업주의로 각각 명명하고 어떤 경우에 군대가 정치에 개입하고 그 결과가 무엇인지에 대해 학자들의 많은 관심이 집중되었다.

1. 군 전문직업주의 유형

구직업주의(old professionalism)와 신직업주의(new professionalism)

고도로 복잡하고 다양한 무기체계와 전략이 요구되는 현대전에 대비한 전문화된 군대 육성을 위하여 오늘날 여러 국가에서 체계적인 교육과 전문화된 규범을 갖춘 직업적 장교단이 정착하였다. 이런 장교단을 헌팅턴(Huntington, 1957)은 그의 저서 '군인과 국가'(The Soldier and the State)에서 현대 전쟁은 고도로 전문화되어 있어서 장교단은 전쟁에 대한 전문적인 기술과 동시에 정치 및 통치 기술에 능할 수도, 양립할 수도 없으며, 이들이 자신의 대외적 안보 기능에 집중할수록 정치 이념과 사회적 가치에 대해 무관심해져서 문민통제도 가능하다고 주장한다. 이렇게 정치적 중립과 민간 우위의 원칙을 지키면서 대외적 안보에 전념하는 직업적 장교단의 모습을, 리지웨이(Mattew B. Ridgway) 장군은 그의 저서 '군인'(soldier)에서 군대와 정치의 관계에 대한 설명으로 대신하고 있다(조영갑, 1993: 247).

> 정치가는 군인에게 "이것이 우리의 정책이며, 달성해야 할 목표이다. 이를 위해 필요한 군사적 수단은 무엇인가?"라고 요구한다. 군인은 "이 정책을 시행하는데 필요한 것은 이만큼의 항공기, 병력, 함정입니다."라고 말한다. 이것이 정치가와 군인의 당연한 관계이다. 나는 전문직업군인은 결코 목표, 즉 정치적 요소를 고려해서는 안 된다고 말하고 싶다. 만일 정치가가 달성하려는 목표가 비용이 많이 소요되는 것일지라도 그것은 군인이 관여할 바가 아니다. 비용의 문제를 판단하는 것은 정치가의 책무이다. 설령 그 비용이 국가가 경제적으로 견디기 어려운 것일지라도 마찬가지이다.

이렇듯 정치인과 전문직업군인 간에 정치적 목표와 군사적 업무를 구분하여 군인의 정치적 중립과 민간 우위의 원칙을 강조하고 있다. 헌팅턴이 주장하는 정치와 군사의 분리 논지는 개념적으로 그리고 경험적으로 몇 가지 문제점을 안고 있다. 첫째로, 개념적 차원에서 보면 장교단이 전문직업 집단인 것은 민간권위에 복종하는 전문직업 윤리를 갖고 있기 때문이라고 헌팅턴은 주장한다. 그러나 장교단이 민간권위에 대한 복종의 결과로 군 전문직업주의가 형성된 것인지, 아니면 군 전문직업주의가 형성되었기 때문에 장교단이 문민통제의 원칙을 지키게 된 것이지 그 선후가 모호하다. 결국, 군이 정치적 중립을 지키면 높은 수준의 직업주의가 확립되었기 때문이라고 설명하여, 군이 정치에 개입하면 직업주의가 확립되지 않았기 때문이라고 주장하는 것은 동어반복의 모순에 불과하다. 다음으로 경험적으로 차원에서 문제점은 헌팅턴의 주장과 달리 전문직업적 군대가 정치에 개입한 사례를 여러 나라에서 찾을 수 있다. 특히 군 전문직업주의가 높은 수준으로 정착된 남미에서 여러 나라의 군대가 정치에 개입하여 권력을 장악하였다.

이에 따라 스테판(Alfred Stepan, 1986: 138)은 헌팅턴이 제시한 정치적 중립과 문민우위의 원칙을 준수하며 대외적 안보에 전념하는 전문직업적 군대를 구직업주의로 규정하고, 높은 수준의 직업주의가 정착된 상황에서 국내안보와 국가발전에 관심을 갖고 정치화된 전문직업적 군대를 신직업주의라고 개념화하였다. 1960년대 남미의 브라질과 페루의 군대는 당시 어느 군대보다 고도로 관료화되고 전문화된 교육을 통해 전문직업 장교단을 형성했음에도 불구하고 구직업주의 패러다임을 벗어나서 국내 정치에 개입하고 권력을 장악하였다.

중남미에서 군부가 안보에 대한 대내적 위협을 극복하는 것을 자신의 소명으로 규정하게 된 데는 카스트로의 게릴라 부대가 정규군을 패배시키는 충격적 사건이 크게 작용하였다. 카스트로의 게릴라 부대에 의해 사회주의 혁명이 시도되고 쿠바가 소련의 영향권으로 편입이 가시화되자, 중남미 국가들은 안보 위협이 외부의 적 때문이 아니라 내부에서 발생한다는 인식을 하게 되었다. 세계 적화를 목표로 하는 소련은 현지 반정부 세력들을 지원하고 게릴라 활동을 통해 현 체제를 무너뜨리고 적화를 시도하고 있었다. 이에 많은 군 장교들은 공산주의자들을 의심하였는데, 카스트로가 혁명에 성공한 후 쿠바군대를 해체함에 따라 군 장교들은 공산 정권의 수립과 군대의 해체를 동일시하였고 이후 대내적 안보위협에 관심을 집중하게 되었다.

그 결과, 전후 미국과 소련 중심의 냉전체제가 형성되고 쿠바가 게릴라에 의해 공산화되자 중남미 국가의 군 전문직업주의도 새로운 양상으로 변하기 시작했다. 특히 각국의 국방대학(war college)에서 2차 대전을 분석한 결과, 국가안보에서 순수하게 군이 차지하는 비중은 그리 크지 않았다는 교훈을 얻고, 현대 총력전 체제에서 적을 격퇴하기 위해서는 경제력, 기술 수준, 국민의 의지, 동맹 외에도 국가 자원의 지속적인 동원 능력이 중요한 것으로 평가하였다. 이에 따라 남미의 군부는 전시 적을 격퇴하는 것보다 국가 자원을 보호하는 것이 더 중요하다고 판단하였고, 군대의 역할을 전쟁 대비로부터 국가의 안전보장으로 재정립하였다.

이후 중남미 군부는 사회와 군대의 영역을 명확히 구분하는 구직업주의가 새롭게 필요한 군대의 임무수행에 부적절하다고 결론 내렸다. 국가 안보가 군사적 요인 외에 경제, 사회, 국제정치적 요인에 의해서 결정되는 상황에서 군대는 군사적 능력 외에 다른 영역에서 국가 정책에 관여할 수 있는 전문지식과 능력을 갖추어야 한다고 판단하였다. 이에 따라 군인들은 물론 민간 관료와 기업인 학자 신부까지 교육하는 국방대학이 만들어지고 국가안보를 전반적으로 연구하게 되었다. 여기에서 국력은 물론 국가안보에 영향을 미칠 수 있는 경제개발 계획과 같은 다양한 주제들이 다루어지고 모든 영역에서 안보 역량을 강화하기 위해 군대의 참여가 허용되었다.

이런 상황에서 공산세력의 확산에 대비하기 위한 미국의 군사원조와 군사훈련 프로그램은 남미의 안보위협을 재정립하는 데 많은 영향을 주었다. 미국은 군사력 배치와 경제 및 군사원조 등을 통해 공산주의에 대항하는 군사동맹을 각국과 체결하였다. 1960년대 이후 미국의 남미에 대한 원조 프로그램은 국내반란에 대응하는 작전개념으로 신속히 전환되었으며 군이 공산세력의 간접적 침략에 맞서 국가안보를 유지할 수 있는 물질적, 이념적 지원을 아끼지 않았다. 1979년 산디니스타 정권의 출범 전까지 한 번도 성공하지 못했으나, 쿠바 혁명 이후 거의 모든 남미 국가에서 이와 유사한 반란 시도가 있었다.

전후 남미의 근대화는 당시의 정치적 상황을 변화시켰다. 도시화와 수입 대체 산업화가 진행되면서 도시 근로자가 증가하였고 교육과 대중매체의 확산으로 이들의 정치적 참여가 가능해졌다. 이들 노동계급은 체제 변화를 요구하는 급진정당과 사회 변혁운동을 지지했으나 당시 의회로부터 충분한 지지와 경제력을 확보하고 있었던 엘리트 집단은 급격한 개혁을 저지하는 데 성공하였다. 연약한 민간 정치제도하에서 새롭게 등장한 급진적인 정치세력이 개혁세력으로 성장하지 못하게 되자, 노동계급, 엘리트, 중간계급이 자신의 이익을 둘러싸고 첨예하게 대립하는 구조가 만들어졌다. 이에 따라 입헌 민주주의의 비효율성에 대해 좌익과 우익 세력 모두가 비난하고 정치적, 사회적 투쟁의 수위가 높아지고 이를 통제할 수 없었던 정치체제는 사회를 위기상황으로 몰고 갔다.

민간 정치제도가 정당성을 잃고 분열되어 가는 데 반해, 남미 군대는 오랜 시간 동안 충분히 전문직업적 능력을 향상해 갔다. 일련의 군사교육기관이 창설되어 군사교육이 확대되었고, 엄격하게 선발된 인원만 장교로 임관할 수 있었다. 전후 이룩한 경제성장과 미국의 지원으로 군대 규모와 기술은 물론 조직의 발전수준도 민간부문을 능가하기 시작했다. 더욱 작고 가난한 나라에서도 발전 속도는 늦었지만, 군대의 전문직업능력이 향상되어 갔다. 고위급의 장교들은 상당한 정도의 행정 및 관리 경험을 축적하고 있었고 사회가 직면한 위기의 원인을 평가하고 해답을 찾아낼 수 있는 능력을 갖추게 되었다.

이들은 국가 안보와 이를 지켜내기 위한 군대의 역할을 재정립하기 시작했다. 반란세력의 위협을 증가시키거나 감소시킬 수 있는 모든 정책이 국가안보 문제와 결부되었다. 민간제도와 지도자가 반란집단의 위협에 효과적으로 대응할 능력이 부족하여 군대가 개입하는 것은 안보를 책임지고 있는 전문직업인으로서 의무라고 생각하였다. 그 결과, 내적 단결과 국익을 위한 헌신, 그리고 민간 정치인들에게 부족한 지도력을 보유한 군부의 직접통치가 국가안보를 보장하는 방편으로 인식되기에 이르렀다. 신생국의 경우 이러한 군대의 사회적 책임감은 오히려 그들로 하여금 정치에 개입하도록 유도하는 원인이기도 하였다. 기존 정권이 효율적으로 기능하지 못하는 상황에서 사회가 극도로 분열되면서, 군은 자신의 임무를 확대 적용하여 이러한 분열 상황을 개선하기 위해 정치의 전면에 나서게 되었다.

〈표 10. 1〉에는 구직업주의와 신직업주의하에서 군대의 기능과 역할, 국민들의 정부에 대한 태도, 필요한 군사기술 및 활동 영역 및 사회화의 영향 등을 상호비교, 정리하였다. 구직업주의하에서 군대의 기능이 대외적 안보기능에 국한되었다면, 신직업주의하에서는 대내적 안보와 국가발전에 초점이 맞추어져 있었고, 구직업주의하에서 민간인들은 정부 정당성을 인정하는 반면, 신직업주의하에서는 다양한 계층으로부터 정부의 정당성이 도전받고 있으며, 구직업주의하에서 필요한 군사기술은 고도의 군사전문기술이나, 신직업주의하에서는 고도로 상호 연관된 정치적 및 군사적 지식과 기술이며, 구직업주의하에서 군부직업의 활동범위가 군대 영역으로 제한되지만, 신직업주의하에서 군대의 활동영역은 무제한 확대되었고, 구직업주의하에서 군대의 직업적 사회화가 군부의 정치적 중립성을 강화

하는데 기여하는 반면, 신직업주의하에서는 군부를 정치화시키며, 민군관계에 대한 영향으로 구직업주의는 군부의 정치적 중립과 민간 통제에 기여하는 반면, 신직업주의는 군사적, 정치적 관리주의와 군대의 역할 증대에 기여하는 것이라고 요약된다.

표 10.1 구직업주의와 신직업주의

구 분	구직업주의	신직업주의
군대의 기능	대외적 안보	대내적 안보와 국가발전
정부에 대한 민간인의 태도	정부 정당성 인정	다양한 계층으로부터 정부 정당성 도전
필요한 군사기술	정치적 기술과 양립할 수 없는 고도의 전문기술	고도의 상호 연관된 정치 및 군사기술
군부직업의 활동 범위	제한적	무제한적
직업적 사회화의 영향	군부의 정치적 중립성	군부의 정치화
민군관계에의 영향	군부의 정치적 중립과 민간 통제에 기여	군사적, 정치적 관리주의와 역할 증대에 기여

출처: Stepan, Alfred. 1986. "The New Professionalism of Internal Warfare and Military Role Extension". Abraham Lowenthal and J. Samuel Fitch(eds). Armies and Politics in Latin America. New York: Holmes & Meier. p. 138.

민주적 전문직업주의(democratic professionalism)

구직업주의나 신직업주의 모두 한계점을 안고 있다고 판단한 피치(J. Samuel Fitch, 1989)는 구직업주의와 신직업주의의 대안으로 민주적 전문직업주의를 제시하였다. 〈표 10. 2〉에 제시한 바와 같이 민주적 전문직업주의는 구직업주의의 전문직업 윤리를 받아들이고 있다. 그러나 구직업주의와 다른 점은 대부분의 남미 국가에서 나타나는 높은 수준의 이데올로기적 불일치와 사회적 갈등을 고려하여 군대의 궁극적인 충성 대상이 국가에서 국민으로 바뀌었다는 데서 찾을 수 있다. 한편, 민주적 전문직업주의는 신직업주의와 같이 대내적 안보에 대한 관심을 인정하나, 민주주의 체제만이 공공의 이해가 올바르게 표출되고 국민 대다수가 선호하는 체제라는 사실을 인정한다는 점이 신직업주의와 다른 점이다.

표 10. 2 민주적 전문직업주의와 기존의 직업주의

구 분	민주적 전문직업주의	
	공통점	차이점
구직업주의	– 문민 우위 원칙의 준수 – 헌법과 정당한 법 절차의 강조 – 군대의 정치적 역할 배제	– 군대의 충성 대상은 국민 ※ 정통성 있는 정부에만 복종
신직업주의	– 대내적 안보에 대한 관심 인정	– 민주주의 체제만 정당성 인정 – 안보문제 관여 범위 제한 ※ 군대의 책임은 조언으로 국한

민주적 전문직업주의의 핵심은 군대가 국가 이익의 수호자임을 자처하며 초국가적 역할을 수행하는 것을 인정하지 않는 점이다(Fitch, 1989: 134). 모든 사회집단은 공공재와 공공재를 산출해 내는 정책을 둘러싸고 갈등을 보이는데, 장교단 역시 사회계층의 일부분을 차지하고 있기 때문에 이러한 갈등으로부터 자유롭지 않다는 사실이다(Janowitz, 1977). 따라서 군이 국가 이익을 정의하거나 국가 의지를 대변하고자 할 경우 군의 중립성에 대한 의혹이 제기된다. 더욱 중요한 문제는 군대 또한 국가 의지를 확인할 수 있는 수단을 갖고 있지 않으며, 시민 단체에 비해 국가 이익을 더 명확히 규정해낼 수 있는 능력이 있는 것도 아니라는 점을 강조한다.

민주적 전문직업주의하에서 군은 헌법절차에 의해 구성된 정부 권위는 물론 민주적으로 결정된 국민의 의지에 정치적으로 종속되어야 한다고 본다. 국민이 보호받아야 할 위협의 실체를 명확히 구체화하고, 이런 위협에 대응하기 위해 요구되는 군대의 임무와 역할을 규정하고, 소요되는 자원의 규모를 결정하는 것은 결국 정책으로 구체화한다. 군의 전문지식과 기술은 효율적인 정책을 입안하기 위해서 필수적이나 정책 결정 과정이 군에 의해서 독점되어서는 안 된다는 것이다. 군 장교들은 전쟁 억제와 전쟁 수행을 위해 조직화한 무력을 사용하는 전문가이지 국민들의 구세주나 국가 이익의 대변자는 결코 아니다는 사실이다. 즉 자위(自衛)를 보장하고 자주(自主)를 지키기 위한 정책의 선택과 결정은 국민의 의사를 대변하는 민주적 절차에 따라 이루어져야 한다.

민주적 전문직업주의는 정치적으로 헌법 질서를 공고히 하는데 이바지할 수 있다. 또한, 전문직업적 가치에 관심을 두고 있는 직업군인들에게 민주적 민군관계는 중요한 이점을 제공할 수 있다. 군대가 정치적 역할에서 배제될수록 직업군인들의 진급이나 보직에서 특정 개인에 대한 충성이 개입할 여지가 사라지게 된다. 전문직업적 특성에 근거한 진급제도는 국방을 위해 요구되는 군사적 능력을 극대화할 수 있으며, 군대의 정치성을 배제함으로써 다른 사회 구성원들로부터 군에 대한 신뢰도 증진할 수 있다. 군대에 대한 시민들의 태도가 안보위기에 대응할 수 있는 국가의 능력에 영향을 미치기 때문에 군이 정당성을 잃게 되면 국가를 보호할 능력도 약화할 수밖에 없다. 따라서 군사적 전문기술 습득과 군에 대한 일반 대중의 지지를 유지하도록 함으로써 민주적 전문직업주의는 국가의 안보 능력을 강화할 수 있다.

민주적 전문직업주의하에서 군대의 모든 업무는 법치의 틀 내에서 이루어진다. 군사 기능을 수행하기 위해서 군대는 민간 조직에서는 발견되지 않는 고도의 위계질서와 군사훈련이 요구된다. 상급자의 권위에 대한 복종은 모든 군사조직에 공통으로 요구되는 본질적인 특성이다. 그럼에도 불구하고 법률에 직접 어긋나는 명령을 따르지 않는 것이 전문직업 군인의 의무이다. 반란에 참가하라는 명령이나 민간인을 고문하라는 명령은 은행을 털거나 무고한 행인에게 발포하라는 명령만큼 받아들일 수 없다. 그러나 안보를 증진하기 위한 필요성과 복종의 범위를 제한하는 법 규범 사이에서 적절한 균형점을 모색하기도 쉽지 않은 일이다. 이런 경우 정당한 정권에 대한 복종의 의무와 군의 사회적 책임은 서로 충돌할 수 있다.

어떤 사회에서든 문민 정권이 국가 안보를 위협하는 방향으로 국정을 운영하고 있다고 장교단이 확신하게 될 때, 민군관계의 위기가 발생하게 된다. 대부분의 남미 국가에서 정치 엘리트와 군부 엘리트 간의 이데올로기적 비대칭성이 이러한 상황을 초래했다. 따라서 민주적 전문직업주의는 문민 우위의 원칙을 지키는 선에서 국가안보 문제에 관한 불만 제기를 허용하는 윤리 규범을 제공하고 있다. 다만 이 경우 직업적 양심에 따라 정책에 반대하고자 하는 장교들의 권리 행사는 국방부 또는 합참과 같은 정상적인 지휘 계통을 따라 이루어져야 한다. 만약 이러한 호소가 실패했을 때에는 국민의 의사를 대변하는 의회의 국방위원회에 이들의 의견이 직접 전달될 수 있도록 허용되어야 한다(Fitch, 1989). 이러한 시도마저 실패하면 그 장교는 사회적 책임을 다한 것으로 평가된다. 민군 갈등을 해결하기 위해 비민주적인 수단을 동원하는 행위는 어떤 경우에든지 정당화될 수 없다.

군 전문직업에 관한 새로운 시각

오늘날 서구 유럽의 군대조직은 전문직업 장교, 민간 전문가, 징집병, 부사관, 그리고 민간 고용인 등 다섯 부류의 구성원들로 움직여진다. 이들이 군대 조직 내에서 함께 근무하고 있다고 해서 공통적인 가치관이나 직업윤리가 공유되고 있는 것은 아니다. 따라서 군 직업주의를 정의하기 위해서는 군대의 중요 행위자인 장교단과 나머지 집단과의 차이점을 비교하는 작업이 선행되어야 한다. 이를 위해 소렌슨(Sørensen, 1994)은 직업(occupation)과 전문직업(profession), 조직(organization)과 공공 단체(institution)라는 네 가지 기준을 제시하였다.

프리드슨(Friedson, 1984)은 전문직업을 특별한 형태의 직업 중 하나라고 정의하고 있으며 존슨(Johnson, 1972)은 전문직업은 직업이 아니라 직업을 통제하는 수단이라고 평가한다. 그러나 직업과 전문직업의 개념 차이는 다른 곳에 존재한다. 전문직업인들은 자신의 업무를 천직이라고 생각하고 자신들이 자율적으로 수행할 수 있는 일을 담당한다. 반면 직업은 성과를 강요하는 구조적 환경 속에서 맡겨진 일이며 주로 고용된 사람들에게 주어진다. 이들은 전문가가 아니고 전문직업인들이 진찰, 처방, 진단의 과정에서 고객에게 느끼는 책임감을 느끼지도 않는다. 물론 전문직업인들도 직장에서 피고용인들과 함께 일하지만 수행하는 일이나, 담당하는 고객, 작업하는 환경에 대한 태도가 피고용인들과는 다르다. 전문직업인들이 자율성을 보장받는 것과 달리 이들은 주로 관리자에 의해 통제된 상태에 있다.

조직-공공 단체의 측면도 직업-전문직업 관계와 유사하다. 조직은 일반적으로 기술 조직(technical organization)과 공공 조직(institutional organization)의 두 가지 형태로 구분된다. 기술 조직은 결과물의 산출을 중시하는 반면, 학교나 교회, 대학과 군대와 같은 공공 조직은 결과보다는 과정 지향적이다. 기술 조직은 시장 지향적이며 평판에 민감하지만, 공공 조직은 사회적 문화적 기대에 순응하고자 한다. 여기서 공공단체는 공공 조직적 성격을 갖는 조직의 한 가지 형태로 파악된다. 이러한 논의에 기초하여 군의 인적 구성을 정리하면 〈표 10. 3〉에 제시한 바와 같다.

표 10. 3 군 전문직업주의의 새로운 시각

구 분	전문직업(Profession)	직 업(Occupation)
공공단체 (Institution)	전문직업 장교 (Military Professions)	징집병(Draftees)
		부사관(NCOs)
조직 (Organization)	민간 전문가 (Civil Professions)	민간 고용인(Civil Employees)

출처: Sørensen, Henning. 1994. p.. 612. Table 3. The New Concept of the Military Profession

전문직업 장교는 공공 단체에서 근무하면서 자신의 업무를 천직이라고 여기고 자율적으로 수행한다. 징집병 역시 공공 단체 내에서 근무하지만, 장교들의 통제하에 자신에게 부여된 단순한 업무와 의무 복무를 수행한다. 이들의 관계는 교사와 학생, 성직자와 신도의 관계와 유사하다. 부사관은 장교들이 지시하는 업무를 수행하는데, 이들 역시 공공 단체 내에서 근무하나 실제로는 조직의 틀 속에서 움직인다고 평가하는 것이 적절하다. 민간 전문가는 전문직업 장교의 과정 지향적(process-oriented) 기능과 달리 특정한 문제를 해결하는 업무를 담당한다. 이들은 자율성을 누리고 있고 전문직업적 기준에 따라 스스로 판단하고 움직이지만, 여전히 조직의 감시를 받는다. 마지막으로 민간 고용인은 자신의 업무를 일상적인 품팔이로 생각한다. 이들의 관심은 노동조합 활동을 통해 더욱 많은 임금을 받는 것이다.

이에 따라 전문직업 군인의 개념을 설명하기 위해 두 가지 기준이 요구된다. 전문직업 군인의 개념은 '전문직업 장교단'으로서 군인과 '민간 전문가'로서 군인으로 각각 정의되어야 한다.[1] 전문직업의 기준을 적용하였을

1) 모스코스(Moskos, 1986)는 군대 내 민간 기술자와 노동조합주의의 증가로 군대의 특성이 '공공 조직적 군대'(Institution)에서 '직업적 군대'(Organization)로 변화해가고 있다고 지적한다. 이를 표 14. 3의 구조를 통해 확인하면 '공공단체-전문직업' 의 속성이 '조직-직업'의 속성으로 변해간다는 것으로 이해할 수 있다. 그는 이러한 'Institution/Organization 이동'이 군 조직에 부정적 영향을 미친다고 본다.

때, 이들은 세 가지 이유에서 전문직업인으로 분류된다. 첫째, 특수한 임무를 담당하는 전문가이고, 둘째, 자신의 임무에 대한 책임감을 갖고 있으며, 셋째는 제복 착용과 같은 일관된 집합 행위를 보여주고 있기 때문이다. 반면, 일반직업 차원에서 전문직업 군인은 정부, 의회, 또는 다른 이익 집단을 대신하여 인원과 물자를 관리하고 있는 편견 없는 공정한 전문가로 정의된다.

전문직업 군인의 속성 변화가 군 조직과 민군관계에 어떠한 결과를 가져올지 예측하기는 쉽지 않은 일이다. 더욱 중요한 것은 이들이 군 조직 내에서 서로 다른 속성을 갖는 네 가지 부류의 구성원들과 함께 근무하고 있다는 사실이다. 따라서 군 전문직업주의의 특성은 이들과의 상호성을 고려하여 다차원적인 개념으로 파악되어야 한다.

2. 군부의 정치개입 수준과 결과

민군 갈등의 극단은 군이 정치에 개입하여 기존 정권을 무너뜨리고 정치권력을 장악하는 군사 쿠데타이다. 2차 세계대전 이후 제3세계의 많은 국가에서 전문화된 군부에 의한 쿠데타가 빈번해졌는데, 일부 학자들은 군부의 정치개입이 근대화 과정에서 발발했다는 사실에 주목하여 이를 긍정적 평가(Lucien W Pye, 1963; John Johnson, 1964; Manfred Halpern, 1963) 하기도 하였으나 군부의 지배를 받는 대부분 국가에서 시민들은 폭력에 의해 시민권과 인권을 유린당하고 이는 군에 대한 시민의 불신으로 이어져 결과적으로 군을 사회로부터 고립시키고 약화하는 직접적 원인이 되어 왔다.

정치개입의 수준

개발도상국의 군사 쿠데타는 크게 두 가지 입장에서 설명되어 왔다(데칼로, 1989: 84). 첫째는 군부가 자기 이익에만 급급한 정치 엘리트로부터 국가를 구원한다는 입장이다. 군은 정치가가 사리사욕과 파벌싸움에만 관심이 있고 국가안보에는 주의를 기울이지 않는다고 믿는 경향이 강하며, 이 때문에 정치 자체에 대해서 회의적이다(조영갑, 1993: 475). 맥아더 장군은 1952년 연설에서 '나는 우리 군부가 정치가들이 수호하겠다고 선서한 국가와 헌법보다는 일시적으로 행정부의 권위를 행사하는 정치가들에게 최우선적인 충성을 바쳐야 한다는 새롭고도 지금까지 알려지지 않은 사실을 알게 되었다.'고 말한 후 '이것보다 더 위험한 것은 없다.'고 덧붙였다. 화이너(Finer, 1989: 31)는 이처럼 군부가 국가이익에 대한 나름대로 견해를 갖고, 이를 민간 정부에게 강요하는 것 자체를 정치개입으로 규정한다.

국가이익의 보호에 대한 군부의 의무감은 정부가 정치를 안정시키지 못하고 안보를 위태롭게 하는 경우, 정부를 전복시키려는 동기로 작용하게 된다. 터키에서 민주당 정부가 반대파를 탄압하고 언론을 억압하자, 참모총장인 귀르셀 장군이 1960년 5월 쿠데타로 정권을 붕괴시켰다. 새로 수립된 군사정권은 헌법을 어기고 시민의 자유를 억압하는 정치 집단은 처단해야 한다고 선언하고 전 민주당 수뇌인 멘데레스를 처형하였다. 한국 군부 역시 4 · 19 이후 대대적인 경찰들의 숙청과 용공세력의 대두, 무질서한 시위 등으로 사회가 혼란스러워지자 1961년 5월 장면 정권을 붕괴시켰다. 이들은 국가적 위기에 대한 대응과 근대화의 추구를 쿠데타의 명분으로 제시하였다.[2)]

2) 군부가 정치에 개입하도록 하는 동기에 대해서는 국가이익과 근대화 추진 외에도 군부집단의 이익 추구를 제시할 수 있다. 장면정부가 추진한 병력 및 국방비 감축계획은 군부 엘리트들로부터의 심각한 반대에 직면한 것으로 알려져 있다. 조영갑, 앞의 책. p. 386.

그러나 아시아, 아프리카, 남미의 개발도상국에서는 군부가 아무런 제지 없이 정권을 탈취한 반면, 미국 및 서구 선진국에서는 군부의 쿠데타 위협이 거의 없었다. 이는 각 국가의 정치제도 및 체제의 특성, 정치 문화의 수준이 서로 다르기 때문이다. 이에 따라 군부의 정치개입을 설명하려는 두 번째 입장에서는 사회 구조적 특성에 주목해왔다. 커트 랭(Kurt Lang, 1974: 331)은 1961년 프랑스 군부의 알제리 반란을 분석한 후, 법률과 의무에 대한 순응이 이루어지는 정치문화에서는 병력 동원이 불가능하므로 군사정변이 성공할 수 없다고 결론짓는다. 화이너(Finer, 1989: 134)는 정치개입의 수준을 영향력, 압력 또는 협박, 교체, 배제로 구분하고, 이를 각국의 정치문화를 통해 설명한다. 여기서 정치문화는 정치적 규칙에 대한 순응, 정치체계의 권위에 대한 복종 가능성, 시민적 제도에 대한 대중의 참여와 애착의 정도에 따라 성숙한 정치문화로부터 최저의 정치문화까지 네 등급으로 구분된다.

〈표 10. 4〉에 정치문화의 수준에 따른 군부개입의 수준을 제시한 바와 같이, 성숙한 정치문화를 유지하고 있는 국가에서는 문민우위의 원칙이 절대적으로 지켜진다. 군부의 역할은 합법적인 절차를 통해 자신의 견해를 피력하는 것으로 제한된다. 선진 정치문화를 가진 국가에서는 군부의 개입에 대한 대중의 강력한 저항이 작용한다. 이들 국가에서 군부는 비합법적 방법을 통해 정부가 자신들의 입장을 관철하도록 협박할 수 있다. 낮은 수준의 정치문화를 가진 국가들은 여론이 취약하고 여론 자체가 분열적인 상태에 있기 때문에 군부의 개입에 대한 강력한 저항이 존재하지 않는다. 이 경우 군부는 폭력의 위협이나 폭력의 사용을 통해 민간 지도자를 제거하거나, 스스로 그 자리를 차지하기도 한다. 최저 수준의 정치문화를 가진 국가들에서는 군부 지배의 정통성이 크게 문제되지 않으며 이 경우 가장 완벽한 수준의 정치개입이 이루어지게 된다.

표 10. 4 정치문화와 군부개입 수준

구 분			정치문화 등급			
			성숙한 정치문화	선진 정치문화	낮은 정치문화	최저 정치문화
군부 개입 수준	영향력	민간정부를 이성으로 설득	O	O		
	압력/협박	제재의 위협으로 설득		O	O	
	교체	내각이나 지배자 교체			O	O
	배제	민간정부 붕괴 후 지위 차지			O	O

정치개입의 결과

군부의 정치개입에 대해서는 긍정적 입장과 부정적 입장이 대립하고 있다. 긍정적 입장의 대표적인 학자는 포커(Guy Pauker, 1959), 핼퍼른(Manfred Halpern, 1963), 파이(Lucien Pye, 1963), 존슨(John Johnson, 1964) 등이 있다. 이들은 공산주의의 팽창 위협을 저지하기 위해 서구의 선진 제도와 과학기술을 받아들인 개발도상국의 군대가 근대적 가치관을 보유하게 됨으로써 근대화에 긍정적인 역할을 수행할 수 있다고 주장한다. 반면 헌팅턴(Samuel Huntington, 1968), 웰치(Claude E. Welch, 1971), 리웬(Edwin Lieuwen, 1964), 쿠리(Fuad Khuri, 1982) 등은 군부의 정치개입을 부정적으로 평가한다. 이들은 군이 보유한 기술이나 전문지식이 민간영역보다 우수하지 않으며, 이들의 보수적 성향은 근본적인 사회 개혁에 오히려 방해된다고 지적한다.

군부는 정치적으로 불안정한 개발도상국의 국가건설 과정에서 일정 부분 기여할 수 있었다. 그러나 군부가 개입하는 정치구조는 언제나 권위주의적 성격을 갖게 되므로 사회 발전의 장애요소로 작용한다(노드링거, 1989: 232). 1960년대와 1970년대 정치적, 경제적 난국에 봉착한 남미의 많은 국가에서 군이 정치에 개입하였는데, 군부가 권좌에 있을 때 정치적 권리와 자유가 제한되고 대부분 정치권력이 군사정권에 집중된다. 이들은 정권이 직면한 가장 심각한 위협인 정당성의 문제를 해결하기 위해서 근대화와 산업화를 적극 추진하게 된다. 오도넬(O'Donnell, 1973)은 산업화가 심화단계에 이르면 민중의 도전에 대한 위기감으로 군부, 기술관료, 행정관료, 경제 엘리트들이 결합된 관료적 권위주의 체제가 형성된다고 주장한다. 이는 국민들의 정치활동을 의도적으로 배제하는 비민주적인 체제이다(조영갑, 1993: 187).

이에 따라 민주적 선거절차에 의해 선출된 정부에 대한 요구가 강해질수록 체제의 안정은 크게 위협받게 되고, 난관에 봉착한 군부는 제도화와 퇴진의 방법을 통해 병영으로 복귀하게 된다(Finer, 1985). 제도화는 쿠데타를 시도한 군부나 군부 파벌이 직접적인 통치를 중단하고, 통치자에 대한 지지 역할을 수행하는 선으로 물러나는 것이다. 그러나 집권자가 군부의 비위를 거스를 경우 군은 다시 정치에 개입할 수 있다. 퇴진은 제도화에 실패한 군사 정권이 민간인 또는 다른 군인에 의하여 전복되거나, 스스로 민간정권에 권력을 이양하는 경우이다. 바키(Barkey, 1990: 171)는 군부의 병영 복귀가 예기치 않은 전환과 계획된 전환의 두 가지 형태로 이루어진다고 본다. 예기치 않은 전환과 계획된 전환의 가장 큰 차이점은 전환의 과정을 조정할 강력한 지도력이 존재하느냐의 여부이다. 예기치 않은 전환은 시민의 불복종, 반대세력의 확산, 외국의 압력 등 예기치 않은 상황 변화로 인해 군사정권이 붕괴하는 것이다. 반면 계획된 전환은 군부 지도자의 통제하에 조직적인 과정을 거쳐 민간 정치인에게 권력을 이양하는 것이다.

군부는 제도화 또는 계획된 전환 이후에 자신들이 선호하는 정치 및 사회체제가 형성되기를 원하지만 이러한 체제는 두 가지 측면에서 도전을 받게 된다(Barkey, 1990: 175). 첫째는 민간 정치엘리트의 성장이다. 이들은 권위주의 정권에 대한 지지 여부와 관계없이 군부를 대신하여 가급적 많은 권력을 차지하기 위해 노력한다. 둘째는 군내 내부로부터의 도전이다. 문민 통치로의 전환에 반대하는 일부 장교들은 권력 이양을 거부한다. 이러한 도전은 체제의 예측 가능성과 안정성을 크게 훼손시킨다. 따라서 군부가 의도한 방향대로 체제가 전환되는 경우는 거의 없다. "군부는 군부임을 포기하지 않고서는 직접 그리고 지속해서 통치할 수 없다."는 알래인 로퀴(Alain Rouquié)의 주장처럼 영원한 군부 통치는 존재할 수 없는 것이다.

3. 군 전문 직업주의에 대한 도전

군 외부로부터의 도전

선진 산업국가에서는 징병제가 사라지는 추세이다. 과도한 예산 사용, 개인적 희생의 강요, 개인의 소득과 특권에 따른 차별, 사회의 이해나 요구에 부적절한 대외정책에 개입 등의 부작용은 징병제에 대한 사회적 지지를 약화하고 있다. 펠드(Feld, 1975: 191)는 오늘날 징병제 군대의 전문직업 군인은 더 이상 국가 이익을 대변하는 공복(公僕)으로 인식되지 않는다고 주장한다. 가장 자율적이고 조직화한 집단이었던 전문직업 군인들에 대한 인식에 큰 변화가 일어나고 있다.

이런 직업군인에 대한 인식 변화에 무엇보다 결정적인 원인은 기술적 측면에서 발전이었다. 핵무기의 존재로 인해 군사작전의 수행이 크게 제한되고 대량파괴 수단에 대한 의존도가 높아지면서 국가 안보의 개념이 점점 모호해져 갔다. 미국과 소련에 의해 주도된 핵무기 경쟁으로 인해 국가 안보의 추구는 적에 대한 방어를 넘어서 인류 전체의 공멸로 초래할 수 있게 되었다. 자체적으로 핵무기를 개발할 수 없었던 국가들은 강대국에 편승하는 동시에 재래식 무기로 방위력을 강화하는 안보 정책을 추진하였다. 결국, 강대국 간의 냉전구조는 작은 국가들 역시 냉전체제에 편입시켰다. 외부의 군사 위협에 대한 대응을 강대국에 의존하게 함으로써 이들 국가의 군대는 내부통제 전문으로 변질하기 시작하였다(틸리, 1994: 342). 이들은 자국 내에 특정 세력들을 탄압하기 위해 무력을 사용하면서 특정 집단의 정치적 도구로 전락하였다. 국민과 국가에 봉사해야 할 전문직업 윤리를 훼손시킴에 따라 군은 민주화의 저해집단, 무자비한 폭력 집단으로 낙인찍혔다. 그 결과, 민간 정권하에서도 장교단의 자율성은 존중받지 못했으며 결국 군 전문직업주의는 현저하게 저해되었다.

사회 발전에 따른 국민군대의 실용성 저하 역시 전문직업 장교단의 입지를 약화했다. 일반 징병제에 토대한 국민군대는 국민들 사이에 동질감을 형성시켜 높은 수준의 정치적 참여를 가능케 하는 수단으로 기능해 왔다. 그러나 지역적, 직업적, 계급적 그리고 인종적 속성 등에 따른 사회적 다양성이 존중되는 선진 산업국가에서 군 복무의 사회적, 정치적 효용성은 거의 사라지고 있다. 병력 자원들의 의식과 생활양식은 급격하게 변화되어 가는 반면, 군대의 변화 속도는 이에 못 미치면서 군 조직 내에 여러 형태의 갈등과 마찰이 빚어지게 되었다. 이는 군을 관리하는 전문직업 장교단을 불신하는 풍조를 만들어냈으며, 이들에 대한 국민과 사회로부터의 지지 역시 현격히 약화하였다. 이에 따라 오늘날 각국의 군대는 대국민 신뢰 증진 및 군의 존재가치와 역할을 홍보하는데 많은 노력을 기울이고 있다. 전문직업 장교단에 대한 신뢰와 지지는 군 전문직업주의 확립을 위한 필수불가결의 요소이다.

군 내부로부터의 도전

대부분의 민주 사회에서는 군 복무가 여타의 직장과 본질상 큰 차이가 없다는 인식이 확산되어왔다. 모스코스(Moskos, 1977)는 다른 어느 사회에서보다 확고한 사회적 지위를 가지고 있는 것으로 알려진 미국 장교단에서조차도 전문직업주의가 약화하고 있다고 지적한다. 징병제를 폐지하고 지원병제를 도입한 나라에서는 우수한 인적자원을 확보하기 위해서 군이 노동시장에서 민간부문과 경쟁하게 된다. 미국의 경우 1973년 월남전이 종식되면서 지원병제로 전환하였는데, 이 과정에서 군대는 공동체적 성격이 약화하고 현대 산업조직의 특성을 획득하기 시작하였다. 첨단무기체계가 활용되는 현대전에서 이러한 추세는 더욱 증폭되었다. 전통적인 군인정신보다 과학기술이나 경영관리기술에 의해 평가되는 군인이 군대의 주류를 차지하게 된 것이다.

군인들에게 필요한 기능이 민간의 기능과 유사해지면서 최근 군 직업은 일반 직업과 동일시되는 방향으로 변해가고 있다. 일반직업화 경향의 증대는 군 전문직업의 천직의식 약화로 이어졌다. 직업군인들에게는 전통적으로 개인적 이익에 앞서 군대와 국가를 생각하도록 강조되어 왔다. 장교단의 전문직업성은 장교의 전문직업으로서 성격에 대한 사회적 인식 및 태도와 밀접히 연결되어 있다. 따라서 물질적 보상보다 충성, 희생, 봉사 등 공익 우선의 가치를 지향하는 천직주의의 약화는 오늘날 군 전문직업이 중대한 전환기를 맞고 있음을 의미한다. 모스코스(Moskos, 1977: 44-50)는 일반 직업화가 군대에 미친 영향을 파악하기 위해 장교들을 대상으로 천직의식을 조사하였는데, 실제로 전투부대 장교들에 비해서 비전투부대 장교들의 천직의식이 약한 것으로 나타났다.

표 10. 5 공공조직적 군대와 직업적 군대의 특성

구 분	공공조직적 군대(천직주의)	직업적 군대(일반직업주의)
합법성	규범적 가치	시장경제
역할 수행	광범성 (전문분야 이외 업무도 수행)	특정성 (특정화된 업무만 수행)
보상 근거	계급 및 서열 중시	기술수준 및 인적 자원 중시
보상 양식	대부분 비금전적 / 전역 후 보상	봉급 및 보너스
보상 수준	민간수준보다 낮은 봉급	높은 수준의 봉급
거주지	근무처와 거주지 인접	근무처와 거주지 분리
사회적 존경	봉사의 개념에 따른 존경심	보상수준에 따른 위신
준거집단	수직적으로 조직화 (군 조직 내에 존재)	수평적으로 조직화 (군 조직 밖에 존재)
수행 평가	총체적 / 질적 (전인적 평가)	부분적 / 양적 (특정업무 결과 평가)
법률제도	군법 적용	민간법 적용
전역 후 지위	예비역으로서 혜택	민간인과 동일

출처: 홍두승. 1996. 한국 군대의 사회학. 나남출판. p. 98. 표) 4-1.

가브리엘(Richard A. Gabriel, 1982) 역시 민간 조직의 특성이 군 조직 내로 유입되면서 군 전문직업주의를 위협하고 있다고 주장한다. 그는 군 전문직업주의를 약화할 수 있는 내적 위협요소로서 직장주의(occupationalism), 경영주의(managerialism), 관료주의와 혼동, 전문특기화의 남용, 윤리적 이기주의 등을 제시한다.

첫째, 직장주의는 각 개인이 자기 이익의 극대화를 위해서 움직일 것이라는 가정을 군 조직에 적용하려고 한다. 이는 소명으로서의 군 직업을 경제적 이익 추구의 수단으로 인식하도록 함으로써 군 직업윤리를 훼손시키게 된다. 둘째, 경영주의는 기업의 경영기법과 가치들을 군 조직에 적용하려고 하는 것이다. 그러나 민간 경영기법이 강조하는 관리자의 역할은 군이 요구하는 리더의 역할과 완전히 다르다. 경영주의가 도입된 군대에서는 비용 대 효과의 분석이 필수요건이 되면서 리더십 보다 자원관리가 중시되었다. 하지만 실제로 리더십을 자원관리 기법으로 대체한 미군은 월남전에서 참담한 패배를 경험하였다. 셋째, 관료주의와의 혼동은 군 지휘관의 역할을 관료들의 공무 집행과 동일한 것으로 인식하는 것이다. 그러나 관료는 주도권과 자유재량관의 행사가 제한되는 반면 군 지휘관은 주도권을 행사하여 스스로 판단하고, 책임을 감수한다는 점에서 관료와 확연히 다르다. 이러한 구분을 가능하게 하는 것은 용기, 융통성, 적극적인 결단, 위험의 감수, 책임의 수용, 판단력의 활용 등을 고취하는 장교단의 전문직업 윤리이다. 넷째, 전문 기술을 가진 군 인력들이 민간 기업으로 영입되어 가고 있다. 군과 민간 영역이 동일한 기술을 공유하게 됨에 따라 군 복무를 통해 축적된 전문 특기가 민간 영역으로의 이동 수단으로 변질하고 있는 것이다. 마지막으로, 개인에게 공동체에 대한 봉사와 헌신을 강요해서는 안 된다는 윤리적 이기주의가 확산하고 있다. 이는 전문직업의 사회적 책임을 부정하는 것으로 군 전문직업의 윤리적 규범을 약화하고 있다.

이와 달리 하우저(Hauser, 1984: 454)는 직업주의로부터 출세주의로 전환이 공복(public servant)의 길을 버리고 관리(public official)로 전락시킨다는 기존의 시각을 비판한다. 2차 세계대전 이후 급격하게 변화해온 국제적, 국내적 상황 변화로 인해 기존의 군 직업주의의 여러 특성이 오히려 군의 개혁을 막는 장애물로 작용하고 있다고 주장하여 다음과 같이 비판하였다.

첫째, 군 경력관리체계는 외부 인사의 영입이 불가능하여 혁신을 위한 시도가 제한된다. 미국의 경우에 1, 2차 세계대전 시에는 산업 부분에 종사하는 전문가를 영입하여 군수 분야의 관리를 맡겼고, 이는 군사 전문가들로 하여금 전략과 전술에만 전념할 수 있도록 하여 상당한 성과를 거둘 수 있었다. 그러나 한국전쟁과 월남전에서는 민간 인력의 활용을 철저하게 배제함으로써 전례가 없을 정도로 심각한 어려움에 직면했다. 야전 지휘관들은 의사소통 상의 어려움을 들어 사령부에서 민간 전문가들이 참모로 근무하는 것을 꺼렸기 때문이다. 이에 대신하여 군은 장교들로 하여금 필수적인 민간 기술을 습득하도록 하였다. 하지만 이들은 더욱 좋은 근무조건을 제시하는 일반 기업으로 영입되어 가고 있다.

둘째, 군 장교들은 일정 시기에 진급하지 못하면 군복을 벗어야 하는 법적 또는 관습적 제약을 받는다. 이들은 일반적으로 40대에서 50대 중반 무렵에 전역하게 되기 때문에 새로운 직업을 구하기 힘들다. 미국 군대에서는 많은 장교가 30대 무렵부터 제2의 직업을 알아보기 시작한다. 특히 장교 경력관리 시스템(OPMS: officers personnel management system)에 의해 전문화된 장교들은 연금을 받을 수 있는 20년의 복무를 마치면 군을 떠나는 경향이 있다(Hauser, 1984: 451). 이 때문에 군은 해당 업무의 전문인력 확보가 어려워진다.

셋째, 우수한 자원 가운데 일부를 선발해야 하는 군 진급 체계에서는 오점을 가진 사람을 우선으로 탈락시키는 방법이 사용된다. 이전 보직에서 성과는 차후 승진과 교육, 지휘관 보직을 위한 평가에 있어 중요한 기준으로 활용된다. 따라서 상급자는 하급자의 경력 관리에 흠집을 내지 않기 위해서 이들의 업적을 관대하게 평가하게 된다. 하급자 역시 경력 상에 오점을 남기지 않기 위해서 위험을 감수해야 하는 혁신적, 창의적 시도를 꺼리게 된다.

넷째, 개인의 자질이나 능력보다는 계급에 의해서 직책이 결정되는 경력관리 체계가 장교들의 전문 기술 습득을 저해하고 있다. 일반적으로 기업에서는 상위 직책으로의 이동이 곧 진급을 의미하지만 군 조직 내에서는 진급을 통해 상위 직책으로 이동한다. 특정 계급에 있으면서 이에 상응하는 보직을 받지 못하게 될 경우 이는 상대적인 강등을 의미한다. 장교들이 같은 보직에 장기간 근무할 경우 보직의 형평을 기하기 어렵게 된다. 따라서 보직 순환 주기를 단축하게 되고, 이 때문에 장교들은 해당 직책에서 요구되는 전문 지식과 기술의 습득에 어려움을 겪게 된다.

하우저(Hauser, 1984: 454-455)는 직업주의가 초래한 위와 같은 구조적 문제점을 개선하지 못하면 군의 능력과 국가 안보에 부정적 영향을 미칠 것이라고 지적한다. 따라서 장교들의 직업주의적 태도는 출세 제일주의적 태도로 변경되어야 한다고 주장한다. 개인들 간의 경쟁을 자극하여 조직의 성과를 향상하는데 이바지하는 출세 제일주의가 오히려 장교단 관리를 위한 효율적인 접근법이 될 수 있다는 것이다.

반면 자노위츠(Janowitz, 1977: 53)는 군 전문직업주의와 일반 직업의식은 제로섬(zero sum)의 개념으로는 설명될 수 없다고 본다. 군대는 일반직업과 다른 측면을 갖고 있고, 사회에 대한 충성과 희생의 강조가 군대에 있어서 매우 중요한 의미가 있기 때문이다. 적절한 경제적 사회적 보상이 주어지지 않는 상황에서 직업에 대한 투철한 사명감과 헌신적인 기여만을 요구하는 것은 그 한계에 부딪힐 수밖에 없다(홍두승, 1996: 99). 따라서 군대가 천직이냐 일반직업이냐 양자택일하기보다는 양자의 사고방식을 모두 활용하는 것이 바람직하다.

제11장
민군관계의 이론과 유형

무장하지 않은 민간인으로 구성된 시민사회와 이들을 지키기 위한 무장한 실체로서 군인집단의 관계는 어떤 것일까? 이들의 관계는 군대에 부여된 임무와 군대가 정치적 권위에 복종하도록 규정한 법률과 헌법에 따라서 차이가 날 수 있다. 이와 더불어 군인들에 대한 사회적 인식, 군 직업에 주어지는 특권, 국방과 대외정책에 대한 여론 역시 군대와 사회의 관계를 결정하는 주요 요소이다. 이에 따라 민군관계에 관한 연구는 군대와 관련하여 정치권력과 정치체계는 물론 사회와 경제 등과 군부와의 관계가 모두 연구 대상이 될 수 있다.

인간이 공동체를 형성하고 역할분화가 이루어지면서 무장집단과 비무장집단 간 구분이 일어났다. 과거에는 외부 침입이 있을 때 공동체의 구성원들이 나아가 싸우고 외부 위협이 소멸하면 시민으로 돌아가는 방식으로 위협에 대처하였으나, 사회가 복잡해지고 분업화가 이루어져 싸우는 사람들과 뒤에 남는 사람 사이에 구분이 일어나면서 전쟁을 전담하는 오늘날의 군대가 정착되었다. 본 장에서는 민군관계 차원, 문민통제의 방안, 문민우위 원칙과 불복종, 그리고 민군관계의 유형을 중심으로 검토하고자 한다.

1. 민군관계의 차원

민군관계는 군과 사회 영역 사이에서 일어나는 상호작용과 관련된 개념이다. 스타인(Harold Stein, 1963: 3)은 정책 결정 과정에서 군 지도자와 민간 정치가 사이에서 이루어지는 제반 관계를 민군관계라고 정의하나 이러한 정의는 군대가 막강한 권력을 행사하여 민간 정치가가 정책 결정 과정에서 배제될 경우에는 해당하지 않는 한계를 안고 있다. 이에 따라 반드론(Jacques van Doorn, 1968: 39-54)은 〈표 11. 1〉과 같이 민군관계의 네 차원에서 상호작용 내용을 세분하여 살펴보았다. 그것은 각 차원에 따라 민군관계의 상호작용 성격과 내용이 각각 다르기 때문이다. 군과 국가의 관계에서는 정부조직에서 군대가 차지하는 공식적 지위와 역할을, 군과 국민의 관계에서는 정치, 경제, 사회, 문화 등 영역의 민간집단과 군대와의 상호작용, 장교단과 민간엘리트 간의 관계에서는 역할분담, 상호경쟁과 갈등 양상, 그리고 군부와 이익집단 간 관계에서는 양자 간 협조 및 갈등 양상을 세분하여 파악하고 있다.

표 11. 1 민군관계의 네 차원

상호작용의 대상	상호작용의 내용
군과 국가의 관계	정부조직상 군사제도가 차지하는 공식적 지위
군과 사회영역의 관계	정치, 경제, 사회, 문화의 제 부문에서 군대집단과 민간집단의 상호작용
장교단과 민간엘리트의 관계	국가 사회 구조 내에서 민군 엘리트 간 역할분담 및 상호경쟁과 갈등양상
군부와 이익집단의 관계	군부와 이익집단 간의 협조 및 경쟁 양상

출처: 조영갑. 1993. 『한국민군관계론』. 한원. p. 33 토대로 정리

군대의 근본 목적은 다른 집단을 공격하거나 다른 집단으로부터 공격을 저지하는 일을 전담하기 위한 것이다. 군대는 이를 위해 강제력을 부여받는데 이러한 강제력은 사회 내에서 특정 집단의 의지를 공동체에 강요하기 위한 수단으로도 전용될 수 있다. 권력을 확보한 군대가 적의 위협에 대응한다는 명분으로 모든 자원을 고갈시키고 사회 자체를 피폐하게 할 수도 있다는 뜻인데, 그보다 더 큰 우려는 군이 사회의 이익에 반하는 분쟁이나 전쟁 상태로 사회 전체를 끌고 갈 수 있다는 것이다.

이렇듯 외부 침입으로부터 구성원의 안전을 책임지기 위한 군대가 제도화되는 순간 민군관계의 딜레마가 발생하게 된다. 민군관계의 가장 본질적인 문제점은 "외부의 위협으로부터 자신을 지키기 위해서 군대를 만들었는데, 군대 그 자체가 두려움의 대상이 되었다"는 것이다. "지키는 자를 과연 누가 지킬 것인가?"라는 딜레마는 2500년 전 플라톤의 '국가론'(The Republic)에서 다루어졌던 핵심적인 주제이기도 하다.

2. 문민통제의 제 이론

정당한 정치체계 내에서 문민은 비록 실질적인 힘에 있어서 군보다 열세라고 하더라도 군인들보다 높은 권위를 가진다. 이러한 원칙이 여실히 적용되는 곳이 민간인들의 대표가 군인들을 통제하고 있는 민주국가이다. 이렇게 민간인이 군인을 통제하는 이론은 학자마다 다른데 여기서는 헌팅턴과 반드룬(Jacques van Doorn)의 문민통제 이론을 중심으로 살펴보고자 한다.

1) 헌팅턴: 객관적 문민통제와 주관적 문민통제

헌팅턴은 문민통제의 방안으로 객관적 문민통제(objective civilian control)와 주관적 문민통제(subjective civilian control)를 제시하고 있다(Huntington, 1957). 문민통제 또는 민간 우위의 개념은 민간인과 군인 집단 간의 상대적 권력배분과 관련된 것으로 군인집단의 권력을 축소하면 할수록 상대적으로 문민 우위의 통제가 달성된다고 말할 수 있다. 따라서 문민통제의 가장 핵심적인 쟁점은 어떻게 하면 군인의 정치권력을 최소화할 수 있느냐인데, 그런 방법으로 헌팅턴은 주관적 문민통제와 객관적 문민통제를 제시하였다.

주관적 문민통제: 민간권력의 극대화

군부 권력을 최소화하기 위해 가장 간단한 방법은 민간집단의 권력을 극대화하는 것이다. 그러나 다양한 민간집단의 서로 다른 성격과 서로 상충하는 이익 등으로 인하여 통일된 민간집단으로서 권력을 증대시키는 것은 현실적으로 불가능하다. 따라서 민간권력을 극대화한다는 것은 특정 민간집단의 권력을 극대화하는 것인데, 이것을 바로 주관적 문민통제 혹은 민간 우위라고 한다. 그리하여 주관적 문민통제가 한 민간집단이 다른 집단을 누르고 자기의 권력을 증대시키는 수단으로 흔히 활용되었다. 특히 민간 우위라는 구호는 군부에 대한 영향력이 없는 민간집단이 군부를 장악하고 있는 다른 기득권 집단과의 권력투쟁에서 흔히 사용되었다. 직업군인제도가 확립되기 이전 유일한 문민통제인 주관적 문민통제는 특정 정부, 특정 계급의 권력을 극대화하거나 특정 헌법체계와 동일시하는 것이었다.

첫째, 특정 정부기관의 군부통제를 주관적 문민통제와 동일시한 경우는 17세기–18세기 영국에서였다. 당시 군주의 통제하에 군이 있었는데, 의회는 국왕의 권력을 축소하기 위해 의회의 군부통제를 추구하였다. 오늘날 미국에서도 의회와 대통령 간 비슷한 경쟁이 벌어지고 있는데, 대통령은 자신에 의한 군부통제를 문민통제라고 주장하는 반면, 의회는 의회의 군부통제를 민간 우위라고 인식하고 있다. 둘째, 특정 계급에 의한 군부의 통제를 문민통제라고 하는데, 서구에서 귀족계급과 시민계급은 군부 통제를 놓고 경쟁하면서 각각 자기 계급에 의한 문민통제를 강조하였다. 두 계급 간 투쟁에서 군부는 싸움터에 불과하였고 어느 계급이 군부를 지배하느냐가 주요 쟁점이었다. 셋째, 특정형태의 헌법체제(보통 민주주의 또는 공산주의)만이 민간 우위를 보장할 수 있다는 주장이다. 나치나 공산국가의 문민통제가 주관적 문민통제의 대표적인 예인데, 공산국가에서는 당이 군대를 철저히 통제하여, 군대조직 내 당 조직과 집행기구를 두어 군대를 정치에 예속시키고 있다.

객관적 문민통제: 군 직업주의의 극대화

객관적 문민통제는 군 직업주의의 극대화를 의미한다. 더 정확하게 말하자면, 객관적 문민통제란 장교단의 전문직업인으로서 태도와 행동방식을 스스로 자율적으로 결정할 수 있도록 군부와 민간집단 간 정치권력을 적절히 안배하는 것을 의미한다. 주관적 문민통제가 군을 최대한 민간화시킴으로써 군에 대한 문민통제가 가능하다면, 객관적 문민통제는 군을 군대화하여 전문 직업 집단화하고 국가정책의 도구화함으로써 가능하다. 주관적 문민통제는 특정 계급이나 특정 정치체제에 의해 정치화될수록, 그리고 군대가 직접 정치에 관여할수록 문민통제가 가능하다고 본다. 주관적 민간우위의 핵심이 군의 독자적 영역을 무시하고 군대를 정치에 완전히 예속시키는 것인 반면, 객관적 문민통제의 핵심은 군대 영역을 인정해 주는 것이다. 역사적으로 보면 객관적 문민통제는 군인들이 요청하였고, 주관적 문민통제는 권력행사를 극대화하려는 특정 민간집단들이 주장하였다.

주관적 문민통제에서 가장 중요한 요건은 군부의 정치권력을 최소화하는 것인 반면, 객관적 민간 우위는 군대의 고유 영역과 자율적인 업무수행을 인정하여 전문직업화하고 정치적으로 중립화함으로써 군부의 정치력을 감소시키는 것이다. 객관적 의미에서 문민통제는 정치적으로 중립적이고 모든 사회 구성원과 집단들이 수용할 수 있는 민간 우위의 기준을 설정해 주고 특정 집단의 이익을 떠나 적법한 절차에 따라 국민 다수의 이익을 추구하는 것이다.

주관적 문민통제를 지지하는 사람들은 문민통제와 긴박한 군사안보가 서로 상충한다고 전제한다. 즉, 군사적 안보를 위협하는 위급한 상황에서는 군대의 역할이 증대되며 민간권력의 행사는 어려워지고, 반대로 군사적 위협이 소멸하게 될 때 민간권력의 행사가 가능하다고 본다. 그러나 실제 역사적으로는 주관적으로 문민통제를 강화한 민간 집단이 군사 안보를 저해해 왔는데, 군대 세력을 약화한 호전적인 민간집단이 자신의 권력을 증대시키고 전쟁을 촉발시켰다. 반면, 문민통제가 객관적으로 정의되면 문민통제와 국가안보와 아무 문제 없이 군사 안보를 튼튼히 지켜주는 능력을 극대화할 수 있다. 그리하여 헌팅턴의 객관적 문민통제는 민주주의 국가들에서 바람직한 민군관계의 전형으로 인식되어 왔다. 그러나 민주주의 국가에서 아직도 많은 정치인이 문민통제를 주관적으로 생각하고 군대를 정치에 완전 예속시키려고 하는데, 이런 결과로 진정한 의미의 객관적 문민통제는 현대 서구사회에서조차 완전하게 이루어진다고 볼 수 없다.

객관적 문민통제만이 유일한 민주적 통제방법으로 알려져 왔는데, 이것은 정책 결정 과정에서 군과 정치를 분리하여 군 전문직업주의를 극대화를 의미한다. 즉, 정치 지도자가 원하는 정치적 목표와 군사작전을 위한 조건을 제시하면, 작전의 수행은 전적으로 군 지휘관에게 위임된다. 이런 정치와 군사의 역할 분리는 프러시아의 독일 통일 과정에서 비스마르크

(Otto Von Bismark)와 몰트케(Melmuth Von Moltke)의 분업관계가 그 전형적 예이다. 당시 비스마르크 수상은 상당한 정도로 군사지식을 보유했음에도 불구하고 군사 작전에 대해서 일체 간섭하지 않았고, 몰트케 참모총장 역시 비스마르크의 정치외교 전략에 철저히 복종하며 군사 작전에만 열중하였다. 이러한 시각에서 군 장교는 정치적 목적 달성을 위해 매진하는 중립적이고 자율적인 전문직업인이다.

그러나 스위스와 같이 주관적 문민통제를 통해 군에 대한 민주적 통제를 유지하는 예외적 국가도 있다(Haltiner, 1999: 4). 유럽에서 가장 오래된 민주국가 중 하나인 스위스는 강력한 국가권력과 군 전문직업주의에 대한 뿌리 깊은 불신을 갖고 있다. 따라서 평시에는 참모총장을 임명하지 않다가 위기 시에 의회에서 장군 중 한 명을 참모총장으로 임명한다. 스위스의 사례는 주관적 문민통제 역시 군을 통제하는 정당한 방법이 될 수 있음을 보여준다. 따라서 민군관계를 조율하는 최선의 방법은 존재하지 않으며, 해당 사회의 정치적, 문화적 맥락에 따라 모델을 선정하는 것이 바람직하다.

2) 반드룬: 급변하는 사회에서 군대 통제

반드룬(Jacques van Doorn, 1968)은 급격한 사회변동을 겪은 국가에서 나타나는 군대 통제의 형태에 관심을 가졌다. 기존 정권을 붕괴시키고 정권을 장악한 집단에게는 이전 군대의 장교단을 제거하는 것이 새롭게 출범한 자기 세력을 보호하기 위해 필수불가결한 과제이다. 반드룬은 2차 대전 이후의 중앙 및 동유럽에서 공산화된 국가들을 분석한 뒤, 군부통제의 장치를 세 가지로 유형화하였다.

첫째, 특정 사회적 배경을 가진 군대 간부의 충원과 선택에 의한 통제이다. 정치 지도자는 자신이 선호하는 사회적 배경을 가진 인원들을 선발하여 자신들의 정치적 후원자를 군의 주요 직위에 보직시켰다. 러시아의 장교단은 19세기 중반까지는 귀족에서 충원되었으나, 1930년에는 장교단의 75%가 노동계급 또는 농민 가정으로부터 충원되었다. 2차대전 이전 폴란드에서는 낮은 지위의 여성과 결혼한 장교는 군에서 제외하였다. 그러나 공산화 이후에는 장교단이 노동자, 농민계급 출신의 여성과 결혼하는 것을 공식적으로 장려하였다(백락서 · 이상희, 1975: 337). 이런 결과로 〈표 11. 2〉와 같이 사회주의 혁명 이후 장교단이 귀족 신분으로부터 프롤레타리아 계급으로 변하였다.

표 11. 2 사회주의 국가에서 장교의 출신 배경(%)

구 분	노동자	농민	기타	계
동독(1965)	82.2	2.6	15.2	100
체코슬로바키아(1967)	60.8	12.7	26.5	100
폴란드(1964)	47.7	33.4	18.9	100

출처: 백락서 · 이상희. 1975. 군대와 사회. 법문사. p. 338. 표 1.

둘째, 군 장교에 대한 세뇌에 의한 통제이다. 사회주의 국가에서는 군대를 완전히 정치화하기 위해서 장교들에게 정치사상을 지속적으로 주입한다. 장교의 정치적 충성도는 당원여부로 판가름나며, 군 교육기관은 사상교육의 수단으로 활용된다. 동독, 체코슬로바키아, 폴란드 등지에서는 군대 창설기에 장교의 임용기준으로 직업적인 능력보다 정치적인 충성심을 더욱 중시하였다(백락서 · 이상희, 1975: 338). 이에 따라 직업적 사회화를 추구하는 서구의 사관학교와 달리 사회주의 국가의 사관학교는 교육과정 대부분을 정치교육에 충당하고 있다. 북한의 경우도 군관 양성기관에 해당하는 강건종합군관학교의 교과편성을 보면 혁명역사, 주체사상, 김일성

노작 등의 정치사상 교육의 비중이 거의 절반을 차지하고 있다.[1)]

셋째, 조직에 의한 군대 통제이다. 공산주의 체제하에서 군은 공산당의 창이자 방패 역할을 담당한다. 군에 대한 정치적 통제의 기본적인 방법은 당에 의한 정치적 지휘체계와 직업군인에 의한 군사적 지휘체계를 동시에 적용하는 것이다. 군대 내에 설치된 정치국은 당 권력의 중심이 되어 군인들을 사상적으로 통제한다. 이러한 임무를 담당하는 것이 정치위원(political commissar)이다. 이들을 통해 당 조직이 군대 조직에 침투하며, 당을 장악한 정치 엘리트들이 군대 조직을 장악하게 된다.

표 11. 3 민주적 통제를 위한 전략과 결과

전 략	구 조	긍정적 요소	부정적 요소
유화정책	체제 전환 후에도 군이 정치적 영향력 보유	기존 체제의 붕괴 없이 체제 전환, 지속 가능	군에 대한 통제력 약화, 군의 영향력 장기 지속
감시	군의 동향을 파악하여 개입 차단 정책 수립	쿠데타 사전 경고 및 대응 조치 가능	군의 움직임을 사전 차단할 수 있는 능력 필요
분리와 공략	군과 장교단의 파편화 통해 군의 능력 약화	문민통제 확립시 까지 군의 무력화 가능	군이 정부 의도 파악 시 강력한 동맹으로 반격
제재	민간 당국에 복종하도록 처벌 위협	채찍과 당근으로 진급과 처벌 병행 적용	군을 제압할 수 있는 정부의 능력 필요

출처: Born, Hans. 2003. "Democratic Control of Armed Forces." Giuseppe Caforio(ed). *Handkook of the Sociology of the Military*. New York: Kluwer Academy / Plenum Publishers. p. 158.

그러나 1980년대 말 공산주의 체제 붕괴 후 군은 특정한 정당 또는 체제가 아니라 헌법 질서를 보호하도록 요구받게 되었다. 이에 따라 네 가지

1) 북한의 경우 일반 사병의 신병교육에서도 전체 교육시간의 25%에 해당하는 비중이 정치교육에 배정된다. 북한연구소. 1994. 『북한총람』. pp. 871-872.

방법을 적용해 새로운 형태의 민군관계를 정립해왔다. 첫째, 일상적인 정치로부터 군대를 격리하고 있다. 둘째, 당과 군대 사이의 공생관계를 단절하여 당의 영향력을 배제하였다. 셋째, 군의 지휘체계와 역할을 민주적 형태로 재정립하였다. 마지막으로 군이 중립적인 자세로 정치 지도자의 명령을 수행할 수 있도록 군을 전문직업화하였다. 〈표 11. 3〉에 정리한 바와 같이 체제 전환을 시도하는 국가에서 군에 대한 민주적 통제를 확립하기 위해 선택할 수 있는 전략으로서 유화정책, 감시, 분리와 공략, 제재의 네 가지와 각각의 긍정적인 면과 부정적인 면을 제시하였다.

3. 민군관계의 유형

현대적 의미의 민군관계에서 군사 기능은 민간 기능과 분리되어 대외적으로 군사력을 사용하거나 위협에 대응하는 고유한 역할을 담당한다. 그러나 양자의 균형관계는 각국의 경제, 사회, 문화적 상황에 따라 크게 달라졌다. 서구 사회에서는 군대의 전문성과 능력이 강조되면서 직업군인제도가 발전하여 군사력이 문민 권력에 종속되었다. 반면 군사 기능이 민간 권위에 완전히 종속되지 않은 아시아, 아프리카, 라틴아메리카 등의 제3세계 국가들의 군은 국내 정치사회적 역할에 관심을 두게 되었다. 각국의 정치질서 속에서 군대는 서로 다른 위치를 차지하고 있으며, 이 때문에 다양한 민군관계 유형이 나타나게 된다.

군부통치 유형(praetorianism model)

역사적으로 프레토리아니즘(praetorianism)은 로마 시대 황제의 근위대가 황제를 마음대로 바꾸어가며 정치에 개입했던 사건으로부터 유래하였다(이동희, 1990: 75). 로마 초대 황제인 아우구스투스는 군제개혁을 단행하여 근위대(praetoria)를 창설하였는데, 이는 황제의 반대파에 대한 억지력을 확보하고 제정으로 나아가기 위한 수순이었다(시오노나나미: 1997). 그러나 194년(A.D.) 엄격한 기율을 강요하는 황제에 불만을 품은 근위대가 페르티낙스(Pertinax) 황제를 암살하고 황제의 직위를 공매에 붙여 율리아누스(Julianus)에게 제위를 매각하였다. 이에 따라 3세기 무렵 로마는 각지에서 군인들이 들고일어나서 황제를 갈아 치우는 군인황제 시대를 맞이하게 되었다. 당시 약 50년 동안 26명의 황제가 번갈아 제위에 올랐는데, 이들은 모두 군대에 의해 옹립된 군사령관 출신이었다. 따라서 현대적 의미의 프레토리아니즘은 군이 직접 정치에 개입해서 자신들이 선호하는 정책을 입안하도록 정치가들을 강압하거나 쿠데타를 일으켜 이들의 권력을 강탈하는 등의 불법적인 군부통치를 의미한다. 안드레스키(Andreski, 1968: 184)는 프레토리아니즘을 "관습적 또는 합법적으로 인정되는 헌법적 절차를 따르지 않고 반란이나 쿠데타를 통해서 이루어지는 군부통치"로 정의한다.

1950년대와 60년대 아시아, 남미, 아프리카 등에 위치한 제3세계 국가들에서 쿠데타가 빈번하게 발생하자 프레토리아니즘으로 저개발국가의 민군관계를 설명하고자 하는 시도가 이루어졌다. 헌팅턴(Huntington, 1966)은 프레토리아니즘을 "한 정치체제 내의 모든 집단이 권력과 지위의 분배과정에 직접 개입하려고 나서는 사회 현상"이라고 설명하였고, 저개발국의 과도한 사회적 동원이 프레토리아니즘의 원인이라고 지적한다. 잘 갖추어진 정치제도와 경제발전이 뒷받침되지 않는 상황에서 사회적 동원이 지속하면 이에 대한 불만과 좌절이 정치적 불안으로 이어져 결국 군부의 정치 개입을 초래한다는 것이다. 이 경우 모든 정치집단은 가용한 수단을 모두 동원하여 정치적 역할을 담당하려 할 것이므로 폭력을 독점적으로 보유하고 있는 군은 유리한 고지를 점하게 된다.

틸리(Tilly, 1994: 360-362) 역시 사회적 동원과 군부의 정치 개입 간의 관련성을 보여주는 아프리카의 35개국에 대한 연구 결과를 제시한다. 이들 국가에서는 군사조직들이 규모, 권력, 유효성 면에서 급격하게 성장했지만, 그 밖의 조직들은 그대로 있거나 약해졌다. 능력 있는 사람들은 사업, 교육, 민간 공공행정 부문에 등을 돌렸고 국가조직은 시민들의 동의와 지지를 잃게 되었다. 그 결과, 군부의 자율성이 강화되어 경제 위기와 같은 혼란 시에 군부가 국가의 지배권을 쉽게 탈취할 수 있는 여건이 마련되었다.

프레토리아니즘은 이처럼 군부의 폭력 혹은 무력에 의한 정치 개입의 민군관계 유형이기 때문에 정치적 정당성에 대한 신념이 확고히 자리 잡은 선진 자유민주주의 국가에서는 나타나기 힘들다. 반면 정치적 정당성에 대한 의식이 희박하고 빈부의 격차가 극심한 남미, 아시아, 아프리카의 신생 독립국에서 주로 나타난다(Rapoport, 1962: 73).

병영국가 유형(garrison-state model)

라스웰(Lasswell, 1941)에 따르면 모든 국가는 외부의 공격으로부터 자유라는 공통의 가치를 보존하기 위해 모든 사회적 가치와 제도적 관행을 국력을 극대화하는 방향으로 재편한다. 경제는 무력의 준비를 위해 흡수되고, 공공보도는 기밀이라는 이름으로 제한된다. 가정과 종교단체는 국가안보에 이데올로기적으로 이바지할 수 있도록 육성된다. 보건과 교육정책은 군사적 잠재력을 결정하는 인적자원을 유지할 목적으로 수립되고 시행된다. 이에 따라 국가의 모든 기능과 활동이 궁극적으로 전쟁과 군부를 위해 동원되는 국가체제가 형성된다. 라스웰은 이처럼 무력관리의 전문가들이 그 사회의 가장 강력한 권력을 장악하게 되는 양상을 병영국가(garrison-state)라는 개념을 통해 설명한다.

이러한 개념은 중일전쟁 당시 일본사회에 대한 분석에서 비롯되었다. 1853년 페리 제독의 개항요구로 쇄국정치를 포기한 이래, 일본은 문호를 개방하고 국가번영을 위한 정책에 매진하였다. 국력이 충실치 못하고 문명 역시 성숙단계로 접어들지 못했기 때문에 이들은 주로 군비에 우선을 두었다. 그 결과, 의회가 정치적으로 통제할 수 없는 수준으로 군부의 성장이 이루어졌고, 국가의 모든 기능과 활동이 궁극적으로 전쟁과 군부를 위해 동원되는 국가체제가 형성되었다. 이는 강력한 국민총동원체제로 이어져 1937년 중일전쟁부터 1945년 2차대전 종전 시까지 일본 국민들의 생활에 총체적인 영향을 미쳤다.

'병영국가'(garrison-state)는 세계 정치의 지속적인 위협을 전제로 하여 전쟁준비 속에서 국가 생활이 영위되며, 전쟁의 주역인 군대가 이를 통제하는 사태를 지칭한다(Lasswell, 1941). 병영국가 유형은 기본적으로 일본, 독일, 이탈리아 같은 2차 대전 이전의 파시즘 국가, 또는 소련과 같은 공산주의적 전체주의 국가를 설명하는데 적합한 개념이다. 커밍스(Cummings, 2005)는 최근의 연구에서 북한을 전형적인 병영국가로 설명한다. 거대한 육군과 성인 인구의 상당 부분으로 구성된 예비병력, 그리고 1만 5천 개를 웃도는 안보 관련 지하시설을 갖춘 북한은 사회 전체가 요새 또는 병영화되어있다. 커밍스는 북한이 병영국가가 된 것은 무엇보다 한국전쟁 당시 대학살을 경험했기 때문이라고 말한다. 한국 전쟁 당시 가혹했던 미군의 전쟁 수행방식이 이후 북한의 미국에 대한 끊임없는 분노와 불신의 근원이 되었다는 것이다.

국가 간의 항구적인 대립관계는 병영국가 체계를 성립게 하는 주요 원인이므로 서구 자유주의국가나 선진산업사회 역시 병영국가 출현의 위협을 피해갈 수 없다. 라스웰은 냉전이라는 국제적인 갈등 구조가 군부의 성장을 가속함에 따라 결국 양 진영 모두가 병영국가 체제를 유지하게 될 것으로 전망하였다. 실제로 냉전 시대에 미국에서는 군비경쟁에 전력하면서 형성된 군인과 군수업자, 그리고 정치가들의 유착관계가 군산복합체라는 형태로 자리를 잡고 정부 각 위원회에서 부당한 영향력을 행사하였다. 이에 대해 아이젠하워 대통령(Dwight D. Eisenhower)은 1961년 1월 자신의 퇴임 연설에서 "거대한 군사집단과 대규모 무기산업의 결합은 미국 역사상 새로운 것으로서 미국의 민주주의가 이들로부터 위협받고 있다"고 경고하였다.

헌팅턴(Huntington, 1957: 349)은 병영국가 유형은 민군관계의 한 유형에 불과하나, 이를 민주주의와 양립할 수 없는 통치형태로 확대 해석해서는 안 된다고 지적하였다. 군대와 폭력을 동일시하는 라스웰의 시각은 반군사적 이데올로기인 전통적 자유주의에서 비롯된 편견이라는 것이다. 그럼에도 불구하고 개발도상국에서 주로 발생하는 프레토리아니즘과 달리 병영국가 유형은 국제적 분쟁이 끊이지 않는 오늘날의 안보 현실 그 자체가 발생 원인이라는 점에서 계속해서 관심을 기울일 필요가 있다.

민방위국가 유형

민방위국가 유형의 기본 발상은 훌륭한 시민은 곧 훌륭한 군인이고 또 훌륭한 군인이 곧 훌륭한 시민이라는 점이다(이동희, 1990: 83). 민방위국가의 전형적인 예는 고대 그리스와 로마의 도시국가이다. 필요시 군 복무를 해야 할 의무는 남자가 자유시민으로 갖춰야 할 필수적 요소였으며, 아테네의 시민권을 획득하기 위해서는 통상 싸움터에서 전투를 할 수 있는 충분한 여건을 갖추어야 했다(하키트, 1989: 14). 전쟁이 벌어질 경우 건장한 남자들은 중무장한 보병으로 차출되어 싸워야 했으며, 그렇지 못한 남자들은 경무장한 보병으로 차출되어 싸웠다. 로마의 시민들 역시 재산등급에 따라 자신이 갖출 수 있는 무기류를 가지고 군 복무에 임하게 되어 있었다. 본인들의 부담으로 구매했던 철모, 갑옷, 방패, 창과 같은 것은 상당히 비싼 것들이었다. 따라서 가장 부유한 사회계층은 기병으로, 그다음 계층은 중보병으로 복무했다. 그다음 사회적 신분이 낮은 계층들은 경보병으로 복무했다.

이처럼 구성된 군대에서 정치적 특권을 갖는 전사계층의 출현은 상대적으로 제한되었다. 예컨대 마라톤 전쟁 당시인 기원전 5세기 초 아테네에는 10명의 장군이 있었는데, 이 장군들은 시민의회라 불리는 전체 시민이 참석하는 집회 석상에서 시민들이 손을 들어 선출되었다. 이 집회에서 최고 사령관이 지명되지 않을 경우 장군들은 각자의 임무를 분담하여 맡았고, 두 명 이상이 같은 전쟁터에 있으면 하루씩 번갈아 가면서 사령관의 임무를 수행했다. 민주적 절차가 군대 지휘에도 같게 적용됨으로써 군대의 지휘권은 어느 집단이나 개인에게도 독점되지 않았다(하키트, 1989: 15).

그러나 이러한 군대조직은 대규모 국가에서는 유지되기 어렵다. 먼저 민방위국가는 거의 완전에 가까운 동원율을 갖고 있기 때문에 양적으로 대규모 군대를 보유하게 된다. 이를 효율적으로 통제하기 위해서는 높은 수준의 군 기강과 결속을 유지해야 한다. 그러나 민주적 군대 지휘를 통해서는 낮은 수준의 복종만을 확보할 수 있을 뿐이며, 다양한 집단에서 충원된 대규모 조직에서는 구성원 간의 높은 결속력을 기대하기도 어렵다. 따라서 민방위국가 유형은 고대 그리스의 도시국가와 스위스의 칸톤(Canton) 등 비교적 작은 규모의 국가에서 발견된다.

오늘날의 현대국가 중 민방위국가의 대표적인 사례로는 이스라엘이다. 이스라엘은 주변 아랍국들과의 전쟁에 대비해 높은 군대 참여율을 유지해왔다. 18세 이상 남성은 3년, 여성은 2년간 의무적으로 군 복무를 하며,

제대 후에는 남성은 54세까지, 여성은 결혼하지 않는 한 25세까지 예비역에 동원된다. 여성들은 행정, 훈련, 정보, 정비, 레이다 운영과 같은 비전투 분야에서 복무한다. 이스라엘은 인구 규모에서 아랍보다 상대적 열세에 있으므로 여성 인력의 활용이 증가할 것으로 예상된다. 이스라엘이 아직도 충분히 개발하지 않은 유일한 인력부문이 바로 여성이기 때문이다.

이처럼 강력한 동원체제를 갖추고 있는 이스라엘이 병영국가 유형으로 분류되지 않는 이유는 민간 권위와 대립하는 군사적 특권조직이 형성되지 않고 있기 때문이다. 프레토리아니즘이나 병영국가 유형과 달리 군사적 가치와 민간적 가치가 서로 양립하는 것이 민방위국가 유형의 특징이라고 할 수 있다. 이스라엘 군대가 민주적 가치를 지켜나가면서도 효율적인 지휘체계를 유지할 수 있는 이유는 높은 수준의 결속도 때문이다. 이스라엘에서 병역 의무는 유대교도와 드루즈교도에게만 국한되고 개신교와 이슬람교도에게는 부여되지 않는다. 즉 종교적, 민족적 동질성이 강한 결속력을 발휘하고 더욱 높은 사기를 유지하도록 함으로써 높은 군사능력을 과시할 수 있게 된 것이다.[2)]

공산국가 유형

1917년 10월 혁명 이전까지 공산주의자들에게 군대는 자본가 계급이 정권을 유지하는 데 필요한 최후의 보루에 불과했다. 그러나 백군과의 내전으로 군대가 필요하게 되자 볼셰비키는 과거 짜르 군대의 장교들을 충원하지 않을 수 없었다. 이들을 사상적으로 신뢰할 수없었던 볼셰비키는 당의 요원, 즉 코미사르(commissar)를 군내에 침투시켜 지휘관을 감독하려

2) 민방위국가가 높은 군사능력을 발휘하게 된 이유는 첫째, 전시에 보다 대규모의 훈련된 군인을 확보할 수 있고, 둘째, 이들은 보다 훌륭한 기술과 더욱 높은 사기를 갖게 되기 때문이다. 이러한 기술적 우월성이 작은 국가들로 하여금 비교적 대규모의 군대를 보유하여 외부의 침입으로부터 생존을 유지할 수 있게 한다. 이동희, 1990, 민군관계론, 일조각. pp. 83-84.

고 했다. 지휘관의 작전명령은 정치장교의 부서(副署) 없이는 효력을 발휘할 수 없었고, 지휘관의 군사적 전문성과 자율성은 무시당했다. 다른 한편 이들은 입당한 장교들에게는 정치 장교의 부서를 면제해주는 방법으로 장교들의 입당을 유도했다(서춘식, 1994). 그 결과 군대에 대한 공산당의 우위 또는 공산당의 지도라는 원칙이 확립되었다. 이러한 원칙은 모든 공산주의 국가에 적용되었으며, 이를 가장 적절히 표현한 것이 "우리의 원칙은 당에 의한 총의 통제이며 당에 대한 총의 통제는 결코 허용될 수 없다"라는 모택동의 말이다.

사회주의 국가의 당군 관계에 관한 연구는 헌팅턴(Huntington, 1957)의 이론적 논의를 중심으로 시작되었다. 그러나 군사기능과 정치기능이 분리된 서구 국가와 달리 공산국가의 당군 관계를 완전히 분리된 별개의 것으로 보는 것은 적절하지 않다. 사실 공산국가에서 공산 정권이 성립되던 초기에 군부는 하나의 정치세력으로 정책 결정 과정에 깊이 간여하였다. 프롤레타리아 독재를 위한 폭력혁명의 전위대가 공산당이라면 군부는 공산당의 전위를 맡았다(백종천, 1994: 31). 공산 혁명에 기여한 이들은 정권의 대리인이라기보다는 정권의 일부였다.

당군 관계는 각 국가의 역사적 배경, 사회주의 혁명방법, 정치적 조건, 대외관계 등 많은 변수의 영향을 받으며 그만큼 다양한 유형이 존재할 수 있다. 그러나 일반적으로 사회주의 체제는 당-국가 체제로 군대가 구조적으로 당의 우월적 지위에 도전할 수 없는 체제이다(이대근, 2003: 37). 따라서 공산국가의 당군 관계는 다음과 같은 특징을 가진다. 첫째, 군대는 군 예산, 외교정책, 안보정책에서 상당한 자율성을 가질 수 있다. 그러나 그것이 당의 지배권에 도전하여 당을 대체하는 방식으로 이루어지지 않는다. 둘째, 군대는 당으로부터 분리된 독립된 제도가 아니며 당의 한 전문부문으로 당과 군대의 제도적 경계가 분명하지 않다. 셋째, 당은 당의 헤게모니가 유지되는 한 군을 정치화한다. 이를 통해 군은 당의 이념을 실현하는 전형으로 떠받들어지기도 하고 이념을 변질시키려는 세력에 맞선 투쟁 등 정치활동을 하기도 한다. 넷째, 군은 군사 분야와 관련해서 일정 부분 직업주의적 자율성을 가진다. 그러나 이는 당의 권한 위임에 의한 것이므로 군대의 자율성은 당의 통제하에서 제한적으로 가능할 뿐이다.

4. 문민우위 원칙과 불복종 의무

군은 군의 독자적 목적이나 판단보다는 전체의 목적이나 문민 지도자의 명령을 중시해야 한다. 군에게 있어서 명령에 대한 복종의 의무는 절대적으로 중요한 요소이지만, 군이 문민 지도자의 명령에 무조건 복종해야 하는 것은 아니다. 복종의 문제를 논의하기 위해서는 먼저 두 가지 사항을 검토해야 한다.

첫째, 복종의 대상이 누구인가를 검토해야 한다. 권력 분립의 원칙과 연방제의 원칙이 적용된 미국은 이 때문에 심각한 어려움을 겪었다(Kemp & Hudlin, 1992: 9-12). 만약 적법한 군통수권자인 대통령이 현행법에 어긋나는 명령을 내린다면 군은 이 명령을 수행해야 할 것인가를 두고 고민하지 않을 수 없다. 국가 공복으로서 군인은 합법적으로 구성된 국가 권위의 지시에 복종해야 한다. 그러나 행정부와 법원의 견해가 서로 충돌할 경우, 군부는 어느 쪽을 지지할 것인지를 선택할 수밖에 없게 된다. 이 경우 군은 군통수권에 따라 의회나 법원 대신 대통령의 명령에 복종해야 한다. 이 같은 원칙이 지켜지지 않는다면 군이 상황에 따라 헌법을 해석하고 나름대로 판단하여 행위를 할 것을 요구하고, 이를 허용하는 전례를 만들게 될 위험이 있기 때문이다.

둘째, 복종 의무의 한계는 어디까지인가를 검토해야 한다. 복종의 의무가 절대적이 아니라는 점은 일반적으로 인정되는 사실이다. 따라서 완벽하지는 않지만, 장교들이 민간 지도자의 명령에 불복하는 사례는 다음과 같은 두 가지를 중심으로 구체화해 볼 수 있다(Kemp & Hudlin, 1992: 12). 첫 번째는 행위 그 자체를 평가하는 것으로 명령에 대한 단순한 명령거부와 명령을 위반하는 적극적 명령거부 행위로 나누어진다. 여기서 적극적 명령거부 행위는 자신이 맡은 직위를 이용한 활동인 공적인 명령거부 행위와 다른 누구든지 행할 수 있는 형태의 개인적 명령거부 행위로 구분된다. 예를 들어 자신의 예하 부대를 동원하는 것은 공적 명령거부 행위이고, 정부를 비판하는 견해를 밝히는 것은 개인적 명령거부 행위이다.

군인들의 불복종이 일어나는 이유로 민간 지도자에 대한 불복종은 법적 원칙, 도덕적 원칙, 정치적 판단, 개인적 이해를 둘러싼 갈등 때문에 발생하게 된다. 개인적 이해로 인한 불복종 행위는 정당화될 수 없으므로 분석에서 제외한다. 첫째, 법적 원칙에 따른 행위는 국내법 또는 국제법에 근거하여 이루어진 불복종 행위이다. 군인에게 있어서 가장 어려운 경우가 문민 지도자가 위법한 행위를 요구하는 명령을 내렸을 때이다. 이승만 대통령은 1952년 직선제 개헌안이 국회에서 거부되고, 야당이 내각책임제 개헌안을 제출하자 이를 저지하기 위한 정치적 목적으로 5월 25일 비상계엄을 선포하였다. 이에 따라 전투부대 2개 대대를 차출하여 계엄업무를 지원하라는 신태영 국방장관의 병력투입 지시가 육군본부에 하달되었는데, 이에 대해 이종찬 참모총장은 참모회의의 결정으로 병력 차출을 거부하고 각 부대에 "군은 본분을 망각하고 정사에 간여하는 경거망동을 하지 마라."는 요지의 '육군장병에게 고함'이라는 훈령안을 하달하였다. 이는 군을 정치적 도구로 이용하려는 정치 지도자에 반대하여 정치적 중립을 지킨 대표적 사례로 제시되고 있다(조영갑, 1993).

명령 자체의 위법성 여부는 복종 및 불복종에 대한 책임 문제와 관련하여 매우 중요한 부분이다. 일반적으로 불법인 명령의 이행은 금지되고 있으며, 이에 따른 불법 행위는 용서받지 못한다. 미 야전교범에도 불복종의 의무에 관하여 "상관의 명령에 따라 전쟁법을 위반했다고 하여 자신의 행위가 전쟁 범죄가 아니라고 면책받을 수 없다. 또한, 만약 지시된 명령이 불법이라는 것을 미리 알지 못했거나 알 수 없었던 합리적인 이유가 없다면 기소된 개인은 재판을 받을 때에도 이를 이유로 자신을 스스로 보호할 수 없다."고 명시되어 있다(Kemp & Hudlin, 1992: 14). 따라서 문민 지도자의 명령 자체에 명백한 위법성이 존재할 경우 군의 불복종은 정당화될 수 있다(Huntington, 1964: 조승옥 외, 1995).

둘째, 도덕적 원칙에 따른 불복종은 타인의 권리 또는 절대 다수의 최대 행복에 대한 관심으로 인해 취해진 행위이다. 2차 대전 당시 히틀러는 파리가 전략적으로 대단히 중요한 위치에 있는 도시이기 때문에 만약 철수해야 할 경우 파리를 불태워 잿더미로 만들고 연합군이 전략기지로 사용하지 못하도록 하라는 명령을 내렸다. 독일군이 마지막까지 저항하다가 철수를 결정하였을 때 히틀러가 다시 파리를 불바다로 만들라는 명령을 내렸다. 그러나 당시 파리 주둔 독일군 총사령관인 콜티즈 장군은 그냥 철수하면서 히틀러에게 "파리는 지금 불타고 있습니다."라는 허위보고를 하였다.

또한, 한국전 당시 1951년 9월 18일 해인사 일대에서 공비토벌 작전을 지원하던 편대장 김영환 대령 역시 해인사 폭격 명령을 거부하고 편대기들에도 폭격 중지를 명령하였다. 그는 명령 불복종의 경위에 대하여 "태평양전쟁 때 미군이 일본 교토를 폭격하지 않은 것은 교토가 일본 문화의 총본산이었기 때문이다. 어찌 유동적인 수백 명의 공비를 소탕하기 위하여 팔만대장경판을 잿더미로 만들 수 있겠는가?"라고 대답했다(이상균, 2005). 하달된 명령을 수행하는 것에 대해서 군인들이 도덕적으로 중립적인 태도를 보이는 것은 군인의 덕목에 위배된다. 헌팅턴(Huntington, 1964)은 상관으로부터 비도덕적 명령을 받았을 때, "군인으로서는 복종해야 하지만, 인간으로서는 불복종해야 한다."라고 말한다.

마지막으로, 정치적 판단에 따른 불복종은 공동체가 선택한 최선의 목표 또는 목표를 달성하기 위해 요구되는 최선의 방안에 관한 의견 불일치로 인해 이루어진 행위이다. 한국전쟁 당시 맥아더(Douglas MacArthur)는 장개석의 군대로 하여금 중국을 공격하도록 하여 중국이 UN의 의지에 굴복하도록 강요해야 한다고 주장하였다. 이런 주장은 3차 세계대전의 위협이 증대되는 것을 원하지 않았던 트루만(Harry Truman) 대통령의 의지와 배치되는 것이었다. 맥아더의 발언과 행위는 문민통제의 원칙에 어긋나는 것으로, 트루만 대통령은 그를 해임하지 않을 수 없었다(육사, 1987: 543-544). 제2연평해전 보고 누락사건도 비슷한 사례이다. 조영길(曺永吉) 국방장관은 2004년 7월 24일 국회 국방위원회 보고에서 해군 작전사령부가 북방한계선(NLL)을 침범한 북한 경비정의 무선송신 사실을 합동참모본부에 보고하지 않은 이유에 대해 “작전사령관이 경고사격 전 상급 부대에 보고할 경우 사격중지 명령이 내려질까 우려했기 때문”이라고 밝혔다. 조 장관은 “부주의가 아니라 고의(故意)로 이뤄지지 않았다”며 “이는 작전 지휘체계 유지에 있어 심각한 군기위반 사안”이라고 말했다(유용원, 2004).

헌팅턴(Huntington, 1964)은 교리상 현저하게 효율성을 높일 수 있다고 기대될 경우와 정치인이 군사 전문능력의 영역을 침범했을 경우 군의 불복종이 정당화될 수 있다고 본다. 이 경우 군의 불복종에 대한 궁극적인 정당화 기준은 국가의 공복으로서 군에게 절대적으로 중요한 군사적 효율성이다. 그러나 정치적 판단에 따른 불복종은 문민통제의 원칙을 훼손시킬 위험이 있기 때문에 일반적으로 허용될 수 없다. 정책수행을 위한 최선의 방안을 놓고 군부 지도자가 통수권자와 의견 불일치가 있으면 군부 지도자가 선택할 방법은 사임이나 재신임 요구뿐이다.

〈표 11. 4〉에 제시된 불복종 사례 중 정치적 판단에 의한 불복종은 드골의 사례만이 정당한 것으로 인정받고 있다. 1940년 6월 중순 독일군의 침공에 저항할 수 없었던 프랑스 정부는 독일과의 휴전을 시도하였다. 독일

은 휴전의 조건으로 해외에 있는 프랑스군이 독일에 대한 저항을 중단할 것을 요구하였다. 페탱(Philippe Pétain) 수상은 독일로부터 또 다른 양보를 얻어낼 목적으로 이를 수락했다. 그러나 드골(Charles de Gaulle)은 6월 18일 라디오 방송을 통해 독일에 대한 투쟁을 계속할 것을 촉구했다. 이러한 그의 행동은 독일과의 휴전을 결정한 정부의 명령에 대한 불복종이었다. 드골의 행위가 정당화될 수 있었던 것은 첫째, 군이 정책 결정 과정에 참여하지 않으면 안 될 정도로 매우 급한 위기 상황이었고, 둘째, 독일과의 화친을 추구한 비씨(Vichy) 정권이 정당성을 상실하였기 때문이다(Kemp & Hudlin, 1992: 16).

표 11. 4 불복종 행위의 유형

구 분		불복종 행위		
		단순한 거부	적극적 행위	
			공적 행위	개인적 행위
불복종 이유	도덕적 원칙	콜티즈 장군의 파리 파괴거부	김영환 대령의 해인사 폭격 거부	-
	법적 원칙	-	이종찬 장군의 육군 훈령안	이지문 중위 양심선언 사건[3]
	정치적 판단	서해교전 보고 누락 사건	라벨 장군의 월맹 북폭	드골의 대독(對獨) 항쟁 촉구방송

3) 1992년 3월 22일 육군 9사단 소속 이지문 중위는 제14대 국회의원선거 군 부재자투표과정에서 공개투표 · 대리투표행위와 여당지지정신교육이 있었다고 기자회견을 통해 고발하였다. 국방부는 통신사령부의 이원섭 일병의 추가 고발로 여당지지 정신교육과 대리투표행위가 몇몇 부대에서 있었음을 인정할 수밖에 없었다. 김재홍. 1992. “군부재자 투표부정의 진상.”『신동아 5월호』. pp.177-192.

제12장
과학기술의 발전과 군대

과학과 기술의 관계를 살펴보면 과학은 기술의 발전을 촉진하고 기술은 과학으로 하여금 해결해야 할 문제를 제기하여 상호 발전을 가능케 하며 상승효과를 가져온다. 과학기술의 발전과 더불어 사회와 개개인의 삶에 나타나는 변화의 폭과 깊이도 날로 커지고 있다. 이는 인류의 행복과 복지를 증진하기도 하지만 때에 따라서는 그 반대의 결과를 낳기도 한다. 전체 사회의 일부이고 사회 성원들의 집합체인 군대 역시 이러한 과학기술의 발전과 그로 인한 다양한 영향을 받는데, 바로 이러한 점 때문에 과학기술의 발전이 군 조직에 미친 영향에 대한 체계적인 분석과 평가가 요구된다.

1. 과학기술과 전쟁 양상의 변화

군사 과학기술의 발전 추세

군사 과학기술이란 군사적으로 응용된 모든 과학기술을 일반적으로 지칭하는 용어(최윤대 외, 2003: 1)로 실제로 과학기술이 군사기술과 민수기술로 구분되기 시작한 것은 최근의 일이다. 2차 세계대전 이후 냉전 체제가 형성된 이후 군비 경쟁이 가속화되자, 군사력 건설에 사용되는 핵심 기술을 보호하기 위해서 각국은 이 기술을 별도로 관리하면서(김형국 외, 1998: 51) 군사 과학기술이란 용어가 보편화하였다. 군사 과학기술은 새로운 무기체계의 개발과 기존 무기의 성능 개량을 위한 핵심적 요소로서, 과학기술의 발전으로 무기체계의 혁신이 이루어지면서 전략과 전술이 변화하고 전장에서 주도권을 잡는데 크게 기여하였다. 이에 따라 〈표 12. 1〉에서 보는 바와 같이 군사 과학기술의 발전과 새로운 무기체계의 등장으로 군대 조직과 전쟁 양상도 크게 변화하였다(김희재 외, 1997: 11; 최윤대 · 문장렬, 2003: 15).

군사 과학기술이 전쟁의 발전과 변화에 미친 영향을 분석하기 위해서는 무기체계 외에도 작전, 전략, 군수, 정보, 지휘 · 통제 · 통신, 조직 등의 요소를 복합적으로 검토해야 한다. 반 크리벨드(van Creveld, 1989)는 군사 기술의 발전과정을 〈표 12. 2〉와 같이 도구, 기계, 체계, 자동화의 4단계로 구분하였다. 도구의 시대에는 아르키메데스(Archimedes)의 지렛대나 레오나르도 다빈치(Reonardo Davinchi)의 크랭크(crank) 등을 응용한 다양한 기계장치들이 만들어졌다. 이 시기의 특징은 모든 동력이 사람이나 가축 등의 살아있는 생명 유기체의 노동력에 의존한다는 것이다. 기계의 시대에는 풍력, 수력, 화력 등 에너지를 사용하는 각종 기계 장치가 전장에

표 12. 1 무기체계와 전술의 변천과정

전 쟁	무기체계	전 술
고대전쟁	창, 칼, 화살, 방패	• 집단전투, 종대대형
중세전쟁	화승총, 화포	• 선형전투(1차원), 횡대대형
근대전쟁	총검	• 내선작전
	철도, 전신	• 외선작전
현대전쟁	기관총, 야포	• 평면전투(2차원)
	전차, 항공기, 잠수함	• 전격전, 입체전투(3차원)
	핵무기	• 냉전, 비정규전
	헬리콥터, 전자전, 유도무기	• 공지작전, 다차원 동시통합전투

출처 : 최윤대 · 문장렬. 2003. 『군사과학기술의 이해』. 양서각. p.15. 표 1-2 발췌

표 12. 2 과학기술과 전쟁 양상

구 분	시 기	과학기술과 전쟁양상
도구의 시대	B.C. 2000– A.D. 1500	• 인력 / 동물의 근육 에너지 ⇒ 청동 및 철제무기, 등자, 수레바퀴
기계의 시대	1500년– 1830년	• 풍력, 수력, 화약 등의 에너지 ⇒ 화포 대량운용, 지상전에서 해상전으로 확대
시스템 시대	1830년– 1945년	• 네트워크화 통합기술(철도, 전신), 기계화 항공기 등 등장 ⇒ 전격전 탄생, 전쟁양상의 변혁
자동화 시대	1945년 이후	• 컴퓨터에 의한 '정보기술' 발전 ⇒ 전쟁의 '자동화', 전쟁양식의 대변혁 가능

출처: Creveld, Martin van. 1989. *Technology and War*. New York: The Free Press. pp. 1–6.

서 지배적인 역할을 하였다. 전쟁에서 실용적으로 활용할 수 있는 흑색 화약이 발명된 이후 화포의 중요성이 증대되고, 군대의 구성과 전략, 전술도 획기적으로 변화하였다. 시스템의 시대에는 이전과 달리 각 무기체계가 다른 요소들과 통합되어 운용되는 복잡한 시스템이 형성되었는데, 이 시대의 가장 큰 특징은 무엇보다 기술 그 자체가 체계화되기 시작하였다는 점이다. 자동화 시대의 가장 중요한 점은 인공지능의 출현으로 환경의 변화를 스스로 감지하고 이에 대응하는 자동화된 무기체계가 전쟁에서 중요한 역할을 수행하게 되었다는 점이다.

군은 과학기술의 산물을 통해 새로운 전략과 전술을 창출해가기도 하지만, 새로운 전략 개념을 구현하기 위해 무기체계의 개발을 요구하기도 한다. 미국의 경우 냉전기간 중 정부 예산의 우선적인 예산 투입에 힘입어 군용기술 분야에서의 비약적인 성장이 가능하였다. 이러한 과정에서 개발된 첨단기술은 민수분야로 파급(spin-off)되어 새로운 민간제품 개발에 폭넓게 활용되고 있다. 레이더 제작 시 부수적으로 터득한 '마이크로파 발생장치' 제작 기술은 전자레인지를 제작하는 계기가 되었다. 미사일과 포탄의 탄도를 계산하기 위해서 만들어진 최초의 진공관식 컴퓨터 애니악(ENIAC)이 오늘날 개인용 컴퓨터로 발전하여 일상생활과 학문연구에 광범위하게 활용되고 있다.

반면 1960년대 이후에는 세계 경제체제의 확대로 민간기업 간의 기술경쟁이 심화함에 따라 민간기술이 군용기술의 혁신 속도를 능가하기 시작하였다. 이에 따라 민간기술이 군용으로 전용(spin-on)되기 시작하였다. 1960년 미국의 민간 연구소에서 개발된 레이저(laser)는 산업 및 의료분야에서 주로 사용되었는데, 월남전에서는 이를 스마트 폭탄(smart bomb)에 응용하여 폭탄의 명중률과 파괴력을 높이는 데 활용하였다.

최근 대부분 국가에서는 민수와 군용으로 이원화되었던 기술 개발을 민군겸용기술 개발로 전환하고 있다. 〈표 12. 3〉에는 군용기술을 민수기술로 전용한 사례를 정리해 놓았는데, 이런 기술전용으로 군용기술을 상업화가 가능한 민수기술 형태로 전환하는 과정에서 효율성을 향상시킬 수 있고, 연구자원의 공동 활용을 통해 과학기술 혁신을 가속하였다.

표 12. 3 군용기술의 민수 응용 사례(spin-off)

구분	군용기술의 민수 응용 사례	
	군용	민수
전자	• 컴퓨터 • 집적회로(IC) • GPS 위성항법시스템 • 레이더 주파수 발생장치	• 컴퓨터 • 집적회로(IC) • 항법장치, 초정밀 원자시계 • 전자레인지
광학	• 레이저 거리 측정기 • 유도탄 레이저	• 측량장비 • 수술장비, 고품질 음향재생장치(CD)
통신	• 자동표적 인식 • 광대역 통신기술	• 신경회로 계산모델 • 이동통신
정보	• 인터넷 • 전자정보 nano 기술	• 민간에 개방 활용 • 민항기 적재하중 감소
재료	• 항공기용 탄소섬유	• 낚시대, 골프채

출처: 구상회. 1998. "국가과학기술전략과 민군겸용기술." 김형국 외. 『과학기술의 정치경제학』. 오름. p. 53.

군사기술의 발전과 사회적 변화

인간 사회에서 현재까지 발전, 축적해 온 과학기술은 인간의 생활양식을 끊임없이 변화시켜 왔다. 과학기술의 도입은 한 편으로 사회에 영향을 미치지만, 다른 한편으로 사회로부터 거부당하기도 하였다. 이는 새로운 기술이 조직의 변화를 초래할 뿐만 아니라 정치적 권력관계에도 중대한 영향을 미칠 수 있기 때문이다.

인간은 이미 선사시대에서부터 전쟁에서 적을 살상하기 위해 여러 도구를 사용해 왔다. 이 시기에 사용된 곤봉, 창, 활 등은 손도끼보다 효율적인 무기였지만 기술적인 측면에서 제작이 쉽기 때문에 누구라도 이를 보유할 수 있었다. 그러나 기원전 3000년경 청동기 무기가 등장하면서 야금술의 보유 여부가 지배 · 피지배 관계를 결정짓는 기준이 되어 기술을 보유한 집단은 다른 집단을 정복할 수 있었고, 한 집단 내에서도 청동제 갑주를 보유한 집단이 지배 계층의 지위를 차지하게 되었다.

기원전 1700년경 유라시아 지역에서 출현한 전차(chariot)는 정치적 중앙집권화 및 분권화 과정과 밀접하게 관련되어 있었다. 궁수를 보호하기 위해 만들어진 전차는 움직이는 표적에 대한 사격이나 사격 그 자체에 익숙하지 않았던 군대로서는 도저히 감당해낼 수 없었던 불가항력의 무기였다. 전차를 운용하기 위해서는 개인이 감당할 수 없을 정도의 막대한 비용이 소요되었기 때문에 중앙집권화된 국가만이 이를 조직적으로 유지하고 관리할 수 있었다. 밀집된 보병 대형을 향해 돌진하면서 화살을 날리는 전차 공격의 효용성은 중동, 인도, 유럽, 그리고 중국 등지에서 거의 400년 이상 지속되었다. 그러나 제철 기술이 발전하면서 저렴한 비용으로 병사들에게 철제 갑옷을 보급할 수 있게 되자 전차의 효용성은 급격하게 저하되었다. 특히 회전 반경이 큰 전차를 공격하는 기술이 개발됨에 따라 기원전 1200년경에는 전차가 전장에서 사라졌다. 대신 등자의 도입으로 기동성이 향상된 기병이 보다 중요한 역할을 담당하기 시작하였다. 넓은 목초지가 있는 지역에서는 누구나 말을 가지고 군사적 역할을 담당할 수 있었기 때문에 정치적 권력 또한 나누어졌다(Mcniell, 1988: 6). 한편 말에게 곡물을 먹여 키워야 했던 지역에서는 영지를 받은 기사를 중심으로 분권화된 형태의 정치 구조가 형성되었다.

기병으로서 군 복무가 정치권력을 가져다준 지역에서는 기병과 보병 사이의 불신을 해결하는 것이 중요한 과제였다. 기병은 피지배계층에서 충원된 보병을 신뢰하지 않았고, 보병 역시 특권 계층인 기병에 대한 적대감을 갖고 있었다. 이에 따라 유럽에서는 현존하는 사회구조와 정치체제의 안정성을 훼손시키지 않고 전쟁을 수행하기 위해 외국인을 보병으로 고용하기 시작하였다(Mcniell, 1988: 6). 특히 1200년경 중세 특유의 기병 돌격에 맞서는 데 성공한 이탈리아의 창병과 궁수들은 전문적인 용병으로 성장하였다.

요새 및 공성 무기의 발전도 중세의 정치적 권력관계에 커다란 영향을 미쳤다. 요새는 포위공격을 시도하는 적에게 식량과 마초의 부족을 일으켜 보다 강력한 적에게 효과적으로 저항할 수 있도록 해주었다. 이에 따라 성벽으로 둘러싸인 도시는 상공업자들로 하여금 자치(自治)와 자위(自衛)를 가능케 했다. 지방 귀족에 의해 지배되는 성 역시 해당 지역에서 귀족 중심의 정치질서를 유지하는 역할을 했다. 공성 무기 중 하나였던 석궁은 휴대용으로 축소되어 유럽의 역사를 바꾸는데 크게 이바지했다. 석궁은 최소한의 훈련만으로도 기병을 명중시킬 수 있을 정도로 효율적인 무기였다. 제작기술이 복잡하고 어려운 석궁은 도시의 장인들이 제작할 수 있어서 도시 시민들에게 석궁이 먼저 보급되었다. 석궁의 발달로 기병에 대한 효과적인 무기체계를 보유하게 되자 도시 시민에 대한 군사적, 정치적 통제 역시 약화하기 시작하였다.

처음에 공성용 무기로 개발된 화포는 휴대 가능한 소구경의 화기로 발전하면서 전술 변화를 가져왔다. 휴대용 화기가 도입되자 종래의 창병들로 구성된 방진(phalanx) 형태의 대형은 선형대형으로 전환되었다. 병사들은 더욱 긴밀하고 응집력 있는 조직체로 행동해야 했고, 이를 위해 강도 높은 훈련이 요구되었다. 그 결과 훈련받은 병사들로 구성된 상비군을 보유하는 것이 비용 절감이나 전투력의 유지를 위해 효율적이었다(하키트, 1989: 63). 상비군 제도의 설립으로 군대에 대한 통제권은 왕에게 집중되었지만 프랑스 혁명을 계기로 군대는 국민 군대로 전환되었다. 프랑스의 혁명 이념이 유럽으로 전파되면서 모든 국민을 대상으로 징집된 병사로 조직된 국민 군대가 출현하였다(Huntington, 1957: 37). 이 시기 프랑스에서 발전된 포술은 전장에서 중요한 역할을 하였는데 얇은 포강을 가진 가벼운 화포를 개발하여 포병의 기동성을 향상했다. 포병의 효과적 활용을 통한 프랑스의 군사적 승리는 프랑스 혁명이념을 보호하고 나폴레옹 전쟁을 통해 이를 유럽에 전파하는데 기여하였다.

이후 1880년에 이르기까지 기존의 전쟁 형태와 무기체계에 익숙해져 있던 군은 비용이 많이 드는 새로운 무기 체계의 도입에 부정적이었다. 그러나 식민지 확보를 둘러싼 강대국 간의 경쟁이 심화하면서 합금, 터빈 엔진, 전기 장치, 유류 정제, 제어장치 분야 등에서 기술 개발이 촉진되었다. 1차 세계 대전이 발발하자 산업혁명 이후 급속히 발전한 민간 기술과 맞물려 군사 기술에서 대대적인 혁신이 이루어졌다. 1930년대 중반 이후 다시 불붙기 시작한 군비경쟁은 2차 세계대전으로 이어졌다. 2차대전에서 전차와 항공기가 전장의 주역으로 등장하면서 전장 공간이 입체화되었으며 이제 전쟁은 전후방 구분이 없는 국가 총력전으로 변모하였다. 1945년 원자폭탄의 투하로 2차 대전이 종결되자 핵 시대가 열렸다. 핵무기 개발은 첨단 과학기술이 필요 했기 때문에 핵무기 보유는 국제 관계에서 국가의 위상과 직결되었다. 이와 함께 통신, 군수, 정밀무기 등에서 향상된 군사 기술이 민간 영역으로 파급되면서 현대 사회의 생활양식에도 많은 변화가 일어났다. 특히 컴퓨터와 정보기술의 발달은 인간의 삶과 문화를 급격하게 변화시키고 있다.

2. 군사 과학기술과 군대의 상호관계

과학기술이 사회적으로 차지하는 중요성이 커짐에 따라 기술과 사회의 관계를 학문적으로 분석하려는 논의들이 진행되어 왔는데, 여기에는 크게 두 가지 이론적 접근법이 제시되었다. 하나는, 기술이 사회에 미치는 영향에 주목하는 기술 결정론으로 과학기술의 혁신이 미래 군대를 어떻게 변화시킬 것인가에 대한 예측들이 이에 속한다. 다른 하나는, 기술의 사회형성론인데 기술 역시 사회적 산물이기 때문에 기술 변화는 사회적 영향하에서 이루어진다는 입장으로 기술결정론에 대한 비판적 시각에서 과학기술과 군대 간 관계를 검토한다.

기술결정론

18세기 중엽 증기기관의 발명과 함께 시작된 산업혁명은 농업사회의 생활양식을 전혀 새로운 방향으로 탈바꿈시켰다. 생산, 소비, 수송, 에너지, 전쟁 등 사회 전 분야에서 일어난 급격한 변화는 과학기술이 사회에 어떤 영향을 미치는지에 대한 학문적 논의를 이끌어 냈다. 마르크스(Karl Marx)는 "손으로 당기는 절구는 봉건영주가 지배자가 되는 사회를 만들었으며, 증기로 끄는 절구는 산업자본가가 지배자가 되는 사회를 만들 것이다." 라고 하여 생산력의 주요 요소인 기술 혁신이 생산관계의 변화를 초래하였다고 파악했다. 과학 기술의 중요성에 대한 연구가 체계화된 것은 1930년대 미국의 기능주의 이론가였던 로버트 머튼(Robert Merton)에 의해서였다(이영희, 2000: 17). 과학을 하나의 합리적인 사회제도로 파악했던 그는 과학에 대해 기본적으로 우호적인 입장이었다. 반면, 살 레스티보(Sal Restivo, 1989) 등은 자원 동원을 둘러싼 경쟁과 갈등 관계에 주목하여 과학지식의 경로를 결정하는 사회적 요인을 분석하였다. 이에 따라 1980년대 이후에는 특정 기술이 사회에 미치는 영향에 대한 사후 분석 외에도 사회가 기술의 형성과정에 미치는 영향에 대한 연구가 활발하게 이루어졌다.

과학 기술의 발전으로 현실의 여러 어려움을 극복할 수 있다는 신념은 계몽사상의 산물이었다. 계몽사상이 출현하기 전에는 종교와 신이 부여한 전통적 질서에 의해 인간의 삶이 영위되었으나 계몽사상의 출현으로 신성한 질서에 도전할 수 없다는 한계를 극복하고 인간이 중심이 되는 새로운 질서를 만들어냈다. 계몽 사상가들은 세상이 인간에 의해 개조될 수 있다는 낙관적인 믿음 하에 사회의 모든 영역에 과학적 모델을 적용하였고 기술적 요소가 모든 영역에서 진보를 가능케 할 것이라고 확신하였다. 베버(Weber, 1992)는 계몽사상 이전의 주술적 사고가 과학, 기술, 그리고 관료제에 의해 합리화되면서 근대로 전환이 이루어진 것이라고 파악한다. 커(Kerr, 1973) 역시 경쟁적 경제구조 하에서 유리한 지위를 차지하기 위해서는 불가피하게 최고의 기술을 도입할 수밖에 없다고 주장한다.

〈그림 12. 1〉의 Kerr의 모델에서 과학적 지식은 기술의 적용을 위한 필요조건이다. 일단 기술이 적용되면 조직의 형태와 구조는 최선의 기술을 적용할 수 있는 형태로 조정된다. 이에 따라 노동 과정이 조직되고 사회제

그림 12. 1 기술적 결정론에 관한 커(Kerr)의 모델

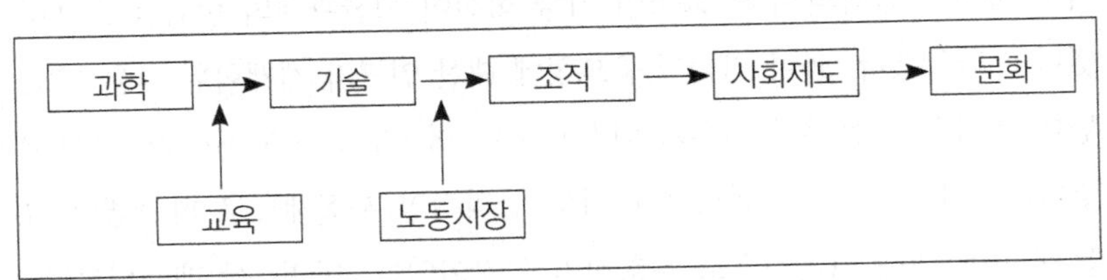

출처: Moelker, René. 2003. "Technology, Organization, and Power." Giuseppe Caforio(ed). Handbook of the Sociology of the Military. p. 388. 그림 22.1.

도들이 형성되며 문화는 단지 부산물에 불과하여 자율적인 영향력을 발휘할 수 없다. 교육을 통해 기술을 습득하고 노동시장은 사람들을 조직에 편입되게 하여 전체 시스템이 원활하게 작동하도록 하는 중요한 요소이다. 이 모델에 의하면 기술이 변화를 유도하는 가장 중요한 요인이기 때문에 기술발전에 따라 궁극적으로 사회제도가 한 방향으로 수렴하게 될 것이다. 기술은 사회로부터 독립적인 내적 논리에 따라 발전하며 이렇게 발전된 기술은 일방적으로 사회를 특정방향으로 변화하도록 결정한다는 것이다(이영희, 2000: 28).

이들은 과학기술의 발전이 정치, 경제, 사회, 문화 등 사회 전 부문의 급격한 변화를 초래하여 새로운 사회로의 전환을 가속하는 것으로 본다. 기술결정론은 인류사회의 미래를 체계적으로 예측할 수는 있으나, 기술 자체를 주어진 것으로 보고 기술이 사회에 미치게 될 영향에 주목한다. 따라서 사회를 과학기술에 의해 일방적으로 영향을 받는 수동적인 존재로만 인식하는 한계가 있다. 반면, 사회형성론은 기술의 변화과정을 사회적 요인을 통해 설명한다(Edge, 1988). 기술의 형태와 내용은 단선적으로 발전해 가는 것이 아니라 여러 사회적 요인에 의해서 차이가 있을 수 있다. 과학기술이 모든 사회를 같은 형태로 발전시키는 것은 아니며, 어떤 방향으로 사회가 변화하는가는 전적으로 그 사회 구성원들의 선택에 따라 달라질 수 있다는 가능성을 열어두는 것이다.

사회형성론

커(Kerr, 1973)의 모델에 의하면 기술의 혁신은 언제나 환영받아야 하고, 즉각 조직에 적용되어야 하는데, 이러한 기대는 혁신에 대한 편견이라고 로저(Roger, 1983)는 비판한다. 새로운 기술이 출현하더라도 전통을 포함한 문화적 요인, 경제적 이유, 정치적 이유 등에 의해 이 기술이 사회적으로 거부되거나 무시되는데, 이런 사회적 장벽를 극복할 때 새로운 기술이 사회와 조직에 수용되고 적용될 수 있다는 것이다. 먼저 전통을 포함한 문화적 요인이 새로운 무기와 기술 도입을 외면하고 지연시킨 대표적인 사례가 영국에서 살상력이 높은 기관총과 전차도입을 지연시킨 사례를 들 수 있다.

1차 세계대전은 현대 무기체계의 발전에 크게 이바지 하였다. 불과 4년이라는 기간 동안 달성된 군사 과학기술의 발전과 전장에서 응용은 놀라운 수준이었다. 기관총을 포함한 무기의 파괴력이 향상되었으며, 휘발유 내연기관의 등장으로 비행기와 전차 같은 새로운 무기가 등장하였다. 19세기 후반 만들어진 근대식 기관총은 1899년 보어전쟁에서 처음으로 사용되었고 식민지에서 수적으로 우세한 원주민과 맞서 싸우는데 그 효용성이 발견되었지만, 문명인들 간에 기관총을 사용하는 것은 명예스럽지 못한 것으로 인식되었다(Moelker, 2003: 390). 당시 영국 장교단은 전쟁의 승패가 애국심, 명예, 그리고 영웅심으로 충만한 전투원들의 패기에 의해 결정된다고 믿었다. 이들은 인간의 의지와 용기를 보여줄 수 있는 기마 돌격과 총검 격투만이 정당한 전투방식이라고 믿고 자신이 선호하는 전투 양상을 변화시킬 새로운 무기 도입을 거부하였다.[1] 그 결과, 1914년 1차 세계대전 때까지 어느 병과도 불명예스러운 무기였던 기관총을 자신의 편제화기로 삼으려 하지 않았다.

그러나 현대 전쟁에서 증강된 화력이 승패에 결정적일 수 있다는 인식이 형성되면서 문명인 간에 기관총을 사용하지 않는다는 암묵적 금기가 깨졌다. 1차 대전 당시 기동전술의 실패와 진지전 양상으로 전환은 전장

1) 기관총이 고가의 무기였고, 탄약소모량이 많았다는 것도 군이 기관총을 채택하지 않았던 이유였다. 분당 600발을 발사하는 맥심 기관총의 시범 사격을 참관한 북유럽 소국의 한 왕은 기관총의 탄약 소모량 때문에 재정이 파탄나지 않을까 우려했다고 한다. 아께찌 쯔토무(明地力). 1981. 세계병기발달사. 과학도서. p. 34.

에서 본격적으로 기관총이 사용되도록 하였다. 영국군보다 월등하게 많은 기관총을 보유하고 있던 독일군은 이를 전술적으로 다양하게 운용하면서 영국군에게 커다란 피해를 줬다. 반면 영국군은 공격 실패의 원인을 용맹성과 희생정신의 부족으로 판단하고 무리한 공격을 반복하면서 희생자 규모를 키웠다.[2] 희생자의 급격한 증가에 정치적 부담을 느낀 영국 정치인들은 기관총의 도입을 확대하는 것이 희생을 최소화하는 방안이라고 인식하기 시작하였다((Moelker, 2003: 391). 1914년 후반에 이르자 기관총의 화력이 압도적이어서 보병은 지상 전장에서 이제는 생존할 수 없었다. 그 결과, 용맹과 희생이라는 장교들의 고유한 가치는 역사의 뒤 안으로 사라지고 화력이 전장을 지배하는 시대가 열리게 되었다.[3]

탱크의 도입 과정에서도 많은 반대가 있었다. 탱크의 효용성에 관심을 보인 것은 당시 해군 장관이었던 처칠(Winston Churchill)과 기술 장교였던 스윈턴(Ernest Swinton) 중령이었다. 이들은 탱크가 기관총을 파괴하고 장애물과 참호를 극복할 수 있다고 확신했으나 육군은 탱크의 도입을 반대하였다. 훌륭한 사회적 배경을 갖고 있는 계층으로부터 충원된 영국 장교단은 군대는 신사들이 즐기는 유희라는 관념을 갖고 있었다(하키트, 1989: 167). 과학기술보다 신사도와 스포츠 정신 등의 가치를 중시하는 문화적 장벽이 신기술의 도입을 가로막은 것이다(Moelker, 2003: 392). 당시 기득권층의 저항도 이에 못지않게 중요했는데, 탱크의 도입은 보병 또는 기병 같이 기득권을 가진 군부 엘리트들에게 커다란 위협으로 인식되었다.

영국 육군의 회의적인 시각에도 불구하고 독립적인 탱크 부대가 만들

2) 1차 세계대전 동안 영국군 희생자는 100만 명에 달했다. 전면공격(all-out offensive)에 집착했던 프랑스의 사정도 마찬가지였다. 1차 세계대전 동안 프랑스의 전사자는 150만 명, 부상자는 450만 명에 달했다. 존 하키트(John Hackett). 1989. 『전문직업군』. 서석봉 · 이재효 공역. 연경출판사. p. 163.

3) 프랑스의 포쉬 원수는 1차 대전이 끝난 뒤 "우리는 그 당시 사기만이 중요하다고 믿었는데, 그러한 생각은 유치한 생각이었다."라고 말했다. 위의 글. p. 162.

어졌고 풀러(John Fuller) 중령은 이를 운용하기 위한 계획을 수립하였다. 1917년 11월 깡브레(Cambrai) 전투에서 탱크는 독일군 전선을 돌파하는 데 성공했으나 독일군이 이를 탈환하였다. 1918년 8월 아미엥(Amiens) 전투에서 350대의 탱크로 다시 한 번 돌파에 성공했지만 독일군의 저항을 분쇄하는데 실패하였다. 이 때문에 영국 육군의 기병 중시 풍조는 그대로 유지되어 전쟁이 끝난 뒤인 1923년에야 비로소 탱크 부대의 창설을 허용했다. 그러나 탱크 부대는 여전히 기존 병과들의 조직과 전술에 통합되지 못하고 영국군에서 기계화 특히 기갑전과 관련된 발전이 이루어진 것은 장교단의 전문직업화가 본격적으로 이루어진 1930년대 이후였다(하키트, 1989: 170).

표 12. 4 경제와 전쟁과의 관계

물결	경제의 특징	전쟁의 특징
농업혁명(제1물결)	농업, 주기적 노동	용병 시스템
산업혁명(제2물결)	대량 생산, 대량 소비	징병 군대, 대량 파괴
정보혁명(제3물결)	생산요소로서 정보, 지속적 혁신	정밀무기, 유도무기, 표적 정보의 최신화, 비살상무기의 중요성 증대

출처: Moelker, Ren . 앞의 글. p. 393.

다음으로, 경제로 전쟁양상 및 전쟁의 승패를 설명하려는 관점이다. 〈표 12. 4〉에서 같이 토플러(Toffler, 1994)는 기술과 경제구조를 통해 전쟁양상의 변화를 설명하고 있다. 그는 농업혁명, 산업혁명, 정보혁명의 단계에 따라 군사적 발전이 이루어져 왔다고 주장한다. 제1물결 시대의 전쟁은 용병들에 의해서 간헐적으로 이루어졌다. 프랑스혁명과 산업혁명으로 인해 대규모의 국민군대 간 공방전을 특징으로 하는 제2물결 시대의 전쟁으로 전환되었고, 이후 정보혁명으로 지식의 중요성이 높아지면서 정보의 역할이 중시되는 제3물결 시대의 전쟁으로 전환되고 있다는 것이다. 슬렙첸코(Slipchenko, 1993: 38-41) 역시 과학기술의 발전 단계에 따라 전쟁을 5개 세대로 구분하면서 현재 '제6세대'의 전쟁이 출현하고 있다고 주장한다.

이러한 시각은 두 가지 문제점을 안고 있다. 특히 첫 번째는 지속적인 경제력의 투자를 바탕으로 한 우월한 군사기술로 승리가 보장된다는 가정이다. 전쟁에서 승리를 위해 더욱 혁신적인 기술이 요구되며 이에 따라 각국은 첨단 정보·기술군을 창설하기 위한 막대한 자원을 사용하여 군비경쟁을 하여 왔는데,[4] 냉전 시기 소련은 미국과의 지속적인 군비경쟁에서 지나치게 경제력을 소진한 결과 스스로 주저앉고 말았다. 전쟁에서 승리하기 위한 국가 간 지나친 군비경쟁이 오히려 스스로 망하는 결과를 초래하였다.

두 번째 문제는 더욱 높은 단계의 전쟁유형을 채택한 국가는 낮은 단계의 국가와의 전쟁에서 반드시 승리할 것이라는 가정이다. 기술의 변화를 전쟁양상의 변화로 연결하는 모델은 기술이 미래 사회를 더욱 나은 방향으로 발전시킬 것이라는 낙관론에 기초하고 있다. 이들은 정보기술(IT) 분야 기술을 무기체계 개발에 접목하여 군 전력을 획기적으로 혁신할 수 있다고 믿고 있다. 그러나 높은 수준의 기술이 반드시 전쟁의 승리를 보장해주는 것은 결코 아니다. 한국전쟁에서 연합군의 무기체계는 중국군의 무기체계보다 월등하게 우세했지만, 중국군은 연합군에게 야간전투 및 산악전투를 강요하여 자신들의 열세를 보완하였으며 월남전에서 미국은 2차 세계대전 시 투하된 폭탄의 총량보다 많은 390만 톤의 폭탄을 투하했지만, 공산군을 굴복시키지 못했다. 1948년 1차 중동전쟁에서 아랍국가들

---

4) 생화학 방호장치와 핵 진동파 손상 방지 장치를 부착하고 있는 미국의 M1A2-SEP 탱크는 가격이 5,500만 달러에 달하며, 장착된 전자 기기의 가격만 백만 달러에 달한다. 김병륜. 2003. "세상엔 이런 무기도〈9〉 美 M1 에이브럼스 전차." 국방일보〈03/09/25〉.

역시 비행기나 전차를 하나도 갖추지 못한 이스라엘을 굴복시키는데 실패했다. 따라서 첨단 무기체계에 의해서 전쟁 양상이 결정될 것이라는 시각은 저개발 국가들에 의한 창의적이고 적극적인 대응과정을 고려하지 않았다는 점에서 한계를 안고 있다.

마지막으로, 새로운 기술이 여러 정치적 이유에 의해 도입이 지연되거나 방해받는 경우도 있다. 폴로(Fallow, 1985)는 민간 회사와 경쟁 관계에 있었던 미군의 병기연구소가 신기술 도입에 저항했다고 지적하였다. M-16 소총은 군 병기연구소가 개발한 M-14 소총의 개량형 모델이다. 군이 개발한 M-14는 반동이 심하여, 특히 자동사격 시에는 통제가 거의 불가능했다. 반면, 작은 탄두의 M-16은 소총의 안정성을 증대시켰을 뿐만 아니라 적의 몸에 명중했을 때 높은 회전속도로 더 치명적인 상처를 입혀 기술적으로 우수하고 사용하기도 편리하였으나 군 병기연구소의 기술자들은 M-16 소총의 위력을 무시하였다. 그 이유는 민간 회사에서 M-16 소총이 만들어져서 군 병기연구소가 소총 개발에서 밀려나기 때문이었다.

이에 군 병기연구소는 M-16 소총의 성능을 저하하는 불필요한 변화를 다음과 같이 요구하였다. 첫째, 탄두의 회전율을 높이고 탄도를 안정시키기 위해 강선을 바꿀 것을 요구했는데, 이것은 오히려 탄두의 살상률을 급격하게 저하했다. 둘째, 사격 속도를 향상하기 위해 구슬 화약(ball powder)의 사용을 요구했는데, 그 결과 사격속도는 약간 개선되었지만 가스관과 약실에 화약 찌꺼기가 차면서 기능장애가 증가하였다. 특히 총기의 청결 상태를 보장할 수 없는 전투상황에서 기능장애가 심하여 월남전에서 병사들의 생명을 위협하였다. 1967년 의회 조사위원회는 M-16 소총 문제를 집중적으로 조사하여 군이 M-16 소총을 고의로 거부했다고 결론 내렸다.

전통적 · 문화적 요인으로 인한 거부감은 새로운 기술이 조직에 통합되는 것을 막고 군대 내 조직 간의 경쟁 역시 혁신을 가로막는 요인이 되었다. 또한, 기술결정론을 따르면 M-16 소총은 아무런 저항 없이 군에 도입되었어야 했으나, M-16 소총의 사례는 정치적 요인 역시 기술 도입에 부정적인 영향을 주는 요인임을 보여준다. 따라서 새로운 기술을 조직에 통합하기 위해서는 이를 위한 적극적인 자세로 조직 내부의 저항을 극복해야 한다.

3. 군사기술 혁신의 성공 및 실패 요인

성공 요인

군사 혁신의 성공에 이바지할 수 있는 요소 가운데 공통으로 발견되는 사실은 국가 전략을 효율적으로 추진하기 위해서 전쟁 양상과 전략적 환경에 대한 정확한 판단과 대비책 마련이다. 미국과 일본에 의해 주도된 항공모함의 발전이 그 대표적인 사례인데, 광대한 태평양 지역에서 군사작전을 위해서 양국은 함대의 공격력과 도달거리를 최대한 확장했지만, 지상에서 출격한 항공기가 대부분의 전장을 담당할 수 있는 유럽 국가들의 전장상황 인식은 달랐다. 일본에 대항하여 태평양에서 광범위한 작전을 전개해야 했던 영국조차도 싱가포르의 공군 시설로 모든 문제를 해결할 수 있다고 판단하였다(Murray, 1996: 311). 전략적 환경과 해전 양상에 대한 고착된 시각으로 인해서 이들은 항공모함의 등장이 초래하게 될 혁신의 가능성을 명확하게 인식하지 못했다.

독일이 기갑전과 근접 항공지원이라는 개념을 발전시켜 나간 것도 유사한 사례이다. 1차 세계대전 당시 영국군과 독일군은 전선을 돌파하기 위한 능력에서는 거의 차이가 없었다. 그러나 어느 측도 작전 성과를 극대화할 수 있는 획기적인 기동수단을 보유하고 있지 못했기 때문에 고착된 진지전 양상이 계속되었다. 종전 후 독일은 1차 세계대전 당시 등장한 탱크와 비행기에 주목하여 유럽 전역에서 승리하기 위해서는 기갑전과 근접항공지원 능력을 발전시켜야 한다는 결론을 얻게 되었다.

반면 1920년대 후반까지 전차 개발의 주도국이었던 영국에서는 육군이 식민지 보호에 주력함에 따라 기갑전 개념을 발전시키지 않았다. 1차 대전의 승전국이었던 프랑스 역시 기술혁신과는 거리가 멀었다. 1차 세계대전 이후 새롭게 형성된 국제질서를 깨뜨리려고 했던 독일과 달리 전승국이었던 프랑스는 현상 유지가 목적이었다. 특히 1차 대전 당시 프랑스는 공격 의지를 강조한 죠프르(Joffre) 장군의 '17 계획'을 수행하면서 막대한 인명 피해를 경험했기 때문에 공격보다는 방어를 선택하고 이를 위해 마지노선을 건설하였다. 그러나 드골(De Gaulle) 장군은 마지노선에 대해 강력히 통박하면서 기계화 부대의 창설과 공격 위주의 사상을 강조했지만, 그의 주장은 받아들여지지 않았다.

군사혁신의 성공에 영향을 미치는 두 번째 요인은 과거 전쟁에 대한 분석과 미래 전쟁을 철저히 대비하는 군대문화이다. 군대문화는 장교단의 지적, 전문직업적, 전통적 가치의 총합이다(Murray, 1996: 313). 따라서 장교들이 외부 환경을 평가하고, 위협에 대비하는 방식에 영향을 미친다. 1차 대전 종전 후 연합군은 독일 장교단의 규모를 4천명으로 감축할 것을 요구하였다. 독일군 재편성을 주도했던 젝트(Hans von Seecht)는 일반참모부 출신 장교들을 군에 잔류시켰다.[5] 이에 따라 독일 장교단의 구성과 가치 체계에 다음과 같은 커다란 변화가 생겼다.

첫째, 독일군 장교들로 하여금 이들이 수행했던 마지막 전쟁을 보다 정

---

5) 젝트는 확실히 자질을 검증받고 출신성분 및 교육수준도 어느 이상 되는 장교들만 남겨놓았다. 여기서 일반 참모들은 1년에 약 30명 내외의 장교들만 편입될 수 있는 4년 과정의 참모장교 교육과정을 이수하는 등 군사적 전문성이 탁월한 것으로 인정받고 있었다. 노병천. 1989. 『도해세계전사』. 한원. p. 275.

직하고 철저하게 평가하도록 했다. 전쟁 수행과정에 대한 냉철한 반성이 없으면 다음 전쟁에서 똑같은 실수를 반복하게 된다. 영국에서는 1차 세계대전 당시 부적절했던 전투 수행과정에 대한 분석 보고가 군 당국에 의해서 무시된 반면, 독일군은 패전의 원인을 분석하고 새로운 무기체계를 개발하여 이를 극복하고자 하였다. 그 결과 전격전이라는 전혀 새로운 내용의 공세 전술이 만들어졌다.

둘째, 지휘체계 선상의 모든 인원에게 신뢰와 정직의 기풍을 심어주었다. 독일군 장교들은 자기 부대의 문제점을 있는 그대로 정직하게 밝히는 것을 꺼리지 않았다. 1939년 폴란드 전역에서 승리를 거둔 후에 독일군 최고사령부는 작전 전반에 대해서 철저하게 분석하고, 문제를 해결하기 위한 집중훈련 프로그램을 개발했다. 또한, 예하 부대들이 약점을 보완하기 위한 상급부대의 훈련 지침을 정확하게 이행하고 있는지 지속해서 확인하였다. 이러한 과정에서 독일군은 기갑부대는 도시나 요새 지역을 우회하고 도보 부대가 소탕해야 한다는 교훈을 얻었다. 그리고 실제로 프랑스를 침공할 때 독일 기갑부대는 마지노선을 우회하여 6주 만에 항복을 받아냈다. 부대의 임무수행 결과를 비판적 시각에서 진실하게 바라보려는 태도는 독일군이 2차 세계대전 내내 훌륭하게 주어진 임무를 수행해나갈 수 있게 해준 원동력이었다.

실패 요인

혁신에 실패하는 본질적인 이유가 단순히 무능력 때문인 것만은 아니다. 상황에 따라서 군 조직은 혁신의 가능성을 제한하는 환경에 처해있을 수도 있는데, 영국이 일본이나 미국과 달리 항공모함 개발을 시도하지 않았던 것은 대부분 해군 조종사들이 공군으로 통합된 것도 한 가지 원인이었다. 그러나 혁신에 대한 가장 명백한 장애물은 현재의 교리를 정당화하기 위해 역사 또는 과거 경험으로부터 얻은 교훈을 간과하는 것이다.

1차 대전 후 영국은 민간 지역의 군사적 목표에 대한 전략적 폭격과 제공권 확보를 위한 적 공군기지에 대한 폭격 중에서 공군력은 전자에 집중 운용되어야 한다고 결론지었다. 전략적 폭격에 우선권을 두게 되면서 폭격기를 호위하기 위한 전투기의 확보 문제는 자연스럽게 뒤로 밀려났다. 이는 1차 세계대전을 통해 제시된 새로운 전쟁 양상을 올바르게 분석하지 못한 결과였다. 1차 세계대전을 계기로 전투기 간 대규모 교전이 벌어지게 되면서 모든 공중 작전과 폭격 작전에는 제공권의 우세가 무엇보다 중요해졌다. 실제로 2차 대전이 발발하자, 호위 전투기 없이는 다른 항공기의 막대한 피해가 불가피하다는 사실이 실제 전투 경험을 통해 명백해졌다.[6] 프랑스의 1차 세계대전에 대한 분석 역시 본질에서 많은 한계를 안고 있었다. 1차 세계대전 당시 적극적인 공세 전략으로 막대한 피해를 당하였던 프랑스는 공세 전략을 포기하고 방어전략에 치중한 결과, 1940년 독일군의 전격전으로 6주 만에 함락당하는 참담한 결과를 낳았다.

1차 세계대전 동안 독일의 무제한 잠수함 작전에 대한 각국 해군의 평가 역시 크게 다르지 않았다. 독일 해군은 전쟁이 끝나자마자 전함으로 구성된 새로운 함대를 건설하려고 하였으며, 전쟁 중 잠수함 공격으로 얻어낸 성과는 무시되었다. U보트의 함장이었던 되니츠와 그의 참모들이 수중에서 고속으로 주행할 수 있는 기술 개발을 지원할 것을 요청하였지만, 해군 사령부는 역사 속으로 사라져버린 해전(海戰)의 형태에 별다른 관심을 보이지 않았다. 독일의 무제한 잠수함 작전으로 가장 큰 피해를 입었던 영국 역시 1차 세계대전에서의 승리에 도취하여 잠수함의 효용성을 간과하였다. 이에 따라 2차 세계대전 당시 영국은 되니츠가 지휘하는

6) 영국과 달리 독일 공군은 1차 세계대전에 대한 분석을 통해 엄호 전투기의 중요성을 인식하고 있었다. 이에 따라 독일 공군은 2차 세계대전 시 급강하 폭격기가 엄호 전투기 없이 내륙 깊숙이 침투하는 작전은 시행하지 않았다. 위의 글, p. 323.

독일 잠수함대의 U 보트 공격으로 다시 한 번 해상 수송망에 큰 타격을 받았다.

군 조직의 대표적 특징 중 하나인 군대의 경직성 또한 기술 혁신을 제한하는 요소이다. 프랑스는 1차 세계대전의 경험을 통해서 종심방어와 충분한 예비전력의 확보가 필요하다는 교훈을 도출하였다. 이에 따라 1920년대 초 페탱(Pétain)은 종심 방어의 개념에 따라 마지노선을 구축해야 한다고 주장했다. 그러나 종심방어 개념은 정형화된 전투를 실시하여 대량 손실을 막아야 한다는 프랑스군의 교리에 어긋났다. 일단 적의 기동을 허용하는 종심방어는 작전의 주도권을 상실할 우려가 있고, 주도권의 상실은 곧 정형화된 전투의 실패를 의미했기 때문이다. 프랑스 군은 정형화된 전투라는 교리를 유지하기 위해 독일군이 선택할 수 있는 기동의 형태를 자신들에게 유리한 방어 계획에 억지로 끼워 맞추는 오류를 범했다(Murray, 1996: 323). 2차 세계대전이 발발하자 독일군은 프랑스군의 기대와는 달리 마지노선을 우회하여 공격하는 방법을 선택하였다.

군 조직의 경직성은 군사작전을 보다 원활하게 수행할 수 있는 대안의 선택을 제한한다. 영국군 및 미군이 장거리 폭격기에 대한 호위 전투기의 필요성을 간과한 것이 그 대표적인 사례이다. 이들은 폭격기가 독자적으로 임무를 수행해낼 수 있다는 믿음 때문에 독일 공군이 이들의 작전을 방해할 가능성을 과소평가했다. 폭격기를 호위하여 장거리를 비행하는 전투기의 개발 역시 기술적으로 불가능한 것으로 단정하고, 이를 획득하기 위한 노력을 기울이지 않았다. 전쟁이 시작되자 상황이 달라졌다. 야간과 비교해 주간에 임무를 수행하는 폭격기가 더 많이 기지로 귀환하지 못하였고, 그 결과 폭격기는 스스로를 방어할 수 없다는 사실이 명백해졌다. 그럼에도 불구하고 1943년 말 전장에 등장한 무스탕 전투기가 장거리 호위에 적합한 것으로 평가되기 이전까지 공군 수뇌부들은 문제를 개선하기 위한 노력을 기울이지 않았다. 실제로 폭격기의 임무수행 능력이 향상된 것은 지상군이 독일군의 조기 경보시설을 공격하여 독일 공군이 신속히 대응할 수 없도록 했기 때문이었다(Murray, 1996: 323).

제13장
탈근대 시대의 군대 변화

1980년대 말 냉전체제 해체 이후 국제 분쟁의 성격뿐만 아니라 분쟁 해결의 방법에도 근본적인 변화를 가져왔다. 새뮤얼 헌팅턴(Huntington, 1997: 21)은 냉전의 와해와 함께 세계 정치는 문화와 문명의 괘선을 따라 재편되고 있으며, 그 결과 앞으로의 국제적 분쟁은 다른 문명에 속한 인접국 사이, 그리고 한 국가 안의 다른 문명권에 속한 여러 집단 간에 벌어지게 될 것으로 전망했다. 특히 그는 분쟁의 종식은 충돌 당사국과 같은 문명권에 속해 있는 국가의 중재와 개입에 의해서만 가능하다고 주장했다. 미 국방장관 윌리엄 페리 역시 1995년 콜로라도 아스펜(Aspen)에서 열린 한 국제회의에서 앞으로 가장 현저한 분쟁은 인종 또는 종교집단 간의 군사적 충돌이 될 것이라고 주장했다.[1] 그는 분쟁을 관리하는 가장 효과적인 방법은 분쟁 촉발요인을 제거하는 것이며, 이를 위해 가용한 모든 수단을 동원하여 예방적 조치가 필요하다고 강조하였다. 이들의 주장은 탈근대

1) 페리는 군사적 분쟁을 전 세계적인 범위의 세계대전, 한정된 지역에서 일어나는 국지전, 인종과 종교집단간의 무력 충돌로 구분하였다. William Perry, "Managing Conflict in the Post-Cold War Era," in Managing Conflict in the Post-Cold War World: The Role of Intervention. Report of the Aspen Institute Conference, August 2-6, 1995, (Aspen, Colorado: Aspen Institute, 1996) pp. 55-61.

시대 이후의 군대는 대량 파괴력의 확보를 통한 억제 이외에 개입과 예방이라는 새로운 역할을 요구받고 있음을 보여준다. 이처럼 군대의 역할이 자국 또는 인접국의 방위에서 벗어나 유엔평화유지군 활동 등의 원정으로 전환되면서 군대조직의 임무와 역할에서 커다란 변화를 겪게 된다.

1. 새로운 위협의 등장

군사적 위협의 변화

1980대 말 냉전의 종식과 함께 전후 세계를 지배해오던 국제질서는 중대한 변화를 맞게 된다. 구소련의 붕괴와 자유시장경제의 전 세계적 확산으로 냉전기를 특징지어왔던 이념 간의 대결이 종식되고 국가들은 자국의 이해관계에 따라 자유롭게 협력하고 서로 의존하는 상호의존성이 심화한 시대를 맞이하게 되었다. 국가 간 상호의존이 심화하면서 다양한 접촉 채널이 생겨나자 국가주권의 제약을 받지 않는 경제적 행위자들이 등장하였다. 특히 이러한 국제관계의 다양한 행위자들은 군사 분야와 비군사 분야를 포함한 다양한 분야에서 두드러지게 나타났으며 이들은 국가 간의 관계를 넘어 초국가적 관계를 형성하기 시작하였다. 다국적 기업, NGO, 사회운동 단체 등은 국경을 넘어 그 활동 영역을 확대해가며 인접국 또는 관련국의 정책 결정 과정에도 영향을 미치고 있다. 세계무역기구(WTO) 등 국제기구와 조직들 역시 생산은 물론 금융, 지식 부문 등 국제 정치경제의 구조를 형성하고 선택하는 역할을 담당하고 있다.

국제사회의 다양한 분야에서 국가가 아닌 행위자가 주체가 되어 국제 활동을 한 것은 비단 최근의 일은 아니다. 기술적 진보에 의한 통신 수단과 정보 네트워크의 발달이 비국가적 행위자들이 활동할 수 있는 공간을 확대함으로써 탈냉전 이후 이들은 과거보다 비약적으로 성장하였고 그 영향력을 넓혀가고 있다. 테러, 범죄, 마약밀매 조직 역시 정치적, 사회적, 경제적 불안을 전 세계로 확산시키고 있다. 2001년 9 · 11테러는 국가 단위가 아닌 국제 테러조직이 분쟁의 직접 당사자로 등장한 최초의 사건이었다. 폭력수단을 독점한 국가만이 침략전쟁의 주체가 될 수 있었던 과거와 달리 지금은 군사력에서 비교되지 않는 테러조직도 자금력과 조직력을 갖추고 있으면 비군사적인 수단과 전략을 통해 국제질서에 심각한 위협을 가할 수 있는 상황이 된 것이다. 〈표 13. 1〉에서와 같이 국제 테러 외에도 마약, 조직범죄, 환경오염 등의 문제가 국경을 넘나들며 사회의 안전을 위협하게 되면서 현대 국제정치의 기초 단위였던 국가라는 울타리는 더는 자유와 안전을 보장할 수 없게 되었다. 그 결과, 국제관계의 주체로서 기능해 온 국가의 위상과 국경의 개념이 그 어느 때보다 약화하고 있다.

표 13. 1 역내 국가 및 나토(NATO)의 초국가적 위협

지역	국가	관심위협
동북아	일본	무기, 마약밀매, 해적활동
	중국	마약밀매, 전염병
	러시아	테러
태평양지역		초국가적 범죄, 전염병, 테러리즘, 해상범죄 불법이민, 무기밀거래, 환경파괴
나토		테러리즘, 정보화기반에 대한 사이버 범죄, 대량살상무기 제조 및 확산, 마약 밀거래 조직범죄, 잠재적 원자로 재앙, 불법이민

자료: 박의섭, 비군사적 위협에 대한 군 대비책, KIDA 정책토론회 발표자료(2002년 7월), p. 5.

위협의 개념과 성격이 급변하게 되자, 분쟁의 예방과 관리 측면에서도 커다란 변화가 필요하였다. 개별 국가의 능력이나 역할 범위를 벗어나는 안보 문제는 불가피하게 초국가적 기구나 국가 간의 상호협력을 통해 문제를 해결할 수밖에 없었다. 이 때문에 전통적인 군사적 위협은 물론 개별 국가의 영역을 초월하고 범세계적으로 발생하는 여러 안보 쟁점을 관리, 해결하기 위한 국가 간 협력이나 초국가적 기구의 활동이 활발해졌다. 유럽안보협력회의(CSCE)[2]와 아세안 지역포럼(ARF)[3]은 이러한 협력안보 메커니즘의 전형이라고 할 수 있다. 1999년 EU는 60일 이내에 분쟁지역에 파견할 수 있는 6만여 명의 신속 대응군을 창설하였다. 독자적인 군사력 확보를 위한 공동 방위정책에 합의함으로써 EU는 공동 외교 안보정책을 한 차원 더 높은 수준으로 발전시켰다. 아세안 회원국들을 중심으로 아태 지역의 거의 모든 국가를 망라하는 ARF 역시 안보협력 차원에서 상당한 진전을 이루어내고 있다. ARF는 정치, 경제 문제를 포함하는 포괄적 안보 개념에 따라 앞으로 지역 평화와 안전을 이룩하기 위해 신뢰구축, 예방외교, 분쟁해결 등 3단계에 걸친 점진적인 발전을 추진하고 있다.

2) 유럽안보협력회의(CSCE, Conference on Security and Cooperation in Europe)는 알바니아를 제외한 전 유럽국가들과 미국, 캐나다를 포함한 35개국이 참여하는 포괄적인 지역안보 협력체로서 1년여의 준비회담(1972.11~1973.6)을 거쳐 1973년 7월 3일 헬싱키에서 공식 개막되었다. 그 후 2년간의 실질적인 회담 결과 1975년 8월 1일 헬싱키 정상회담에서 헬싱키 최종합의서(Helsinki Final Acts)를 채택함으로써 유럽안보회의는 명실공히 유럽 대부분 나라가 참여하는 유럽지역의 안보협력체제로 발전하고 있다.

3) 아세안지역포럼(ARF, Asean Regional Forum)은 탈냉전의 신국제질서 수립과정에서 '동남아세아 국가연합'(ASEAN) 회원국들이 중심이 되어 아태지역에서 정치, 경제, 안보 등 제 분야에서 협력을 증진하기 위해 발족한 지역 안보레짐이다. 현재 미국, 중국, 러시아, 한국, 베트남 등 과거 냉전 기간 중 적대관계에 있었던 국가들이 ARF를 통해 안전보장과 정치협력을 함께 논의하고 있다.

군의 대응

세계 각국은 전쟁 이전의 저강도 분쟁, 비군사적 국가 재난 재해, 그리고 초국가적 위협(transnational threats) 등 비군사적 위협에 대응하기 위한 '안보대비개념'을 발전시켜왔다. 특히 표 13. 2에서와같이 미국은 위협의 성격에 따라 군사작전의 형태를 구분하여 대응하고 있다.

표 13. 2 미국의 16개 작전 유형

전투작전		전투 / 비전투	비전투
war	operation other than war		
승리	전쟁억제 갈등해소	평화증진	
• 대규모 전투 – 공격 – 방어 – 차단, 봉쇄	• 질서회복작전 • 응징보복작전	• 대테러지원작전 • 배타적 지역에서의 작전 • 통항자유의 보장작전 • 비전투요원의 후송 및 철수작전 • 복구작전	• 무력시위작전 • 정전유지작전 • 지원 및 원조작전 • 군비통제지원작전 • 인도주의적 지원작전 • 반군지원 • 행정응원작전 • 대마약 지원작전

자료: 위의 책. p. 3.

전쟁 이외의 작전(OOTW: operations other than war)은 비정규군 성격의 테러리스트, 준군사조직을 작전대상으로 하여 평화와 안정을 회복하는 제한된 목표를 추구하는 작전 형태이다. 이 경우 확전 예방을 위한 정치적 고려사항이 중요하므로 군사작전이 외교적 노력과 더불어 추진되고, 지휘관 역시 국제기구에 의해 지휘권의 제한을 받게 될 수 있다. 저강도 분쟁 등 전쟁 이전의 전쟁억제 노력 및 분쟁해결 노력, PKO 등 국제평화 증진을 위한 제반 군사작전, 재해 재난 구조 및 국가기간산업 지원 등이 '전쟁 이외의 작전'에 포함된다. 테러, 마약 밀매 등 국경을 초월하여 이루어지는 초국가적 위협에 대한 대응은 장기간의 지속적인 작전이 필요하므로 작전에 참여하는 인접국과 다국적 공조체제를 구축하는 것이 중요하다. 따라서 군보다는 치안조직이 작전의 주체로 참가하게 된다. 물론 마약밀매, 테러, 해상범죄 그리고 총기밀매 등의 위협에 대해서는 군사적 개입이 요구되기도 하지만 일반적으로 군은 행정지원을 담당한다.

이외에도 9 · 11 테러 이후 미국은 본토 방호사령부 창설, 동맹 및 우방국과 정보공유, 연합 훈련 등을 통해 전략적 연대를 강화하는 한편, 반테러방지법을 제정하여 정보기관의 권한을 강화하는 조처를 해왔다. 한국에서도 북한의 직접적인 위협 외에 9 11 테러와 같은 비군사적 위협이 새로운 안보위협으로 드러나면서 이에 대처하기 위한 새로운 임무가 군에게 요구되고 있는데, 이를 정리하면 아래와 같다.

첫째, 9 · 11 테러 이후 외국의 특공부대와의 연합훈련이나 국내 유관기관과의 교류훈련 위주로 진행되어오던 군의 대테러훈련이 획기적으로 변화되었다. 2001년 9월부터 합참은 경찰 등 관계기관과 합동으로 국가 중요시설과 군부대, 행정관서를 대상으로 정밀 점검하고 취약점을 보완하여 '테러대비 종합발전계획'을 적극적으로 추진해왔다. 합참은 이를 토대로 2002년 대테러 전담부서를 편성하여 정부 관계기관과 원활한 협조는 물론, 예하 작전사의 테러 관련 업무를 주도함으로써 효율적인 지휘통제 체제를 갖추게 되었다.[4] 또한, 육군 대테러 특공대의 규모를 2배로 확대, 개편하여 충분한 대테러 전력을 확보하였으며, 국군화생방 방호사령부에 생화학 테러에 대비한 특수 임무대대를 창설하여 화생방 테러에 대한 전군 및 전 국민 지원체제를 구축하고 있다.

---

4) 테러 발생 시 군 병력의 현장 투입 및 경찰권의 부여, 테러 현장에 대한 종합통제권은 국가정보원 내에 설치된 대테러센터에서 담당하고 있다.

둘째, 군은 북한의 국지전 및 침투작전 감시 외에도 밀입국 선박이나 배타적 경제수역(EEZ) 침범 선박들에 대한 감시 역할을 담당하고 있다. 남·서해안은 점점 대형화되는 밀입국의 주요 통로로 사용되고 있으며, 북한 주민 역시 해상을 통한 집단 탈북을 시도하고 있다. 불법체류자의 증가 및 북한 주민의 집단 탈북은 사회적 혼란을 일으킬 수 있다. 이 때문에 치안의 혼란, 민심동요 발생 시 군은 행정 및 사법기능을 유지하기 위해 소요진압작전을 담당한다.

셋째, 국방부는 2004년 「국방 재난관리 발전 계획」을 통해 국가적 재난관리지원을 군의 기본 임무로 설정하였다. 이를 위하여 국방부는 대외적으로는 정부 재난관리 정책을 적극적으로 지원하며, 대내적으로는 전쟁 이외의 작전차원(OOTW)에서 재난관리 임무를 수행해 나가고, 이를 뒷받침 할 수 있도록 재난관리 조직·장비·예산의 확충과 함께, 실질적인 재난관리 교육 훈련 시스템도 구축해 나가기로 하였다.[5)]

넷째, 한국군은 1993년 소말리아 정전감시단(UNOSOM-II)에 공병대를 파견한 것을 시작으로 1999년에는 동티모르에 '상록수부대'를 파견하는 등 평화유지활동에 적극 참여해왔다. 〈표 13. 3〉에서와 같이 한국의 비군사적 위협에 대비한 작전으로 평화유지활동 외에도 수출입 물량의 대부분을 해상수송에 의존하는 한국의 현실에서 불특정 위협과 분쟁으로부터 해상교통로를 확보하는 것 역시 중요한 임무이다. 따라서 해양 수송로 확보, 해적방지, 해양자원 개발 지원 등 전쟁 이외 작전(OOTW)을 완벽하게 수행할 수 있는 능력을 확보해 나가고 있다.

5) 국방부는 2001년 9월부터 사이버 상황실을 운영하여 외부로부터의 해킹, 컴퓨터 바이러스 등을 차단·탐지·감시하는 통합보안관제체제를 운영하고 있다. 국방부의 다중적 보호체계 기술과 해킹, 컴퓨터 바이러스 등 새로운 유형의 사이버 대응능력은 정보통신부의 사이버테러 대비 노력과 맞물려 사이버테러 방지종합대책에 이바지할 수 있을 것으로 보인다.

표 13. 3 한국군의 비군사적 위협대비 작전유형

위협형태	위협양상	작전유형
테러	– 폭탄테러 – 화생테러 및 군부대 시설 공격	– 대테러작전
치안질서 혼란	– 국가기간산업 마비 – 무장불법단체의 조직적 반란 – 북한 급변사태 – 대규모 탈북자/불법입국 발생	– 소요진압작전
국가재난 및 환경위기	– 국가 재난, 재해, 전염병 확산 – 위험물(핵발전, 화학공장) 폭발	– 국가시책 지원
국익손상	– 국제평화유지체제 손상 – 주변국간 갈등 – 재외한국인 납치 및 억류	– 평화유지활동 – 군사력 시위

자료: 위의 책. p. 12.

2. 다국적 평화유지활동 전망

평화유지활동 현황

국가 간 관계에서 모든 국가는 자국의 이익을 극대하기 위한 전략을 세우고, 이를 수행하기 위해 필요한 비용과 기대되는 효과를 평가한 후 정책을 시행한다. 그동안 군사력은 자국의 의지를 타국에 강요하기 위한 유용한 유일한 수단이었으나 세계 경제의 네트워크화로 국가 간 상호의존성이 심화된 상황에서 군사력은 더 이상 유일한 해결수단이 되기 어려워졌다. 그것은 정책 결정에 영향을 미치는 외부 행위자가 많아질수록 군사력 활용이 가져올 결과를 예측하기 어려워지기 때문이다. 특히 국제 질서에 대한 위협은 강대국 간의 군사적 충돌 위협보다 제3세계 지역의 불안정으로부터 발생[6]할 가능성이 증대되었다.

다국적 평화유지활동의 목적은 이들 지역의 불안정을 관리하여 폭력적인 상황이 발생하지 않도록 차단하는 것이다. 초창기 평화유지활동은 감시, 순찰, 완충군 역할, 질서 유지 및 회복 등 군사적 측면의 매우 한정적이고 단선적인 것에 국한되었으나 분쟁의 원인이 군사적 요인들에서만 비롯되는 것이 아니라, 환경오염, 인권남용, 마약거래, 사회 경제적 빈곤 및 갈등 등과 같은 비군사적 요인들에 의해서도 제기됨에 따라 평화유지활동의 범위는 선거지원, 난민구조, 독립 및 신정부 수립 지원등과 같이 비군사적이고 인도주의적인 문제로까지 확대되고 있다.

UN의 평화유지군 활동으로 감시단, 평화유지군, 혼성 PKO 등이 있다. 대부분 비무장한 장교로 구성되는 감시단(Observer Mission)은 정전협정 이행상태의 감독과 분쟁 당사자들의 분쟁 중재에 초점을 맞추며, 통상 감시소(Observation Post)를 운영한다. 평화유지군은 유엔 감시 하의 무장부대로서 정전협정 준수 여부, 분쟁 당사자 간 합의된 군대의 재배치, 철수, 무장해제 감시, 완충지대 순찰 및 정전선 설치 지원, 무기 반 · 출입 검사 및 확인, 방치된 무기의 수집, 보관, 처분, 포로교환 업무 등을 담당한다. 평화유지군은 임무에 따라 다르나 대체로 방어용 무기로 경무장하며 자기방어행위를 제외하고는 무력사용이 허용되지 않는다. 혼성 PKO는 군사작전 이외에 민간 부분 활동이 포함된 것으로서 선거지원활동, 경찰지원활동, 재건활동, 인도적 구호활동 등이 여기에 포함된다.

---

6) 제임스 버크(James Burk)는 전쟁을 국가 간 전쟁(Interstate war)과 세계 전쟁(Global war)으로 나눈다. 버크는 무력사용의 불가피성으로 인하여 국가 간 전쟁의 가능성은 여전히 존재하고 있으나, 국제 질서의 변화가 강대국들의 위상을 변화시켜 발생하게 되는 세계전쟁의 가능성은 낮은 것으로 본다. 이는 2차 대전 당시의 군사적 강대국들이 탈냉전 이후에도 여전히 그 지위를 유지하고 있다는 점에서 국제질서의 본질적 변화가 없었다고 보기 때문이다. Burk, James. 1994. "Thinking Through the End of the Cold War." pp.1–24. in J. Burk(ed). *The Military in New Times*. Oxford: Westview Press.

그림 13. 1 세계 PKO 활동 현황 (2004년 6월 현재)

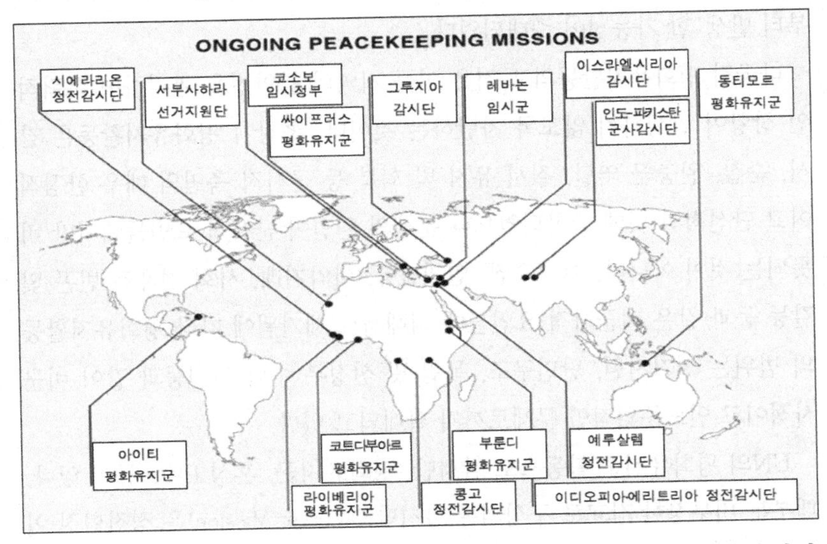

UN 주도의 평화유지활동은 1948년 팔레스타인 지역 정전감시단(UNTSO)을 시작으로 지난 55년간 120여 개국에서 약 100만여 명이 59개의 UN 평화유지활동 임무에 참여해 왔다. 2004년 11월 현재 102개의 UN 회원국에서 파견된 66,300여 명의 군 및 경찰요원이 라이베리아, 그루지야, 인도 · 파키스탄 등 16개 지역에서 유엔 평화유지활동에 참여하고 있다. 한국은 1991년 UN에 가입한 이래 UN 평화유지활동에 적극적으로 참여해 왔다. 우리나라의 평화유지군 활동은 1993년 7월 소말리아 평화유지활동(UNOSOM II)에 건설공병대대를 파견한 것이 최초이며 이어서 1994년 9월 서부 사하라 선거지원단(MINURSO)에 군의관 및 간호장교 42명을 파견하였고, 1995년 10월 UN 앙골라 검증단(UNAVEM III)에 건설공병대대를 파견하였다. 소말리아에서는 1994년 3월에 임무를 완료하고 철수하였고 앙골라에서는 1996년 12월말 성공적으로 임무를 수행하고 귀국하였다. 현재 진행 중인 PKO 활동으로는 유엔 서부 사하라 총선지원단(MINURSO)에 참여하고 있는 국군 의료지원단이 1994년부터 계속 활동 중

그림 13. 2 한국의 PKO 참여 현황

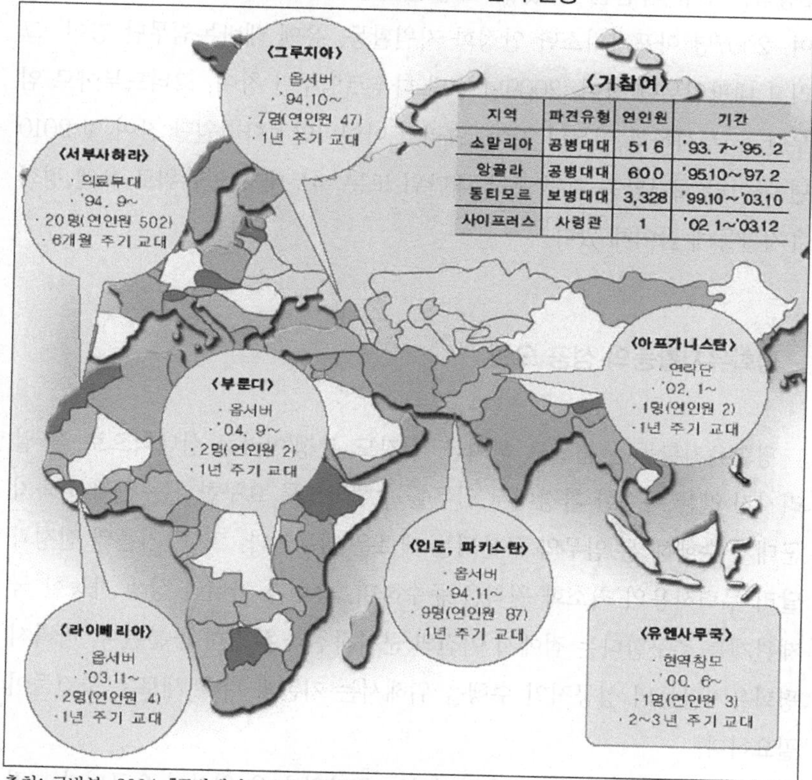

출처: 국방부, 2004.『국방백서 2004』. 국방부

에 있으며, 인 파 정전감시단과 그루지야 정전감시단에 각각 9명과 7명의 군 옵서버를 파견하고 있다.[7] 국방부는 2003년 11월 아프리카의 라이베리아(UNMIL)와 2004년 9월 부룬디(ONUB) 평화유지활동에도 군옵서버

7) 한국 의료지원단은 우리의 기술과 의료자재로 서부사하라 선거 지원단 사령부 내에 조립식 병원을 개원하고, 현지에서 활동 중인 PKO 요원에 대한 진료를 주로 담당하고 있다. 인-파 정전감시단은 현재 8개국 44명의 장교로 구성되어 인-파간 정전협정 위반 여부를 감시하여 유엔에 보고하는 임무를 수행하고 있다. 한국은 1994년 11월 최초로 대위 소령급 장교 5명을 파견하였으며, 1997년 3월부터 1998년 3월까지 1년간 한국군 장성이 감시단장으로 임명되어 성공적으로 임무를 수행하기도 했다.

2명씩을 신규 파견한 바 있다. 이후 한국군은 2005년 유엔 수단임무단 참여, 2007년 아프가니스탄 안정화 지원활동, 유엔 레바논임무단 참여, 그리고 네팔임무단 참여, 2009년 수단 다푸르임무단 참여, 코티드부아르 임무단, 서부사하라 임무단 참여, 그리고 아이티안정화지원단 참여 및 2010년 아이티 재건활동 지원 등 부대단위 또는 비부대 개인단위로 유엔 평화유지활동에 참여해 왔다.

평화유지활동의 성공 요인

평화유지활동은 군으로 하여금 '저강도 분쟁'이라는 상대적으로 잘 알려지지 않은 특수한 환경에서 임무를 수행하도록 요구한다는 점에서 과거 군대가 수행해 온 임무와 구분되는 새로운 임무이다. 또한, 기존의 전쟁과 달리 무력사용의 최소화 원칙을 준수하며, 승리가 아니라 상생 가능한 국제관계를 추구한다는 점에서 이전의 군사작전과 확연히 구분된다. 따라서 평화유지활동의 성공적인 수행을 위해서는 기존과 다른 새로운 조건들이 필요하다.

첫 번째는 평화유지활동에 참여하는 국가의 높은 위상이 요구된다.[8] 평화유지활동이 분쟁당사국 모두에게 혜택이 있고, 비폭력적 타협안을 수용함으로써 큰 이익을 얻을 수 있다고 판단할 경우 평화유지활동은 성공적으로 수행될 수 있는데, 일반적으로 분쟁지역에서 법질서가 무너지고 무

8) 세갈(David R. Segal)은 지금까지의 평화유지활동 사례분석을 통해 분쟁당사국의 무력사용에 대한 태도, 평화유지활동의 적법성, 개입한 무력의 활용방식 등의 요인과 평화유지활동의 성패와의 관련성을 조사하였다. 여기에서는 분쟁당사국의 무력 사용 개연성이 높고, 평화유지활동의 적법성이 높을 때 평화유지활동이 성공할 확률이 높은 것으로 나타났다. Segal, David R. & Walman. Robert J. 1994. "Multinational Peacekeeping Operations: Backgroud and Effectiveness." pp.163-180. in J. Burk(ed). *The Military in New Times*. Oxford: Westview Press.

력사용의 개연성이 높으며 분쟁당사자 간의 적대감이 점증할 때 성공 가능성이 높아진다. 그 이유는 국제적으로 위상이 높은 강대국 군대가 평화유지군으로 활동하면 분쟁 당사자 간 타협 가능성이 높고 중재를 위한 무력 사용에 분쟁 당사자가 쉽게 동의하기 때문이다. 분쟁에 개입할 경우 참여국가의 중립유지가 무엇보다 중요한데 냉전체제 이후 강력한 강대국의 참여는 분쟁당사국의 분쟁행위를 압도하여 효율적일 수 있다.[9)]

두 번째는 보다 평화유지활동을 위해 혁신적인 리더십이 요구된다. 평화유지활동은 반복적인 과업들로 임무수행 자체가 지루하며, 임무수행이 성공적이면 성공적일수록 해야 할 임무는 줄어든다. 단순 반복적인 업무로 인하여 병사들은 의욕을 잃고 병사들은 실제로 위협이 존재하는가에 대한 회의감을 갖게 된다. 시나이에서 평화유지군 병사들은 낯선 외국 생활로 인한 문화적 박탈감, 소외감 등을 경험하고, 사생활에 대한 과도한 통제, 자신의 능력을 개발할 수 없는 시간 및 공간적 제약들에 대한 불만을 토로하였다(Burk, 1994: 15-20). 이러한 문제를 해결하고 평화유지활동의 성과를 향상하기 위해서는 새로운 혁신적인 리더십이 필요하다.

세 번째는 평화유지활동을 이해할 수 있는 문화적 토양이 필요하다. 냉전 종식 이후 각국 군대가 수행하고 있는 새로운 중요한 임무가 평화유지활동이지만 평화유지활동을 위해서 병력과 예산을 투입하는 것이 과연 타당한지에 대해서 여전히 논란의 대상이 된다. 이 경우 평화유지활동에 대한 이해를 증진할 수 있는 문화적 토양이 갖추어져 있느냐의 여부는 이에

---

9) 세갈(David R. Segal)과 모스코스(Charles Moskos)는 미국이 개입한 시나이 정전감시단(MFO: Multinational Force and Observers in the Sinai)과 영국이 개입한 사이프러스 평화유지군 활동에 대한 연구를 통해 강대국이 참여함으로써 평화유지활동이 오히려 더욱 효율적으로 수행되었다고 본다. 그러나 강대국의 참여가 효율적이기 위해서는 시나이와 사이프러스에서처럼 무엇보다 강대국들이 중립적인 입장으로 병력을 전개했다고 인정되어야 한다. 이러한 동의가 없었던 베이루트에서는 미군들이 테러의 대상이 되었다. Segal, David R. & Walman. Robert J. 1994. "Multinational Peacekeeping Operations: Backgroud and Effectiveness." pp.163-180. in J. Burk(ed). *The Military in New Times*. Oxford: Westview Press.

대한 지지 또는 반대를 결정하는 중요한 요인이 된다. 그동안 군사행동은 '그린베레'(green berets)의 활약상으로 각인된 사람들에게 '블루헬맷'(blue helmets)으로 대변되는 평화유지군의 활동은 좀처럼 이해하기 어렵다. 이러한 인식으로 평화유지활동이 필요로 하는 사회적 지지 획득이 쉽지 않다. 그러나 다극화된 국제 질서에서 분쟁은 비폭력적 방식으로 해결되어야 한다는 공감대가 확산하고 있고 이에 따라 UN 안전보장이사회의 권한 행사가 쉬워졌고, 평화유지활동에 대한 사회적 관심도 높아지고 있다. 결국, 평화유지활동 경험이 축적되면 될수록 평화유지활동을 지지하는 문화적 토양도 점차 성숙해질 것으로 예상한다.

3. 변화하는 사회 환경과 군 조직

후쿠야마(Fukuyama, 1993)는 '역사의 종언(The End of History)'이라는 논문에서 이데올로기의 종언과 함께 더는 진화가 없는 민주주의가 계속될 것이라고 주장하였다. 자유민주주의와 시장 자본주의 이외의 다른 제도적 대안이 없다는 그의 주장은 곧이어 발생한 베를린 장벽 붕괴로 인하여 전 세계에서 열띤 논란을 불러일으켰다. 자유민주주의와 시장 자본주의의 정통성에 대하여 형성되어 있는 공감대는 전 지구적 차원에서 상호 의존성이 심화하고 있는 오늘의 현실과 무관하지 않다. 국가 간 심화된 상호의존관계는 사회 내부적으로 권위에 대해 무비판적 신뢰와 지지를 보여주던 기존의 태도를 변화시켰다. 사회적 다양성과 교류가 보장되는 사회구조 내에서 독점적 지위는 더 유지될 수 없기 때문이다. 이에 따라 국가기관의 권위뿐만 아니라 전문직업인들이 전통적으로 누려오던 권위도 비판과 도전의 대상이 되었다.

표 13. 3 세 시기의 군대(미국의 사례)

변수	근대 (냉전 이전시기) 1900–1945	후기 근대 (냉전시기) 1945–1990	탈근대 (탈냉전시기) 1990년 이후
인지된 위협	적의 침략	핵전쟁	국가 내부문제 (인종분쟁, 테러리즘)
주요 임무	영토의 방어	동맹의 지원	새로운 임무 (평화유지활동, 인도적 지원활동)
군 구조	대규모군대(mass army)	대규모 전문직업군대	작은 규모의 전문직업 군대
지배적 전문직업군인	전투지휘관	관리자 또는 기술자	군인–정치가 군인–학자
군에 대한 국민의 태도	지지	모호	무관심
언론과의 관계	통합	조종	유도
민간인력 활용	중요하지 않은 업무 담당	중간 수준의 업무 담당	중요한 업무 담당
여성의 역할	독립된 형태 또는 배제	부분적인 참여	완전한 통합
배우자와 군대	통합된 일부	부분적 참여	분리
병영내 동성애	처벌	제재	허용
징병제 반대	제한 또는 금지	일상적으로 허용	시민봉사활동으로 대체

출처: Moskos(ed), Charles C. 2000. *The Postmodern Military*. Newyork, Oxford: Oxford University Press. p. 15.

모스코스(Moskos, 1994)는 탈근대적 군대(postmodern military)로의 전환이라는 개념을 통해 군 조직에 배태된 사회 변화의 제 측면을 분석하고자 하였다. 탈근대의 주된 특징 중 하나는 중요한 것과 중요하지 않은 것, 바람직한 것과 그렇지 않은 것의 구분을 정당화하는 원칙, 규범들에 대한 도전이다. 다른 전문직업과 마찬가지로 민간 전문가들이 군사적 조언 기능을 담당하게 되면서 탈근대의 제 특징들이 선진국의 군대를 변화시키기 시작하였다. 군을 바라보는 시각, 군인으로서 살아가는 방식 등을 획일적으로 규율하던 기존의 관습의 중요성을 상실하고, 군대 내에 이질적인 가치들이 보다 관용적으로 수용되는 결과를 가져왔다.

이러한 변화의 추세는 우리 군 조직에서도 부분적으로 확인할 수 있다. 첫째, 국가안보에 영향을 주는 위협요소의 확대를 들 수 있다. 정부는 다양한 안보위협으로부터 국민 생활의 안전 확보를 국가안보 목표 중 하나로 설정하였고 이는 우리의 안보개념이 정치, 경제, 사회, 환경 등 비군사 부문의 위협을 포함하는 포괄안보를 지향하고 있다는 사실을 보여준다.[10)] 둘째, 군대의 주요 임무의 확대이다. 우리의 국방목표는 외부의 군사적 위협과 침략으로부터 국가를 보위하고 평화통일을 뒷받침하여, 지역의 안정과 세계평화에 이바지하는 것이다. 이는 유엔평화유지활동 등 국제사회의 세계평화유지를 위한 활동이 군에게 부여된 임무 중 하나임을 나타낸다. 셋째, 군 구조의 전환 노력이다. 우리 군은 유엔평화유지활동 요구에 부응하기 위해 적정 규모의 해외파병 상설부대를 편성, 대기태세를 유지하는 등 유엔 상비체제에 적극적으로 참여할 계획이다. 이 경우 장기간 복무할 수 있는 직업군인으로 구성된 부대가 신속한 임무 지역 전개와 PKO 활동에 더욱 효율적이다. 징집병의 경우 복무기간의 제한으로 인하여 해외에서 장기간 복무가 필요한 PKO 활동에 적합하지 않기 때문이다. 서유럽 국가들도 재난구조 활동이나 유엔평화유지군 활동으로 군의 활동 영

10) 참여정부는 당면한 대내외 안보환경 속에서 국가이익을 구현하기 위해 '한반도의 평화와 안정', '남북한과 동북아의 공동 번영', '국민 생활의 안전 확보'를 국가안보 목표로 설정하여 국가역량을 집중하고 있다. 국방부. 앞의 책. p. 44.

표 13. 4 2004년 육군 민간위탁교육 선발 현황

구 분		선발인원	구 분		선발인원
계 : 217					
박 사	소 계	24	석 사	소 계	193
	국 외	17		국 외	83
	국 내	7		국 내	110

자료: 육군본부 홈페이지, 『위탁교육안내』, http://210.179.141.240:8083/edu/index.html

역이 변경되면서 징병제에서 모병제로 전환이 본격화되었다.[11] 대규모 군대 대신 다양한 위협에 신속히 대응할 수 있는 더 작은 규모의 전문 직업군과 상시 동원체제를 갖추는 방향으로 군 구조를 전환하는 것이 세계적인 추세이다. 우리 군 역시 미래전 수행에 적합한 정예화, 효율화된 군으로 군 구조를 개편하고자 지속해서 노력하고 있으며 앞으로 한반도에 평화체제가 구축되어 군비통제나 군비감축에 대해 더욱 유연한 시각이 확산되면 병역제도 개선과 함께 정보·과학기술군으로 거듭나기 위한 군 구조 개혁이 가속화될 것이다.[12] 넷째, 전문직업군인 집단의 특성 변화이다. 우리 군에서 지휘관은 전투지휘자이며 관리자인 동시에 교육자의 위상을 갖고 있다. 지휘관은 작전, 경계 및 교육훈련, 병원(兵員)관리 등 병영생활 전 분야를 책임진다. 그러나 〈표 13. 4〉와 같이 최근에는 국방정책 업무를 주도할 정책전문가와 전문지식 및 특수자격 분야에 요구되는 특수 전문가를

11) 서유럽 국가 군대의 활동은 97년 여름 대홍수 발생 시 독일군의 활동처럼 대규모 자연재난이 발생했을 경우의 재난구조 활동이 대부분이었다. 젊은이들을 의무적으로 군대에 복무시켜 이러한 활동을 담당하도록 하는 것은 더는 사회적 동의를 얻을 수 없었다. 결국, 벨기에가 1994년 냉전 후 가장 먼저 징병제를 철폐하고 병력규모를 4만 5천5백 명으로 50% 감축하였으며, 프랑스, 네덜란드, 스페인과 포르투갈 역시 각각 1996년, 1997년, 그리고 2003년에 모병제로 전환하였다.

12) 육군은 장기적으로 병력 규모를 감축하되 간부 위주의 정예화된 병력구조로 발전시키고, 특히 핵심특기는 부사관으로 대체하고 민, 군 인력 호환시스템을 구축하여 우수인력을 확보하고자 하는 노력을 기울이고 있다. 육군본부 홈페이지, 『미래육군의 비전』, http://www.army.mil.kr/intro/intro3_1b.htm.

육성하기 위한 노력을 강화하고 있는데, 군의 입장을 시민사회에 잘 홍보하고, 설득시켜 군의 요구를 받아들이도록 하기 위해서 전문지식을 습득한 인재의 확보가 무엇보다 중요하기 때문이다.

다섯째, 군에 대한 일반 시민들의 태도이다. 한국 사회가 군에 대한 불신을 갖게 된 것은 무엇보다 과거 군의 정치개입 때문이다. 문민정부 출범 이후 군에 대한 사정이 이루어지고 인사, 획득, 조달, 공사 등 모든 분야에서의 개혁이 이루어졌음에도 불구하고 일부 재야인사, 정치인, 언론인들에 각인된 군의 부정적 이미지가 좀처럼 변하지 않고 있다. 특히 참여정부 출범 이후 정치권과 군 수뇌부의 갈등설은 다시 한 번 군의 명예와 사기에 부정적인 영향을 미쳤다.[13] 남북평화체제 구축에 대한 기대와 북한의 군사 위협이 공존하는 우리 사회의 현실에서 군에 대한 일반 국민의 태도는 사안에 따라 지지 또는 비판적 입장으로 바뀔 수 있다. 여섯째, 언론과의 관계 변화이다. 전쟁을 치르는 국가의 정부는 일반적으로 언론보도에 특별한 관심을 기울이게 된다. 군은 언론을 통해 적에게 정보가 흘러나가는 것을 원치 않으며, 전쟁수행 중 발생할 수 있는 실수로 아군의 사기가 꺾이는 것을 원치 않기 때문이다. 월남전 이전까지 군과 언론의 관계는 상대적으로 우호적[14]이었으나 미국 언론이 월남전 패전의 원인으로 지목되면서 군 당국에 의한 보도통제가 강화되었다. 그러나 언론전략이 군사전략의 중요한 일부분이고 언론과 기자는 통제의 대상이 아니라 우호적

13) 참여정부 출범이후 군 고위장성급 다수가 군 검찰의 수사 대상에 올라 군의 명예와 위상이 실추됐다. 군 일각에서는 현 정부의 '군 장악' 계획이라는 의혹을 제기했고, 우리당 김희선 의원 역시 "지금 준장에서 소장까지에 있는 사람들이 중령에서 대령이 되는 과정에서, 군부 정권에서 지도력을 키워온 사람들"이라며 군 수뇌부에 대한 불신을 감추지 않았다(일요시사/04/08/05).

14) 드와이트 아이젠하워 장군은 2차대전 중 언론간부들 앞에서 "여론이 전쟁을 승리로 이끈다"고 말했다고 한다. 그는 기자들을 자신의 작전수행을 위한 준 참모로 여겼으며 기자들도 그러한 기대에 어긋나지 않게 행동했다는 것이다. 전쟁보도는 기본적으로 군 당국과 기자들 사이의 긴장관계를 수반하게 마련이지만 과거로 갈수록 그 관계는 우호적이었다고 볼 수 있는 대목이다. 김광원. '관훈저널' 2001년 겨울호. pp.130-40.

여론을 조성하기 위해 매우 중요한 존재이다. 한국군 역시 국민의 알 권리를 충족시키고, 대민 신뢰를 증진하기 위해서 국방행정 정보를 적극적으로 공개하고 있으며, 국방일보, 국군방송, 국방소식 등 군 홍보매체를 활용하여 국방현안 및 국민적 관심사항에 대한 홍보자료를 대내·외에 제공하고 있다.

일곱째, 민간인력 활용의 확대이다. 한국군의 현역 대 민간인의 비율은 23 대 1로 이는 미국의 2 대 1, 영국의 1.9 대 1, 독일의 2.6 대 1, 프랑스의 4.9 대 1, 일본의 9.7 대 1, 이탈리아의 5.8 대 1에 비해 현역의 비율이 대단히 높은 수준이다. 병력 위주의 대규모 군대에서 현역 위주와 군 조직 관리는 민간 조직과 같은 효율성을 유지하기 어렵다. 독일은 전투를 직접 수행하는 기능은 현역이 담당하고, 부대관리와 평시 경계 등 비전문적인 분야는 민간에게 맡기는 구조 개혁을 추진하고 있다. 우리 군도 국방개혁과 관련하여 지원부문에 대한 아웃소싱 논의가 이루어지고 있다.[15] 정보통신, 무기체계, 국제계약 및 무역, 환경 분야 등 고도의 전문지식과 기술이 요구되는 분야에 계약 군무원 제를 도입하고 있으며, 장기 보직이 가능한 국방행정, 기술지원 분야의 임무를 민간 전문인력이 수행하도록 하고 있다.

여덟째, 여군인력의 확대이다. 군이 점차 과학화되고 기술 집약형 구조로 발전됨에 따라 여성이 군대에서 참여할 수 있는 분야가 점차 늘어나고 있다. 이에 따라 군은 여성들에게 문호를 대폭 개방하여 우수 여성인력을 선발, 활용해왔다. 1997년 공군사관학교에서 최로로 여생도를 선발한 이래 각 군 사관학교는 여생도를 선발하고 있다. 여성인력의 군 참여는 앞으

15) 지난 2000년 국방연구원이 펴낸 '아웃소싱을 통한 비용 10% 절감방안'이라는 논문에는 군 보급창 5곳과 민간 물류업체인 C 업체와의 생산성을 비교한 결과가 있다. 물품의 입고·불출·저장·수송·배송·검품 등 군 보급창과 유사한 기능을 갖고 있는 민간 물류업체는 군 보급창에 비해 물동량은 32배, 건수는 314배를 처리했다. 군 보급창의 인력은 272명으로 C 업체의 93명에 비해, 되려 3배가 많았다.

로 2020년까지 간부 정원의 5% 수준으로 확대될 예정이며 여군 활용분야는 포병, 기갑, 군종과 잠수함 근무를 제외한 전 병과로 확대되고 있으며, 여군인력은 양성 단계에서 보직, 군사보수교육 및 근무평정에 이르기까지 남군과 동등한 대우를 받고 있다.

아홉째, 군인가족의 생활 패턴변화이다. 일반적으로 군인 가족은 군부대의 영내 또는 인근 지역에 밀집되어 거주하게 된다. 주거지가 부대에 인접한 경우 군인들은 자신들의 사적 영역까지 군의 통제 안에 있으므로 자율성에 한계가 있을 수밖에 없다. 또한, 군과 관련된 사람들과 주로 관계를 맺어 민간인들과의 사회적 교류가 매우 제한된다(홍두승, 1996: 234). 국방부는 민간아파트를 매입하거나 전세자금을 무이자로 지원하는 등 관사 소요를 축소하고 근무지역 자가 거주자를 확대하려는 계획을 추진하고 있다. 이 경우 관사를 중심으로 한 군 공동체는 해체되고 민간 사회와의 통합이 가속화될 것이다.

열째, 동성애에 대한 태도이다. 미국은 동성애자들을 동료 간의 갈등을 만들어내고 사기를 저하한다는 이유로 군에서 자동 제대시켜왔다. 그러나 1993년 클린턴 대통령의 행정명령으로 자신이 동성애자라는 사실을 공공연하게 밝히지 않을 경우 군에서 불이익을 당하지 않은 방향으로 군대 규정이 바뀌었다. 반면 한국에서는 동성애자에 의한 군내 성폭력 문제가 사회적 관심 대상이 되면서 동성애에 대한 처벌 규정을 오히려 강화해야 한다는 목소리가 높아지고 있다.[16]

마지막으로 징병제에 대한 태도이다. 2004년 종교적 이유로 병역을 거

---

16) 우리 군에서는 군내 성추행에 대해 '계간 또는 추행한 장병에 대해 1년 이하의 징역에 처한다'고 규정한 군 형법 92조를 적용한다. 처벌이 약하다는 지적에 대해 모 사령부 법무참모는 "일반 형법의 강제추행죄를 적용, 10년 이하의 징역에 처할 수도 있지만, 가해자와 피해자 간 합의가 이뤄지면 적용할 수 없어 문제"라고 말했다. 군 특성상 대부분은 합의가 이뤄지기 때문에 군형법을 강화해야 한다는 지적이 나오는 것도 이 때문이다. 김정호., "군인이 아니라 성 노리개였다."(주간한국/03/07/23).

부한 양심적 병역 기피자 3명에 대해 법원이 그동안의 판례를 깨고 무죄를 선고하자 병역거부와 대체복무제 도입, 국방 현실을 둘러싼 격론이 벌어졌다. 그러나 현재의 열악한 복무여건하에서 대체복무의 허용은 군 복무의 기피로 이어질 것이며, 이는 남북이 대치하고 있는 상황에서 국방력을 크게 약화할 것이라는 우려로 인해 양심적 병역 거부자들의 대체복무 허용 주장은 받아들여지지 않고 있다.

전쟁을 통하지 않고도 분쟁을 해결할 수 있다는 공감대가 형성되면서 주요 선진국들의 군대는 크게 변화해가고 있다. 탈근대적 군 조직의 특징으로 이질적인 가치, 생활방식, 태도 등이 용인되며 여군 인력의 업무영역이 확대되고 상위계급 진출이 가능해지면서 군 조직에 통합된다. 군인 가족들의 욕구를 충족시키기 위해 더욱 많은 관심이 기울여진다. 동성애에 대한 처벌이 사라지고, 대체복무가 가능해진다. 그러나 이러한 변화에도 불구하고 선진국 군대들이 모두 같은 형태의 군 조직으로 수렴하고 있는 것은 아니다. 우리 군 조직 역시 남북한 간의 군사적 긴장과 다원화 사회로의 변화 추세가 동시에 배태된 독특한 구조로 되어 있다. 군 조직의 변화를 이해하기 위해서는 무엇보다 변화하는 사회 환경에 대한 이해가 선행되어야 한다. 그것은 군인은 군복을 입은 시민이며, 모 사회와 분리해서는 이해할 수 없기 때문이다.

제14장

과학화, 정보화 시대의 군대

미래학자 앨빈 토플러(Toffler, 1980)는 인류문명이 농업사회로부터 산업사회를 거쳐 정보사회로 발전해가고 있다고 진단한다. 피터 드럭커(Drucker, 1993) 역시 인류문명이 농업사회로부터 산업사회와 후기 자본주의사회를 거쳐 지식사회로 발전해가고 있다고 진단한다. 정보사회나 지식사회의 공통적 특징은 무엇보다 정보, 지식의 중요성이 높아진다는 것이다. 부와 권력의 원천이 지식, 정보로 이전되고 있는 가운데 컴퓨터와 통신기술의 가속적인 발전이 모든 분야의 변혁을 이끌어내고 있다. 국가 사회 내에서도 정보 공유의 범위가 확대되면서 정부의 권위가 약화하고 수평적 네트워크 구조가 발전되어 가고 있다. 이처럼 산업문명 패러다임이 정보문명 패러다임으로 변화하면서 〈표 14. 1〉에서와같이 산업시대의 전쟁방식 및 양상과는 근본적으로 다른 정보전쟁 및 네트워크 중심 전쟁과 같은 새로운 전쟁형태로 발전되고 있다. 컴퓨터와 정보통신기술의 발달은 군사력의 존재양식과 성격을 바꾸어 놓고 있을 뿐만 아니라 군의 무기체계와 작전개념, 조직편성을 급격하게 변화시키고 있다. 토플러(Toffler, 1994)는 전쟁의 성격 역시 백병전이나 근접전쟁의 형태를 띤 농업시대의 전쟁으로부터 대량파괴, 대량살육전쟁의 형태를 띤 산업시대 전쟁을 거쳐 걸프전쟁과 같은 하이테크 전쟁으로 변화하고 있다고 진단한다.

1. 군사 패러다임의 변화

미래전쟁의 양상

걸프전과 코소보전은 미래전의 양상과 군사 패러다임의 변화 방향을 예측할 수 있게 해준 전쟁으로도 그 중요한 의의를 가진다. 과학화, 정보화 시대에 대비한 미국군이 산업시대 전쟁방식을 구사하는 이라크군을 맞이하여 최단 기간에 완벽하게 패배시킴으로써 최첨단 무기체계와 군사기술이 적용된 새로운 전쟁수행 방식의 효율성이 입증되었기 때문이다.

표 14. 1 전쟁방식 및 양상의 발전추세

구분	산업문명시대의 전쟁	정보문명시대의 전쟁
핵심특징	▶ 황금 철강 기계의 힘에 기초 ▶ 대량파괴 및 살상 ▶ 탱크 항공기 함정 등 플랫폼 중시	▶ 정보 지식의 힘에 기초 ▶ 탈대량화 및 비살상 ▶ 정보체계 및 정밀유도무기 중시
전장공간	▶ 지 해 2차원 – 지해공 3차원 ※ 전투공간 군별 독자작전 수행	▶ 지해공 – 우주 사이버공간으로 확장 ※ 우주 통합작전 및 사이버전 수행
전력전개 / 운용	▶ 선형/비선형 전력 전개 및 운용 ▶ 기동 화력전 수행	▶ 비선형/입체형 전력 전개 및 운용 ▶ 정보 마비전 수행(사이버전 수행)
전투수단	▶ 탱크 항공기 같은 유인 기동수단 발전 ▶ 화력 위주의 전력 발전	▶ 무인 자동화 기동수단 등장 ▶ 정보 지식 중심의 전력 발전
군수지원	▶ 대량 비축 지원	▶ 소량 적시 지원

출처: 정춘일. 2000. "21세기 새로운 군사 패러다임". 한국전략문제연구소편. 『21세기 미래전 패러다임과 육군의 비전 및 발전방향』. 한국전략문제연구소, p. 24.

새로운 전쟁수행 방식의 핵심 특징은 탈 대량파괴가 추구된다는 것이다. 19세기 프로이센의 군사 전략가 클라우제비츠는 전쟁을 "적을 굴복시켜 자기의 의지를 강요하기 위해서 사용되는 일종의 폭력행위"라고 정의했다(클라우제비츠, 1974: pp.1-2). 그에 의하면 아군의 의지를 강요하기 위해 폭력은 최대로 확대되는 경향이 있으므로 전쟁이란 극도의 폭력행위를 수반한다. 그러나 그의 시대에 전쟁은 적국의 군인만을 대상으로 하는 것이었다. 전쟁의 목적은 20세기 첫 번째 전쟁인 보어전쟁을 계기로 다시 정의되었다.[1] 각 국은 적국의 잠재적 전쟁유발 능력을 파괴하기 위하여 민간인에 대한 체계적인 전쟁을 진행했으며, 그 결과 대량파괴와 살상이 뒤따르게 되었다. 그러나 세계 경제가 통합되고 상호 의존성이 심화한 국제질서하에서 대량파괴와 살상이 전쟁 이후 평화를 유지하는 데 도움이 되지 않는다는 사실이 명확해졌다. 그 결과, 미래 전쟁에서는 민간경제의 변화와 함께 간접피해를 최소화할 수 있도록 파괴의 탈대량화가 추구될 것이다.

둘째, 미래 전쟁의 전장 공간은 우주 및 사이버 공간으로까지 확장될 것이다. 걸프전 당시 다국적군의 전쟁수행에서 중심이 되었던 부분은 미국이 전쟁 중 궤도에 띄워 두었던 정찰 및 초계위성들이었다(프리드먼, 2001: 342). 이들 위성은 화상 초계, 적의 교신과 레이더 추적 방해, 적의 로켓 발사 포착, 그리고 통신의 릴레이 전달 등 다양한 기능을 수행했다. 우주 및 사이버 공간을 활용, 통제하지 못하면 작전지역에 대한 정보 · 지식을 실시간으로 수집 · 제공할 수 없다. 미 공군의 우주사령관 커티나(Donald J. Kutyna) 장군은 "병력이 축소, 감축되는 미래에는 우주에 더한층 의존하게

---

1) 1870년 보불전쟁 당시만 하더라도 비스마르크는 프랑스의 금융시스템을 훼손시키지 않으려고 무척 애를 썼다. 그러나 1899년 보어전쟁 시 영국 군인들은 군인들의 전의를 꺾기 위해 보어 출신 여자들과 아이들을 역사상 최초로 수용소에 가두었다. 이후 전쟁은 적국의 경제를 괴멸시키고 민간인들을 대상으로 한 전쟁으로 확대되었다. 드러커(Peter Drucker). 2002. 『Next Society』. 이재규 역. 한국경제신문. p. 322.

될 것이다. 우주체제가 항상 가장 먼저 현장에 나타날 것이다."라고 말한다(토플러, 1994: 148). 이처럼 군사작전의 중심축이 지구의 대기권 밖에 위치하게 됨에 따라 우주가 차지하는 전략적 중요성이 더욱 높아질 것이다.

표 14. 2 사이버 방책 및 무기 현황

구 분	주요 내용
전자기폭탄 (Electro-Magnetic Pulse Bomb)	고에너지의 전자기파를 이용하여 정보시스템 및 통신망 마비
초미세형 로봇(Nano Machine)	정보시스템을 구성하는 특정 부품(전자회로기판 등)을 찾아 파괴
전자적 미생물(Microbes)	정보시스템을 구성하는 특정 성분(실리콘 등)을 인지하여 부식, 파괴
치핑(Chipping)	시스템 하드웨어 설계시 마이크로칩 속에 고의로 특정 코드를 입력시켜 시스템 공격
컴퓨터 바이러스	전산망의 소프트웨어에 침투하여 오작동을 유발하거나 데이터 파괴
해킹(Hacking)	컴퓨터와 통신 지식을 가진 해커가 전산망에 침투하여 컴퓨터 바이러스를 입력시키거나 데이터를 파괴
논리폭탄(Logic Bomb)	은밀하게 컴퓨터에 침투하여 시한폭탄처럼 특정조건이 조성되기까지 기다리다가 때가 되면 공격을 개시하여 데이터 파괴
트랩도어(Trap Door)	시스템 내부를 설계할 때부터 프로그램에 침입로를 설치
트로이 목마(Trojan Horse)	컴퓨터 시스템에서 다른 프로그램 안에 숨어 있다가 프로그램이 실행될 때 자신이 활성화되어 작업을 수행하면서 데이터를 파괴
스니퍼(Sniffer)	정보통신망에 전송되는 중요정보를 획득할 목적으로 작성한 불법 프로그램
전자우편 폭탄(Email Bomb)	상대방의 컴퓨터에 도저히 감당할 수 없는 양의 전자우편을 지속해서 보냄으로써 상대방 컴퓨터를 동작 불능의 상태에 빠지도록 하거나 완전히 파괴하는 악성 프로그램

출처: 정춘일. 앞의 책. p. 54.

오늘날 대부분의 사회 조직, 기능, 체계들이 첨단 정보시스템에 크게 의존하게 되면서 사이버 공간의 중요성 또한 높아지고 있다. 〈표 14. 2〉에서와같이 비대칭적 수단과 방법을 활용하여 상대방의 정보통신체계를 파괴하면 재정, 상업, 수송, 발전소, 군대 등이 차례로 붕괴하여 사회 전체를 일거에 순간적으로 마비시킬 수 있다. 따라서 미래 전쟁에서는 사이버전 기술 개발과 전략적 차원의 정보전 방책이 다각적으로 발전될 것이다.

셋째, 미래 전쟁에서는 전력운용체계가 지금과는 판이한 방향으로 바뀔 것이다. 첨단 과학기술 무기체계에 의한 전쟁은 초기 단계에서 승패가 결정될 뿐만 아니라 대량파괴를 수반하기 때문에 방어 전략보다는 적극적 억제전력이 최선의 방어를 보장하게 된다(국방부, 1995: 59). 미래 전쟁에 대비하기 위해서는 공세적 억제전략 개념을 발전시킴과 아울러 요망하는 시기에 적의 종심을 타격할 수 있는 전력을 확보하는 것이 중요한 과제가 되고 있다. 적의 공격이 있었던 후 공방전이 전개될 것을 전제로 한 전술 개념과 전력은 미래의 첨단무기 전쟁에서는 더는 효과를 발휘할 수 없다. 이라크가 걸프전쟁에서 무기력하게 패배한 사례가 이를 잘 입증해주고 있다.

넷째, 이에 따라 정보 · 지식(C4ISR)과 장거리 유도무기의 결합이 가속화될 것이다. 정보 · 지식은 전장의 안개와 마찰을 제거하는 파괴의 핵심 자원이다. 적진 깊숙이 위치한 전략적 표적을 정확하게 감시, 통제하고 정밀하게 파괴하기 위해서는 전략 · 전술정보능력의 구비와 C4ISR 체계의 발전이 필수적이다. 고도 첨단 정보체계의 발전에 따른 표적첩보 획득능력의 향상으로 현 작전 지휘소에서 원거리 군사목표를 공격하는 것이 가능해졌다. 오늘날 발전하고 있는 스마트 유도무기는 고도로 정밀화되어 단 한 발로도 목표를 명중, 파괴할 수 있기 때문에 폭탄의 대량 소요가 불

필요하다.[2] 전략정보능력과 장거리 타격수단의 결합은 적의 통신 및 지휘 중추를 순식간에 마비시킴으로써 과도한 인명 및 자원의 손실 없이 전쟁이 종결되도록 할 것이다.

또한, 앞으로 전쟁에서는 화력, 기동력 등 하드 킬(hard kill) 보다 정보력 등 소프트 킬(soft kill)의 위력이 더욱 중시될 것이다. 걸프전쟁은 소프트 킬 전력이 하드 킬 전력 못지않게 위력적임을 보여준 최초의 전쟁이었다. 이 전쟁에서는 정보 지식기반의 연성 전력으로 무장한 다국적군이 무기 장비 위주의 경성 전력으로 무장한 이라크군을 마비, 무력화시켰다. 미래사회에서는 인도주의적 가치가 매우 중요해지는 가운데 대부분 가정은 한 자녀만을 두게 될 것이므로 피를 많이 흘리는 전쟁은 시민들로부터 거부당하고, 정치지도자들은 정권을 유지하기 위해서도 그러한 전쟁을 피할 것이다(정춘일, 2000: 27). 따라서 대량 살상 파괴 없이도 상대방을 무력화시키는 다양한 방책과 수단들이 속속 등장할 것으로 예상한다. 군사 전문가들은 미래 무기로서 인간의 활동을 일시적으로 마비시키는 최면제, 인간의 방향 감각 상실과 구토 및 복통을 일으키는 초저주파 음파 발생장치, 미사일 내부 기폭장치 안에 있는 고감도 전자부품을 녹이는 극초단파, 컴퓨터 · 전자통신 · 레이더 · 감지장치 · 전기차폐장치의 작동을 마비시키는 전자기 펄스 등이 활용될 것으로 예측하고 있다.

마지막으로 군수지원을 위한 시스템 통합과 기간시설의 중요성이 증대될 것이다. 전쟁수행 수단이 정보화, 첨단화됨에 따라 전장 정보의 실시간 공유가 가능해지면서 전시 군수 소요의 불확실성 역시 많이 감소하였다. 걸프전이 끝난 후 미군을 후송시키는 책임을 졌던 파고니스 장군은 "이 전쟁은 드라이버와 못까지도 일일이 관리한 최초의 현대 전쟁이다."라고 말

2) 오늘날 F-117기 한 대가 단 1회 출격하여 폭탄 한 개를 투하하는 것은 2차 대전 중 B-17 폭격기가 4,500회 출격하여 폭탄 9,000개 또는 베트남전 기간 중 95회 출격하여 폭탄 190개를 투하했을 때와 동일한 성과를 올릴 수 있다.

한다(토플러, 1994: 119). 이 업무에는 10만대가 넘는 트럭, 지프와 같은 각종 차량, 1만 대의 탱크와 대포, 그리고 1,900대의 헬리콥터를 세척, 정리하여 운송하는 일이 포함되어 있었다. 군이 이처럼 복잡한 군수업무를 원만하게 수행할 수 있었던 것은 컴퓨터, 데이터베이스 및 인공위성 등의 덕분과 그들을 체계적으로 통합하여 통제할 수 있었기 때문이다. 걸프전 당시 118개의 이동식 통신위성 지구국과 12개의 민간위성 터미널이 동원되었으며, 이를 통해 미국 내의 수많은 데이터베이스와 네트워크들을 전쟁지역의 시설들과 연결하였다. 이처럼 방대한 전자적 기간시설이 없었더라면 군수지원을 위한 시스템 통합은 불가능했을 것이다. 따라서 미래 전장에서 군수 지원의 복잡성이 증대됨에 따라 시스템의 통합과 이를 위한 기간시설의 중요성 역시 높아질 것이다.

미래 군대의 특징

인류문명과 과학기술이 발전함에 따라 전쟁에서 사용되는 무기체계와 작전개념, 조직편성도 함께 변화하게 된다. 항공우주, 인공위성, 정보체계, 정밀유도무기, 수직 좌표 등이 새로운 키워드로 주목받고 있는 정보문명시대의 전쟁을 수행하기 위해서는 산업문명시대의 군대와는 질적으로 다른 새로운 군대로의 변화가 요구된다. 따라서 정보문명시대의 군대는 인력개발과 운영, 그리고 조직 편성에서 이전과 다른 양상으로 발전하게 될 것이다.

첫째, 과거 산업사회에서 재래식 무기와 병력의 수에 의한 전쟁이 첨단무기체계에 의한 정보전·과학전 양상으로 변화되면서 전투원에게 요구되는 자질과 능력도 변화되었다. 정보·지식 중심의 경제구조가 고도의 지식과 기능을 갖춘 똑똑한 노동자들을 필요로 하는 것처럼 하이테크 무기체계로 무장한 군도 고도의 지식과 기능을 갖춘 전투원을 요구하게 된다. 미국의 경우, 민간부분의 최고 경영자 가운데 석사 이상 학위 소지자가 불과 19%인데 반하여 군대의 준장급 장교의 고등교육 이수자가 무려 88%를 넘고 있다(국방부, 1995: 61). 교육수준의 상승은 하위계급에서도 나타난다. 걸프전 당시 육군의 전체 지원병 중 98% 이상이 고등학교 졸업자였는데, 이것은 역사상 가장 높은 학력의 병사 비율이다(토플러, 1994: 112).

둘째, 노동의 성격이 변화한다. 군 운용장비가 첨단화됨에 따라 군사장비를 조작하고 군을 지휘하는 군인들의 노동 수준이 단순한 육체적 노동에서 고학력의 지적인 노동으로 전환되었다. 걸프전에서 미군은 전쟁지역과 3,000여 대 이상의 미국 내 컴퓨터를 연결, 여러 형태의 데이터를 처리하여 적에 관한 상황을 전방 지휘관에게 제공하였다. 전쟁에서 승리하기 위해서는 육박전에서 용감하게 싸울 수 있는 능력보다 제공되는 정보를 종합하여 적절한 판단을 내릴 수 있는 지적인 능력이 더욱 중요해진다. 따라서 전쟁의 성격이 변화하면서 구태의연한 군인의 남자다움과 완력의 중요성은 줄어들게 될 것이다.

셋째, 무형가치의 중요성이 주목받는다. 엥겔스는 "힘이란 단순한 의지의 행위가 아니라 도구가 필요하며, 더 완전무결한 도구 즉, 더 좋은 무기를 생산하는 자는 더 불완전한 도구를 생산하는 자를 패배시킨다."라고 하면서 물질적 요인의 중요성을 강조했다. 그러나 첨단 과학기술 무기체계는 이를 창의적으로 운용할 수 있는 인적요소의 능력에 따라 그 효과가 달라질 수 있다. 군사력 운용의 핵심은 과거나 현재, 그리고 미래에도 역시 인간이기 때문이다. 새로운 군대가 요구하는 군인은 두뇌를 사용하고 다양한 민족이나 문화와 어울릴 수 있는 군인, 모호한 상황을 참아내고 창의력을 발휘하며 또한 명령권자에 대해서도 의문을 가질 정도로 질문하는 그런 군인이다.[3] 따라서 미래 군대에서는 군사훈련의 개선 및 동기부여의

---

3) 스타크(Steven D. Stark)는 〈로스엔젤레스 타임스〉지에서 미군 내 풍조의 변화를 설명하면서 "『명령권자에게 질문하라(Question Authority)』는 60년대의 슬로건이 엉뚱한 곳에서 뿌

강화 등 무형요소의 중요성이 부각될 것이다.

넷째, 미래 전장에서는 모든 대 · 소부대들이 '전쟁 네트워크'로 '거미줄망'처럼 연결되어 전장에 대한 정보, 지식을 공유할 수 있게 될 것이다. 지휘관은 전쟁 네트워크상 어느 곳에 있더라도 작전을 지휘하는 데 전혀 지장이 없게 된다. 네트워크 중심의 미래 전쟁에서는 제반 전투부대 및 요소들이 네트워크 체계를 활용하여 전장 정보를 공유하고 지휘관의 의도를 이해하게 되기 때문에 협동적 조화 속에서 자율적이고 효과적으로 전쟁을 수행할 수 있게 되는 것이다. 걸프전의 경우 야전 지휘관들은 펜타곤의 중앙통제 보다는 대폭적으로 자율권을 부여받았다. 중앙의 사령부 역시 야전 지휘관들을 지원했을 뿐 사사건건 간섭하지 않았다. 이에 따라 군 조직체계 역시 노동력 관리 위주의 단순 규격화되고 일사불란하게 신장한 수직 지휘체계에서 전문화 · 다양화된 여러 기능이 수평적으로 네트워크를 형성하는 체제로 발전할 것이다(국방부, 1995: 56).

마지막으로 이러한 수평적 네트워크는 아웃소싱의 확대와 함께 민간영역으로 확산할 것이다. 향후 군은 전투수행체계 위주로 임무가 단순 · 정예화되고 자원관리 등의 비전투부문은 전문가 집단에 대폭 이양될 전망이다.[4] 먼저 군의 정예화를 위해서는 지도력과 용기, 융통성 그리고 주도권 및 기술 등을 갖춘 전투 요원을 양성해야 한다. 이를 위한 시간과 노력을 충분히 확보할 수 없는 징병제 군대는 제3물결 시대의 무교육 노동자들처럼 경쟁에서 뒤질 수밖에 없다. 지금까지 보편적으로 활용되어온 징병제도는 미래 정보전쟁에서 더는 기능을 효과적으로 발휘할 수 없다. 군

리를 내렸다."고 쓰고 있다. 미국 군대에서는 질문하고 사고하려는 열의가 여러 기업에서보다 더욱 일반화되어 있다. 토플러. 앞의 책. p. 113.

4) 걸프전쟁 당시 갈루아 장군은 "미국은 걸프전에 50만 명의 군대를 파견했고 그 밖의 병참지원 목적의 지원부대도 30여만 명에 달했다. 그러나 전쟁에 이긴 것은 불과 2,000명의 군인들에 의해서였다. 꼬리가 엄청나게 자라난 것이다."고 지적했다. 이 꼬리에는 본국에서 일하는 남녀 컴퓨터 프로그래머들도 포함되었는데, 그 중 일부는 자택에서 퍼스널 컴퓨터로 일하는 사람들이었다. 위의 책. p. 115.

조직은 산업시대의 대규모 형태에서 정보시대의 소규모 형태로 변화되어야 한다. 상용기술의 급속한 발달과 상용물자의 활용 가능성이 대폭 증대되면서 기존에 군 조직이 맡고 있던 많은 업무에 대한 아웃소싱이 가능해졌다. 이처럼 민·군 공유범위가 확대되고 군사작전에 참여하는 민간 인력의 비중이 높아짐에 따라 보다 적은 비용으로 큰 전투력을 생성 및 발휘할 수 있는 기술, 인력, 자원의 공유 네트워크가 민간영역으로 확대 발전될 것이다.

2. 군사혁신과 미래군대 건설

모든 국가는 자신의 영토, 주권, 국민을 침탈하려고 하는 외부세력의 전쟁도발을 억제하고, 일단 유사시 전쟁을 승리로 이끌 수 있는 확실한 전쟁수행능력을 확보하기 위해 노력한다. 정보화 사회의 도래와 함께 전쟁 수행의 방식과 양상이 변화하면서 정보·지식 기반의 군사력을 창출하기 위한 군사발전 패러다임이 전 세계 국가들에 확산하고 있다. 오늘날 급속하게 발전하고 있는 정보통신기술에 기반을 두고 전력시스템과 작전개념 및 조직 편성을 혁신하지 않고는 전투력 발휘의 효과를 증대시키는 것이 불가능하기 때문이다. 따라서 기존의 전쟁준비 및 수행방식에서 벗어나 현저히 향상된 전투 효과를 달성하는 방법으로서 군사혁신(revolution in military affairs: RMA)에 관한 논의가 활발하게 전개되고 있다.

군사혁신 추진 동향

군사혁신은 일반적으로 새로운 군사기술을 군사력 발전에 도입하거나 군사조직 및 작전개념을 변혁시켜 전쟁수행 개념과 방법에 획기적인 변화를 의미한다.[5] 이는 기술과 교리 및 편성을 획기적으로 발전시켜 과거와는 완전히 다른 새로운 전쟁 양상이 출현한다는 뜻이다. 토플러(Toffler, 1994: 125)는 문명의 차원에서 농경사회가 조직화할 때와 산업혁명이 일어났을 때 진정한 의미의 군사혁신이 발생한 것으로 보고 있다. 새로운 문명이 기존 문명의 사회질서를 전면적으로 붕괴시키고, 새로 형성된 사회가 군사체제의 변혁을 강요함으로써 전쟁양식이 근본적으로 변화하였다는 것이다.

〈그림 14. 1〉에는 시대별 군사혁신으로 인한 불연속적인 전투 효과가 어느 정도 증폭되는가를 그림으로 표시하였다. 나폴레옹은 산업혁명과 함께 혁신적으로 발전한 기술을 군사적으로 활용하여 대포 등의 장비와 탄약을 표준화하고 포병의 기동성을 획기적으로 향상시켰다. 또한, 프랑스 혁명의 이념과 가치를 지키기 위해 징집된 대규모의 시민군대를 조직하면서 용병제에 토대한 유럽의 상비군 제도를 붕괴시켰다. 19세기 산업문명이 가속화됨에 따라 그란트(Ulysses S. Grant) 장군과 몰트케(Helmut Von Moltke) 원수는 기차와 선박 등 수송수단과 전신 통신수단을 이용하여 군사작전 개념을 혁신시켰다. 그들은 분산된 위치의 대부대들을 목표지역에

5) 군사혁신에 관한 논의는 군사기술혁명(Military Technology Revolution: MTR)에 대한 논의의 연장선상에서 출발하였다. 군사기술혁명은 1970~1980년대에 구소련의 군사이론가들에 의해 제기된 것으로 기술 중심적인 측면에서 전쟁수행방식을 혁신시키려는 것이었다. 그러나 미국의 전문가들은 작전운용 개념이나 전투조직 등을 혁신적으로 변화시켜도 전투 효과성의 극적인 증폭이 가능하다는 점 역시 중시한다. 따라서 RMA는 MTR에서 중시하는 기술적 차원의 혁신과 작전운용 및 조직편성(Operation and Organization)의 획기적 개선을 결합하여 전쟁방식을 근원적으로 변화시키는 데 중점을 둔다. 권태영 · 정춘일.1998.『선진국방의 지평』. 을지서적. pp. 239-240.

그림. 14. 1 군사혁신의 불연속적 전투효과 증폭

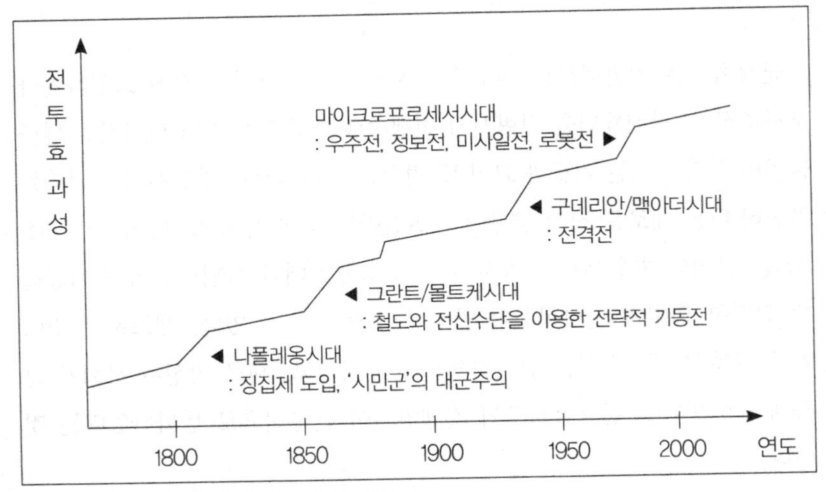

출처: 권태영 · 정춘일. 앞의 책. p. 244. 참고

동시적으로 신속하게 기동시켜 공세작전을 수행할 수 있었다. 2차 대전 기간에는 기계, 항공혁명(revolution in mechanization and aviation)에 힘입어 전쟁수행 개념과 방식의 발전에 획을 긋는 전격전 개념이 형성되었다. 전격전 교리를 채택한 독일은 1차 세계대전의 연장선상에서 고정적 진지 방어전을 고수하였던 프랑스군을 단기간에 마비 · 석권할 수 있었다. 20세기 중엽에는 핵무기 혁명(nuclear revolution)으로 이른바 '공포의 균형'에 의한 상호 전쟁억제체제가 형성되었으나, 탈냉전 이후 세계 유일의 초강대국이 된 미국을 중심으로 정보화시대의 새로운 군사혁신이 추진되고 있다.

부시 대통령은 2001년 5월 애나폴리스 해군사관학교 졸업식 치사를 통해 21세기의 새로운 군사전략에 관해 언급하면서 미래의 기술에 바탕을 둔 새로운 군사전략이 필요하다고 전제한 후, 미군은 앞으로 규모는 현재보다 줄어들겠지만, 첨단기술을 응용한 고도의 정밀무기와 전략적 장거리

무기체계를 더욱 강화하게 될 것이라고 밝힌 바 있다. 2002년 미국의 연례 국방 보고서는 국방변혁의 목표는 미래 도전의 위험을 감소하기 위한 것이며, 현재 진행 중인 군사혁신으로 전쟁 개념을 우리의 방식으로 새롭게 정의하는 것이라고 정의하고 있다(권태영 · 정춘일, 1998). 여기에는 작전 개념과 능력을 새롭게 조화시키고, 신 · 구 기술 및 새로운 형태의 조직을 활용하여 유리한 점을 최대한 활용하고 비대칭 위협에 취약한 부분을 보호하는 군사혁신의 요소들이 〈표 14. 3〉과 같이 모두 포함되어 있다. 결국, 미국은 군사혁신 비전을 선도하여 미래에도 세계최강의 군대로 계속 발전할 수 있는 토대를 구축하고 있다.

표 14. 3 군사혁신의 구성요소

구 분	주요 내용
시스템 통합구조 (Integrating Frame work)	– 교리(Doctrine) – 조직편성(Organization)
타격 촉진화 능력 (Enabling Capabilities)	– 정보지배(Information Dominance) – 지휘통제(Command and Control) – 모의 및 훈련(Simulating and Training) – 자원의 기민성(Agility)
타격 수행 능력 (Executing Capabilities)	– 스마트 무기(Smart Weapon) – 주요 기동수단(Major Platform) – 비살상 무기(Non–lethal Weapons)

출처: 위의 책. p. 244. 표) 7-1.

주변국의 미래군대

미국은 1990년대 초, 걸프전을 계기로 새로운 미래 군사 패러다임의 가능성을 확인하고 군사혁신에 매진하고 있는 가장 대표적인 국가이다. 이를 위해 미국 합참은 군사혁신을 위한 비전서로서 1996년에 'Joint Vision 2010(JV2010)', 2000년에 'Joint Vision 2020(JV2020)'을 발표하였는데, JV2020에서는 혁신과 인재양성의 중요성을 크게 강조하고 있다.[6] 인적 자원의 수준에서 걸프전에 참전한 미국 지원병은 학력 수준이나 전술에 대한 이해의 측면에서 베트남전 당시의 징집병과 확연히 달랐다.[7] 그러나 군사혁신으로 첨단무기체계의 개발과 정보전·과학전으로 전환이 가속화됨에 따라 고학력의 전투원이 더욱 요구되고 있다. 인적요소에 대한 강조는 전투원의 능력 향상을 위한 투자로 이어지고 있다. 미국은 전문적인 훈련을 강조하는 교육체계의 대폭적인 개선, 컴퓨터 기술을 활용하는 초현실적인 시뮬레이터 이용 등을 통해 인적요소의 무형가치를 극대화하고 있다. 미 국방부는 부시 행정부의 재정적자 감축에도 불구하고 2005년 국방예산을 4.8% 증액하여 미군 훈련교육비와 급여 지급에 사용하는 국방부 예산안을 발표하였다. 이와 같은 지원 아래 미군 병력은 단순한 전투기술 외에도 임무 수행을 위해 〈표 14. 4〉에서와같이 필요한 다양한 전문교육을 받고 있으며, 이는 전투원들이 수행하는 기능이 전문화·다양화되고 있음을 보여준다.

---

6) JV2010은 미래 전장에 적합한 새로운 작전개념으로 우세한 기동(dominant maneuver), 정밀교전(precision engagement), 초점화된 군수(focused logisitcs), 다차원적인 방호(full-dimensional protection)를 제시하고 있다. JV2010의 궁극적인 목표는 미군이 인도적인 구호작전부터 평화유지활동, 그리고 강도 높은 분쟁에 이르기까지 모든 국면에서 작전을 주도적으로 수행하는 것이다. JV2020의 주요 내용은 첫째, 합동작전, 다국적군 작전, 다기관 작전, 상호 운용성의 강조, 둘째, 전 영역의 작전 재강조, 셋째, JV2010에서 제시한 4대 작전운용개념의 구체화, 넷째, 정보전의 중요성 재강조, 다섯째, 혁신과 인재양성의 중요성 재강조를 들 수 있다. JV2010과 JV2020의 원문은 www.dtic.mil/jv2010과 www.dtic.mil/jv2020 참조.

7) 미 외교평의회 군사문제 평의원인 해병대령 그레그슨(W.C. Gregson)은 "실전 사병은 이제 단순한 탄약짐꾼이 아니다."라고 평가한다. 베트남전 당시 고교 졸업자의 비율이 64%였던 것에 반하여 걸프전 당시에는 전체 지원병의 98% 이상이 고교 졸업자였다. 이들은 박격포와 대포를 조작하는 데 필요한 기하학과 항행학에 숙달되어 있었고, 헬리콥터와 고정익 항공기의 작전역량을 잘 알고 있었으며 자신이 직접 작전을 관리하기도 하였다. 토플러, 앞의 책, p. 115.

표 14. 4 미국의 업무수행 관련 전문교육 과정

과정명	교육기간	지원 가능자	주요 교육내용
수질관리 전문가 과정	10.8주	현역 및 예비역 병사	• 수질정화 및 관리장비, 저장시설, 분배시설, • 부지 정리 업무, 보안, 환경 관리
방사선 측정 관리자 과정	1주	현역 및 예비역 장교, 준사관, 병사	• 방사능 방호, 측정, 탐지 기본 교육 • 방사능의 의학적 측면
대마약작전 과정	10주	부사관 및 장교	• 소 · 중대 수준의 마약차단작전을 위한 특수 교육 – 작전 지역에 대한 정보 획득 – 용의자 및 증거물의 관리
합동 재난구호과정	6주	대위에서 중령	• 실행 가능한 재난구호계획 마련 위한 통합전략 • 재난극복을 위한 관련 부처간 합동 계획 수립절차
정보작전과정	8주	대위에서 중령	• 정보작전 장비 및 기술을 적용하기 위한 법적 기준 • 정보탐색, 정보보호 훈련
인권교관과정	5주	대대급 교관	• 인권, 윤리 등 관련 주제에 대한 심도있는 토의 – 인권의 역사적 발전 과정 – 인권과 군사 분쟁간의 관계

출처: 육군본부 홈페이지. 『국외군사교육소개』. http://210.179.141.240:8083/edu/index.html.

미 육군은 전투원의 능력을 지속적으로 향상시키기 위한 노력으로 육군의 미래 구상인 「21세기 군」(Force XXI)을 통해 '디지털 전투원'(digitalized land warrior)을 제시하였다. 이를 위해 미군은 첫째, 냉전 시대의 전쟁에 대비하는 대규모 군 구조로부터 국제 테러리즘에 맞서 지구촌 전쟁을 수행할 수 있는 군대구조로 개편하는 것이다. 부대개편의 핵심적 내용은 헌병, 수송, 민사, 심리, 생화학 부대를 강화하는 대신 포병 방공 공병 병참

부대의 기능을 줄이는 것이다. 둘째, 전장 상황변화에 더욱 민첩하게 대응할 수 있고 통합적인 원정능력을 발휘할 수 있는 독립적이고 중무장한 여단 전투부대를 창설하는 것인데 화력과 기동력을, 그리고 실시간 첨단 정보능력을 갖추고 있다. 셋째, 전 세계적으로 군대배치를 관리하고 단위부대의 통합력을 증대시키고 준비태세능력을 향상하고 군사력을 안정화하는데 치중한다(Kinslow. 2005). 이런 부대구조의 개편은 전장의 모든 플랫폼(platforms: 전차, 헬기, 포병 등)을 네트워크로 연결 결합해 전장의 모든 참가자가 정보를 공유한 상태에서 전투를 수행하는 개념이다. FBCB2(Force 21 Battle Command, Brigade and Below)라는 이름으로 이라크전에서 처음으로 사용된 이 최첨단 지휘통제 시스템은 미 지상군이 짧은 시간 내에 바그다드로 진격하는데 크게 이바지했다.[8] 이러한 시스템이 완성되면 각개 병사는 헬맷 앞쪽의 조그마한 스크린을 통해 전장 정보를 공유하고 지휘관의 의도를 이해하게 되기 때문에 자율적이고 효과적으로 작전을 수행할 수 있게 된다. 이에 따라 군 조직체계 역시 단순 규격화된 수직적 지휘체계로부터 전문화 · 다양화된 여러 기능이 수평적으로 연결되는 네트워크를 형성하여 통합능력을 극대화하는 체제로 바꾸고 있다. 이다.

다른 한편으로 미 국방부는 무기체계를 현대화하기 위해 소요되는 자원을 더욱 많이 염출하기 위해 현재 가지고 있는 조직, 하부구조, 법 및 규정체계, 경영개념 등을 획기적으로 바꾸는 국방개혁 조치(DRI: defense reform initiative)를 단행하였다.[9] 이에 따라 불필요한 비용과 부담을 초래하는 국

8) 본체가 달린 소형 모니터와 자판으로 이뤄진 이 무기는 GPS시스템을 사용, 컬러스크린 일개 병사에서부터 총사령관에 이르기까지 모든 병력에 군사력 진행 상황을 실시간 보여준다. 미 육군은 이처럼 제반 전투요소를 네트워크에 연결하면 전투력이 30%까지 증대되는 효과가 있다고 평가하고 있다. 심경욱. 2000. "21세기의 새로운 군사 패러다임". 한국전략문제연구소 편. 『21세기 미래전 패러다임과 육군의 비전 및 발전방향』. 한국전략문제연구소. p. 84.

9) 국방개혁 조치의 기본개념은 ① 구조혁신(re-engineering)을 통하여 현대적 경영기법 개념을 도입하고, ② 통합(Consolidate)을 통하여 중복 제거 및 시너지 효과를 극대화하는 한편, ③ 경쟁(Compete)을 통하여 시장원리를 도입하고, ④ 과도한 지원구조를 감소시켜 핵심 부분에 집중한다는 것이다. KRIS. 2001. 『동북아전력균형』. 한국전략문제연구소. p. 88.

방부의 조직, 절차, 구조에 대한 개혁이 시작되었다. 첫째, 국방장관실, 국방기관(defense agency), 합참, 그리고 각 군 본부 및 주요 사령부의 인력을 감축하여 상부조직을 축소 개편하였다. 둘째, 군 하부구조의 재조정을 위해 지원활동을 통합하였다. 국방부는 지원부문을 12개 분야로 분류하고 군에서 수행할 기능과 민간부문과 경쟁을 할 수 있는 기업 활동(commercial activities)으로 구분하여 기업 활동에 대해서는 경쟁을 시키고 있다. 그 결과 일반정비, 시설지원, 부동산관리, 자료처리 등의 분야에서 민간부문이 수행하는 비율이 훨씬 높아 지는 등 아웃소싱이 확대되고 있다.

중국이 군사혁신에 관심을 두게 된 것은 1991년 걸프전 이후이다. 중국은 걸프전에 투입된 연합군의 경험을 통해 첨단 정보기술과 장거리 유도무기를 보유한 적에 대응할 수 있어야 한다는 교훈을 얻었다. 중국 변경에서의 국지전이나 재래전 위협에 대응하기 위한 기존의 전략은 고도의 살상력을 갖춘 신속한 대응력을 요구하는 새로운 전장 환경에 적절하지 못했다. 이는 중국으로 하여금 기존의 전략 개념을 수정하여 현대의 전장에 대비할 수 있는 보다 유연하고 질적으로 향상된 군을 육성해야 할 필요성을 느끼게 하였다.[10] 장쩌민 주석은 2002년 11월 제16차 당 대회 정치보고에서 "세계 군사변혁 추세에 맞춰 과기강군(科技强軍)을 건설해야 한다"고 밝힌 바 있다. 장쩌민의 뒤를 이은 후진타오 역시 "중국은 국방과 군 현대화에서 비약적인 발전을 성취해야 한다"고 지적하고 인민해방군의 정보전과 전자전 역량을 향상할 것을 강조하였다. 이에 따라 중국은 신뢰할 만한 정찰 및 원격 감지 시스템, 방공무기 시스템, 공격용 전술 유도 미사일 시스템, 컴퓨터 기술 및 전역 정보 네트워크 역량을 강화하기 위한 노

10) 중국의 군사전략은 1950년대와 1960년대, 그리고 1970년대의 '인민전쟁(人民戰爭)' 개념에서 1980년대의 '첨단기술조건 하에서의 인민전' 개념으로 변화를 겪었고, 1993년 이후 '첨단기술조건 하에서의 제한적 국지전' 개념으로 접근하고 있다. KRIS. 2001. 『동북아전력균형』. 한국전략문제연구소. p. 158.

력을 지속해서 추진하고 있다.

첨단 기술군으로의 변화라는 목표를 달성하기 위해서 중국군은 첨단 무기 · 장비의 건설 외에도 조직 개편과 인재 육성을 강조하고 있다.[11] 중국은 인민해방군을 정보화 시대의 새로운 임무에 적합하도록 작지만 더욱 유연한 조직으로 재편성하고 있다. 1985~1987년 기간 동안 1차로 100만 명의 병력을 감축하였고, 1997~1999년 기간 동안 2차로 50만 명을 줄였으며, 앞으로 2005년까지 추가로 50만 명을 감축하는 계획을 추진하고 있다. 병력수를 줄이지만 감군 비용을 군사장비의 현대화에 투자하여 인력 집약적인 형태에서 기술 집약적인 형태로 전환하는 것이다. 이에 따라 교육의 중요성 역시 크게 강조되고 있다. 중국 지상군은 모든 장교가 2005년까지는 학사학위를 취득하도록 하고 있으며, 2년제 교육을 포함해서 현재 장교의 80%가 대학교육을 받은 것으로 알려졌다(KRIS, 2003: 200). 이 외에도 장병들의 전문적이고 교육적인 기준을 향상하기 위한 조치로 부사관 제도를 시행하고 있다. 이는 핵심적인 임무 수행이 가능한 병사들을 군대 안에 남아 있도록 하기 위한 조치로 군 당국은 징집병 대신 장기 복무한 전문적인 병사들의 비율을 증가시키려고 하고 있다.

중국은 미래 정보전 환경에서 전투원의 능력을 극대화하기 위해 실험적으로 디지털 기갑부대(digitalized armored units)를 편성하였다. 이 부대의 특징은 군복이라고 할 수 있는데, 이 군복은 중국군에 의해 개발된 방어 물질을 사용하여 방화 · 방수 · 방사능 방어뿐만 아니라 적의 수색 및 정찰을 피할 수 있도록 만들어졌다(KRIS, 2003: 206). 이러한 기술 개발은 민간단체의 자원을 활용하여 이루어지고 있다. 중국은 2002년 중국 국방과학기술공업위원회(COSTIND), 중국과학원(CAS), 그리고 중국공정원(CAE)의

11) 중국의 군 현대화 계획은 기구의 조정과 간소화, 국방과학 연구와 무기 장비 건설의 강화, 인재의 선발과 배양, 병참 보급 체계의 강화, 정규화의 수준 제고, 예비역량의 건설을 중점적으로 추진하고 있다. 위의 책. p. 150.

최고위급 간부들과 전문가들로 구성된 조정기구를 설립하여 첨단 군 장비의 개발과 군사과학 기술의 발전에 민간영역의 참여를 확대해나가고 있다.

소연방의 해체로 인한 혼란과 심각한 경제적 침체는 러시아의 현존 병력과 무기체계의 질적 수준을 크게 저하시켰다. 러시아군이 직면한 가장 큰 문제는 징병제하에서 동원된 병사들의 자질 악화이다. 징집된 사병들의 절반 이상이 각종 질병을 앓고 있으며, 이들 중 20% 가까이는 정신질환을 앓고 있는 것으로 알려졌다. 또한, 알콜 중독 증세를 보이는 사병이 12%를 넘고, 마약에 손을 댄 경험이 있는 인원도 8%가 넘는다. 이들 중 7% 이상이 전과가 있으며, 50% 가까운 병사들이 입대 전까지 몇 년씩 학교에 다니지 않는 등 교육수준도 상당히 낮은 편이다. 이에 따라 체첸과 그루지야 등 크고 작은 전투에 좀 더 많은 보수를 주는 조건으로 복무 계약을 체결한 지원병을 파병해 왔다. 그러나 문제는 지원병의 숫자가 열악한 복무 여건 때문에 계속 줄어들고 있다는 것이다. 비공식 통계를 보면 전임자들의 학대나 비위생적인 복무 환경을 피해 매년 4만 명의 러시아 병사가 병영을 이탈하고 있다. 장교들의 봉급 역시 제때에 지급되지 못하는 경우가 많아 중 · 하급 장교들이 조기에 전역하고 있으며, 생계난으로 비관 자살하는 군인들이 군 내부 자살 사례의 60%를 차지한다.

군 병력의 방만한 유지에 한정된 재원을 낭비하다가는 전력 저하의 폐해가 계속될 것이라는 러시아의 우려는 군 개혁으로 이어지고 있다. 러시아는 앞으로 2005년까지 총 병력의 3분의 1에 해당하는 35만 명을 감축해 85만 명의 병력을 유지할 계획이다. 푸틴 대통령은 병력 감축안을 채택하면서 군인들의 처우개선을 강력히 지시하였다. 이에 따라 러시아는 급여의 큰 폭 인상, 복무 여건의 개선 등을 통해 군 복지를 향상함으로써 지원병의 인적 수준을 높이는 데 중점을 둘 것이다. 일단 병력 감축을 통해 부대구조 및 지휘체계를 개선하고 재정 여건이 나아지면 차례로 무기와 장비의 도입에 주력하겠다는 것이다.

러시아군의 현대화는 군 재정의 개선이 이루어진 2005년부터 본격화되고 있다. 이를 위해 러시아는 장거리 정밀 타격체계, C4I체계, 조기 경보체계, 우주전 자산 등을 확충, 강화하기 위한 기반을 구축해가고 있다. 특히 미래 전장에 더욱 적합한 소위 '대대급 전술제대' 편성을 추진 중이다. 이는 기존의 주요 전투 단위였던 대대에서 참모부서를 없애고 포병부대, 기갑부대와 기술지원부대를 증강한 것으로 지휘 자동화와 작전상의 자율성 향상에 크게 이바지할 것이다. 이처럼 러시아는 군사혁신을 위한 충분한 잠재력과 추진의지를 보유하고 있기 때문에 경제력만 뒷받침된다면 효율적인 장비, 무기, 그리고 과학기술로 무장한 미래 군대로 신속하게 변모해나갈 것이다.

일본은 2차 대전 이후 평화헌법에 따라 상징적인 방어 전력으로 자위대를 보유하고 있다. 자위대는 1976년 방위계획대강을 발표한 이래 "독립국으로 필요 최소한의 기반적 방위력"으로서의 역할을 담당해왔다. 그러나 1997년의 '미 · 일 방위협력 신지침'에 의해 자위대의 활동 영역이 일본 영해를 벗어나 공해까지 확대되고, 2003년 타국으로부터의 무력 공격이나 침략을 받을 경우의 방침을 정한 유사법제가 제정되면서 자위대의 역할과 위상에도 변화가 있었다.

먼저 일본 자위대는 1991년 걸프전 이후 평화유지활동을 명분으로 17차례 이상 해외에서 임무를 수행해왔다. 본토 방어를 목적으로 하는 '전수(全守)방위'에서 '세계 평화와 안전에 기여하는' 자위대로 그 역할이 확대되면서 자위대에 대한 국내의 시각도 개선되고 있다.[12] 이에 따라 우수한 자질

12) "90년대 중반 이후 자위대 제복을 입고 지하철 타는 것이 부담스럽지 않다"는 야마구치 노보루(山口昇 · 53 · 육상자위대 연구본부 종합연구부장)의 발언은 자위대에 대한 일본 국내의 시각이 개선되고 있음을 보여준다. 여론조사 결과에서도 자위대에 대한 일본 국민의 지지도는 1984년 35.5%에서 2004년 67.4%로 급증했다. 최근 자위대간부후보생 지원자 중에는 리쓰메이칸(立命館)대학 등 일본 유수 대학은 물론, 미 버클리 대학에서 정치학을 전공한 이도 포함돼 있다. 정권현. "자위대 '정식군대' 된다". 조선일보(04/08/10).

을 가진 인원들이 자위대로 모여들고 있다. 이와 같은 우수 인재들의 확보는 일본이 가진 첨단 기술력과 맞물려 일본 자위대의 미래 군대로의 전환을 촉진할 것으로 보인다

그림 14. 2 자위대 지원 경쟁율

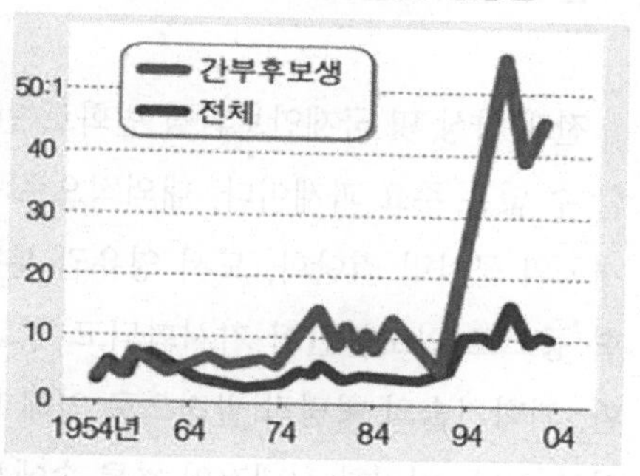

다음으로 일본이 자위대를 사용할 수 있는 군사활동 영역이 국외로 확대됨에 따라 자위대의 기동화와 정보능력 강화가 중요한 과제로 대두하고 있다. 이를 위해 일본은 장거리 투사능력(power-projection capability)을 갖춘 수송수단의 확보는 물론 병력과 조직의 축소를 통한 전력의 효율화 · 콤팩트화를 추진하고 있다. 또한, 방위청과 지 · 해 · 공 자위대의 지휘시스템을 상하 · 수평 간 확대 연동시켜 중앙지휘시스템을 구축하고 ISR 능력과 C4I 체계를 획기적으로 개선하고 있다.

일본은 기존의 억제 중심에서 실질적 위협에 대응할 수 있는 '실효성 있는 방위'로 방위정책을 전환하고 있다. 이에 따라 테러 및 재해를 포함한 유사 사태에 신속히 대응할 수 있도록 자위대의 조직 및 장비체계를 근본적으로 재검토하고 있다. 따라서 일본은 아직 미국이나 러시아처럼 군사혁신 비전을 구체적으로 제시하고 있지는 않지만, 세계 최첨단의 민 · 군 겸용기술, 세계 2위 수준의 방위비 지출 능력, 우수한 인적 요소 등을 토대로 미래군대로의 전환을 선도할 것으로 보인다.

더욱이 2011년 3월 11일 발생한 동일본 대지진 이후 일본 국민의 우경화에 발맞추어 집권한 아베 내각의 군국주의적 성향과 일본군의 역할 확대와 증강계획은 전 세계적 관심을 불러 일으켰고 동아시아 지역의 평화와 질서를 위협할 수 있다는 점에서 우려의 대상이 되고 있다.

한국의 미래군대

전쟁 양상 및 국제안보환경 변화로 인해서 군사혁신은 한국군에게도 피할 수 없는 주요 과제이다. 대외적으로 동북아 및 한반도의 정세는 주변 4개국의 군사력 첨단화, 도서 영유권 분쟁, 대량살상무기(WMD)와 테러 위협 등으로 안보불안이 가시화되고 있고, 대내적으로는 정보사회로의 전환, 과학기술의 혁명적 발전으로 인해 미래의 전략 환경이 급격하게 변화하고 있다. 이러한 시대적인 흐름 속에서 21세기 '첨단 정보기술군' 창출은 우리 군의 비전이며 목표이다.

한국은 6 · 25 전쟁 이래 한미 군사동맹의 틀 속에서 한반도의 안정과 질서를 유지하였는데, 특히 미국군의 정보수집 능력과 작전능력이 크게 기여하였다. 그 결과, 한국군은 병력 중심의 전형적인 후진국형 군대를 유지하여왔는데, 이에 대해 일부 민간 전문가와 예비역 장성 등 군 출신들은 과연 한국군이 현대전을 치를 능력이 있는지 의문을 제기하기도 하였다. 한국군은 비용이 상대적으로 적게 드는 육군이 비대한 반면, 고가의 무기와 장비가 많이 소요되는 해, 공군력이 약한 전형적인 '노동집약형 군대'이기 때문이다. 걸프전, 코소보전, 아프칸전, 이라크전에서 '노동집약형 군대'의 한계가 이미 분명해졌음에도 불구하고, 한국 군대에 대한 개혁은 그동안 큰 성과를 거두지 못하였다.

1998년 김대중 정부는 1 · 3군 군사령부 통폐합 등 군 구조에 손을 대는 대대적인 개혁안을 마련해 발표했으나, 안보 공백 우려 등 반발에 부딪혀 대부분 무산되었다. 노무현 정부 들어 2008년까지 병력 4만여 명을 감축하는 계획이 추진되고, 실제로 2004년까지 9000여 명이 감축되었지만, 이 역시 병력 규모를 줄이는 것이어서 본격적인 개혁으로 보기는 어렵다. 이처럼 군 개혁이 어려운 이유는 무엇보다 한국군이 북한군의 위협에 대

응하는 재래식 전쟁 개념으로 발전해왔기 때문이다.[13)]

그러나 주변국들이 '작지만 강한 군대'를 내걸고 군 구조를 개편하고 있는 상황에서 언제까지 병력 중심의 후진국형 군대구조를 유지할 것인가에 대한 비판 역시 제기되고 있다. 이들은 해 공군력은 미군에 의존하고 육군은 한국군이 책임지는 한-미간의 역할분담이 육군의 비대화를 가져왔다고 본다.[14)] 미국 주도하에 수립된 작전계획의 틀 안에서 주한미군의 전투력과 전투자산을 활용하는 것은 연합작전의 효율성은 증대시킬 수 있으나, 한국군의 독자적인 전쟁기획 능력 육성과 군사전략 발전을 저해할 수 있다. 이에 따라 필요 전력을 건설하고, 작전기획 및 군 운용능력을 개선하여 독자적인 대북 억제능력을 확보해야 한다는 주장이 꾸준히 제기되었다. 참여 정부는 2004년 주한미군 감축 및 재배치로 대미 의존도를 줄여야 하는 상황에서 한국이 추진해 나가야 할 한국식 군사혁신(RMA) 혹은 변환전략(transformation)으로 협력적 자주국방 계획을 발표한 바 있다. 협력적 자주국방 계획의 핵심은 첫째, 미군에 의존한 감시 정찰 능력을 자체적으로 확보하고 둘째, 미래형 전쟁에 맞는 실시간 지휘통제 및 통신체계를 구축하며 셋째, 적의 후속 공격부대(종심표적)에 대한 타격 능력을 키우는 것이다.

자주국방의 기틀을 마련하기 위해 참여정부는 초기에 2005년부터

13) 병력 감축은 결국 육군을 줄이는 것을 의미한다. 이에 대해 한국 육군의 비대화는 북한군과 대치하고 있는 상황에서 빚어진 군사 전략차원의 결과이므로 병력 감축은 부적절하다는 비판이 제기되었다. '작지만 강한 군대'를 만들고 싶어도 북한의 110만 대군에 대응하기 위해서는 육군 중심의 '대칭적 전력구조'를 갖출 수밖에 없다는 것이다. 이들은 한국 해군이 원양작전보다 연안 방어에 중점을 두는 이유 역시 북한 해군에 대한 대응 때문이라고 본다. 김재홍. "4강 해군력 각축 한국해군 설 곳 없다". 신동아 97년 3월호.

14) 일각에서는 한미 군사공조를 통한 대북 전쟁억제력 확보는 다른 한 편으로 자주국방의 기반을 제한하고 한국군의 정상적인 발전을 가로막고 있다고 평가한다. 첫 번째는 한국의 국방부의 '뱁새가 황새를 따라갈 수 있느냐'라는 패배의식, 두 번째는 미국의 대한반도 안보정책에 중심기조로 자리 잡았던 '역할분담론' 때문이라는 것이다. 김종대. "FX사업 난맥상을 고발한다". 신동아 02년 4월호; 윤현근. 2002 "안보현실과 주한미군",『국방저널』2002년 11월호.

2008년까지 향후 4년 동안 99조 원의 국방비를 투입할 예정이었고 이를 위해 매년 11%씩 국방비를 증액, 2008년에는 국내총생산(GDP)의 3.2%까지 국방비를 끌어올린다는 계획이었다. 그러나 한정된 국방비로 적정 군사력을 유지하는 문제는 결국 군 병력 구조를 어떻게 구성할 것인가로 귀결된다. 실제로 앞으로 투입될 국방비 중 경상운영비(63조 6,000억 원)의 비율은 64%를 상회하였다. 그렇다고 운영유지 분야의 긴축운영이 지속할 경우, 장병의 사기, 군수지원능력, 교육훈련 등에 영향을 미치게 되므로 경상운영비의 절감 노력에는 한계가 있어서 첨단무기를 효율적으로 운용하기 위해서는 조직개편이 이루어져야 한다.

표 14. 5 협력적 자주국방 추진계획의 핵심 내용

항목	관련 무기 도입 및 국방사업
감시정찰 능력 확보	– 정찰위성, 공중조기경보기, 무인정찰기 등 도입
C4I체계 구축	– 육해공군 통합 전술지휘통제시스템 구축
	– 합동참모본부의 역할 강화를 통한 통합작전능력 강화
	– 북한 장사정포에 신속 대응할 수 있는 지휘통제체계 운용
적 후속부대 타격 능력	– 기갑여단 개편 및 해병대 전력 강화
	– 이지스 구축함과 대형 잠수함 등 도입
예비군 전력 강화	– 향토방위 물자 2009년까지 100% 확충,
	– 예비군 개인화기 M–16으로 교체

병력 및 부대구조를 기존의 인력 중심에서 미래전에 적합한 첨단기술군 구조로 개편하고, 군의 정예화와 연계해 병력규모를 단계적으로 조정하지 않는다면 국방비를 확보한다고 해도 내실 있는 전력 향상을 기대하기 어렵다. 이에 따라 국방부는 군사혁신기획단을 조직하여 군사혁신을 추진했다. 여기에서는 군사혁신 영역을 전장운영, 조직편성, 전력구조 또는 군구조, 군사기술, 인력개발, 운영체계 등 6개 분야로 구분하여 구체적인 혁신 방책을 개발하여 왔다.

표 15. 6 한국적 군사혁신 6대 영역

구분	혁신 방책
전장운영 혁신	• 합동 · 통합 디지털 전장개념 개발
전력구조 또는 군구조 혁신	• 합동성 강화 및 네트워크형 체계발전
전력체계 혁신	• 감시 · 정찰 체계와 지휘통제체계(C4I) 및 기동 · 타격체계가 결합된 시스템 복합체계 개념으로 설계, 발전
군사기술 혁신	• 기술 축적 중심의 전력획득 패러다임을 설계, 정착 위해 – 국방연구개발체계 개혁 – 선택과 집중에 의한 미래 핵심기술 개발 – 연구개발 환경 및 여건을 획기적으로 개선
인력개발 혁신	• 고지식, 고기능, 고기술의 정병 육성
운영체계 혁신	• 저비용, 고효율의 국방업무체제 구축

출처: 국방부. 2003. 『국방정책 1998-2002』. 국방부. pp. 127-128.

이러한 노력이 모여 2005년 10월 국방부는 첨단전력을 강화하고 작지만 강한 군대 건설을 표방하면서 2020년까지 한국군을 50만으로 그 규모를 축소하고 군사력의 질적 능력은 강화한다는 국방개혁안을 제시하였다. 본 개혁안은 국가위상이 높아짐에 따라 한미동맹 하에서도 한국군의 역할 증대가 요구되고, 미래 전쟁 양상이 정보화, 정밀화, 기동화됨에 따라 군 병력을 감축하는 양적 축소를 지향하면서 군사력의 질적 향상을 동시에 지향하는 등 안보환경의 변화에 적극적으로 대응하기 위한 개혁안으로 알려졌다.

본 개혁안은 병력 중심의 양적, 재래식 군대를 기술 중심의 질적, 첨단 군대를 지향하기 위하여, 대북 군사대비태세를 유지하면서 미래전 수행에 적합한 군 구조로 전환하고 첨단 무기체계의 전력화와 연계하여 단계적으로 정예화를 추진하는 것을 표방하고 있다. 이 개혁안의 주요 내용을 살펴보면, 첫째, 병력의 단계적 축소를 추진하기 위하여, 2005년 현재 육군 54만 8천을 비롯하여 총 68만 1천 명의 현 병력규모를 2020년에는 육군이 17만 7천이 감축된 37만 1천, 해군은 6만 4천, 공군은 6만 5천으로 조정하여 총 50만 명 수준으로 축소하여 총 18만 1000 명으로 현 병력의 26%를 감축하는 것으로 되어 있다. 이런 병력의 감축과 더불어, 병력의 정예화를 위해 간부 대 병의 비율을 현재 25 대 75에서 점진적으로 40대 60의 비율로 전환함으로써 병력구조의 정예화를 이룩하고 징병제도와 모병제도를 혼합, 운용하는 것으로 되어 있다(국방일보 2005. 10. 11.).

둘째, 이 개혁안은 합참의 작전지원 기능을 강화하고, 전쟁기획 및 수행체제를 구축하고, 각 군 본부 조직의 능률을 향상하는 것으로 되어 있다. 국방개혁안에서 국방부의 문민화 추진에 부응하기 위한 합동참모본부의 기능 강화를 위해 현재 4본부 2 참모부 60여개 과에서 오는 2008년까지 4본부 3 참모부 80여개 과로 강화될 전망이다. 합참의 조직 인력 보강은 단순히 합참 기능 강화라는 차원을 넘어서 합동성 강화라는 원래 목표 외에 장기적으로 예상되는 전시 작전통제권 환수에 대비하는 토대를 구축한다는 의미가 있는 것으로 파악되고 있다. 또한, 국방부의 문민화와 비례하여 함께 합참은 직업군인의 전문성을 대표하는 차원에서 기능 강화를 추구하는 의미도 있다는 것이다.

또한, 합참의장과 각군 참모총장의 권한이 획일적으로 구분돼 있어 원활한 협조체제가 부족했다는 지적에 따라 "합참의장의 권한을 작전 지휘 등을 담당하는 군령권, 참모총장은 인사 군수 등을 담당하는 군정권으로 획일적으로 구분하는 대신, 합참에 '작전 지원 관련 협의(조정)권'을 부여함으로써 합참과 각 군 본부 사이의 원활한 협조체계 구축이 가능해질 전망이다. 또한, 육 · 해 · 공군의 균형 발전 지향하여 육군의 병력 비율을 대폭 줄여 군별 균형 발전의 토대를 만든다는 것이다. (국방일보 2005. 10. 18.).

셋째, 냉전 종식 후 선진국들은 병력 규모를 감축하는 대신, 첨단 과학기술이 바탕이 된 첨단무기로 무장하여 전체 전력은 오히려 향상하고 있는 추세인데 이에 따라 한국군도 장기적으로 현대전 수행에 적합한 전투 효율이 높은 무기와 정보 감시능력과 지휘 통제능력을 향상하는 장비를 갖추어 첨단 과학 기술군으로 발전시킨다는 것이다.

넷째, 지휘구조를 단순화하고 효율화하기 위하여 후방 및 중간제대 부대를 축소하고 예비전력을 현재 300만 명 수준에서 150만 명 수준으로 축소하여 정예화하고 동원체재를 개선한다는 것이다. (국방일보 2005. 10. 20.). 결론적으로 국방부는 동원 관련 각종 제도를 개선해 동원 집행을 보장할 뿐만 아니라, 전시 상황에 부합된 동원 계획을 한 단계 격상시키고, 국민의 편익과 자발적 훈련 여건을 개선하여 예비군 훈련의 내실화를 달성할 계획이다. (국방일보 2005. 10. 20).

이런 한국군 개혁안은 과학 기술군으로 발전하기 위한 획기적인 비전이라는 점에서 큰 의의를 지니고 있다. 그러나 일각에서는 남북 대치상황에서 이북의 엄청난 예비전력과 100만 이상의 현 군사력을 고려할 때, 50만 명의 군대규모는 너무 적은 것이 아니냐는 이견도 제기되었다. 또한, 지금까지 병력과 재래식 위주의 한국군은 적은 군사비를 들이면서 안보 역할을 수행하기 위한 불가피한 선택이었음을 고려할 때, 병력규모를 감축하면서 첨단 과학화하여 전력을 증강하기 위해서는 260조 이상의 추가적인 군사비 투입을 전제하고 있다. 또한, 과학기술화한 군대가 재래식 군대보다 유지 관리비용이 더 많이 소요된다는 점을 고려할 때, 병력 규모의 감축이 곧바로 국방비의 감축으로 연결되는 것 아니냐 하는 일부의 오해를 불식시키는 일이 주요 과제라고 본다.

"국방개혁 2020" 이후 한반도 안보상황은 북한의 핵실험과 천안함 폭침, 연평도 포격 등으로 악화되었고 국방비 증가가 이루어지지 않은 상태에서 병력감축이 추진되고 전시작전통제권 전환도 예정되어 있다. 이명박 정부의 국방개혁 '기본계획 11-30'는 미래 위협보다 현존 위협에 우선적으로 대응하는데 중점을 두어 적극적 억제능력 제고, 합동성 강화, 효율성

극대화를 목표로 설정하여 다음과 같은 과제를 제시하였다. 첫째, 적극적 억제전략으로 북한이 도발할 경우 보복을 위한 충분한 능력과 의지를 갖춘다는 전략개념이다. 이런 맥락에서 서북 NLL지역 대비태세 강화를 위한 서북도서방어사령부의 창설, 북한의 비대칭 위협에 대한 대비능력 강화를 위한 탐지레이더와 합동직격탄(JDAM) 확보 및 자동화 사격지휘통제체계를 구축하고, 둘째, 2010년 천안함과 연평도 사건에서 얻은 교훈에 따라 3군의 합동성을 강화하고, 군정과 군령을 일원화하여 군 지휘체계를 단일화 · 단순화하는 상부지휘구조를 개편하며. 셋째, 군의 효율성 제고를 위해 중복 또는 비효율적인 각급부대를 구조조정하고, 직위 감축과 계급의 하향 조정으로 군 조직을 단순화하여 효율적인 조직으로 탈바꿈하고자 하였다.

한편, 박근혜 정부의 '국방개혁 기본계획 2014~2030'은 2018년부터 5년간 육군 병력을 11만1000명 줄여 현재 63만3000명에서 2022년 52만2000명으로 병력이 감축된다. 또한, 부대 구조의 개편도 추진하여 현재 1 · 3군 야전군사령부가 '지상작전사령부'로 통합되어 합참의장의 작전 지휘를 받아 군단을 지휘하게 된다. 작전수행체계가 바뀌면서 군단장이 필요한 지원 전력을 해, 공군에 직접 요청할 수 있다. 병력이 11만여 명이 줄어드는 대신, 첨단 무기체계를 통해 효율적이고 다양한 작전을 수행하는데, 문제의 핵심은 병력 중심에서 첨단 무기 도입체제 중심으로 전환을 위해서 막대한 예산이 뒷받침되어야 한다. 그러나 "국방개혁 2020" 이후 지금까지 이를 뒷받침하기 위한 예산지원이 재대로 이루어지지 않은 점이 현실적인 문제이다. 박근혜 정부의 국방개혁을 위해서는 매년 7.2% 내외의 예산이 증액되어야 하지만 그 동안 국방비 증가율은 고작 4% 내외였다(중앙일보, 2014-3-7). 결국, 국방개혁의 성패는 국방개혁을 하기 위한 국민적 지지와 이를 뒷받침하는데 소요되는 예산이 보장되느냐의 여부에 달려 있다.

| 참고문헌 |

제1장 전쟁과 군대의 역사적 전개

두산 동아 편, 1996.『세계대백과사전』22권 서울: 동아.
브리태니커 동아 편, 1993.『세계대백과사전』3권 서울: 동아.
육사 전사학과, 2004.『세계전쟁사』. 서울: 황금알.
존 하키트(John Kackett). 1989.『전문직업군』. 서석봉.이재오 역. 한원.
Earle, E. M. 1944. Makers of Modern Strategy. New York: Princeton.
Huntington, Samuel P. 1957. The Soldier and the State. Vintage.
Wright, Quincy. 1980. "The Study of War" *Encyclopedia of the Social Sciences* 16: 453–68.

제2장 고전적 군직업주의: 헌팅턴

Huntington, Samuel P. 1957. *The Soldier and the State*. New York: Vintage.
Janowitz, Morris. 1960(1971). *The Professional Soldier*. New York: Free Press.
Moskos, Charles C. 1977. "From Institution to Occupation." *Armed Forces and Society* 4(1): 41–50.
Perlmutter, Amos and Valerie Plave Bennett. 1980. *The Political Influence of the Military*. New Haven: Yale Univ. Press.
Segal, David R. 1986. "Measuring The Institutional/Occupational Change Thesis." *Armed Forces and Society* 12(3): 351–376.

제3장 군전문직업주의 경험적 연구: 자노비츠

김경동. 1978.『현대의 사회학』. 서울: 박영사.
Mills, C. Wright. 1958. *The Power Elite*. New York: Oxford University Press. p. 196.
Janowitz, Morris. 1971. *The Professional Soldier*, New York: Free Press.

제4장 군대의 발전론적 관점: 제도/직업모형(I/O Model)

Canby, Steven L. and Robert A. Butler. 1976. "The Military Manpower Question," in William Schneider, Jr. and Francis P. Hoeber (eds.). *Arms, Men, and Military Budgets*. New York: Crane, Russak.
Coser, Lewis. 1974. *Greedy Institutions: Pattern of Undivided Commitment*. New York: The Free Press.
Van Doorn, Jaques. "The Decline of Mass Army in the West," *Armed Forces and Society* 1: 147–158.
Huntington, Samuel P. 1957. *The Soldier and the State*. New York: Vintage.
Janowitz, Morris. 1960(1971). *The Professional Soldier*. New York: Free Press.
______________. 1977. "From Institutional to Occupation: The Need for Conceptual Continuity, " *Armed Forces and Society* 4(1): 51–4.
Krendel. Ezra S. and Bernard Samhoff, 1977. *Unionizing the Armed Forces. Philadelphia*: University of Philadelphia Press.
Moskos, Charles C. 1977. "From Institution to Occupation." *Armed Forces and Society* 4(1): 41–50.

______________. 1986. "Institutional/Occupational Trend in Armed Forces." *Armed Forces and Society* 12(3): 377-382.
Moskos, Charles C and James Burk. 1994. "The Postmodern Military," in James Burk (eds), The Military in New Times. Boulder: Westview Press.
Segal, David R. 1986. "Measuring the Institutional/Occupational Change Thesis: An Update," *Armed Forces and Society* 12(3): 351-376.
Sørensen, Henning. 1994. "New Perspectives on the military Profession: I/O Model and Esprit de Corps Reevaluated." *Armed Forces and Society* 9(2):599-617.

제5장 직업군인의 충원과 교육

백락서.이상희(편). 1974.『군대와 사회』. 서울: 법문사.
온만금. 1998. 생도생활과 야전생활의 관계연구. 서울: 화랑대연구소.
_____. 1998. 생도생활과 야전생활의 관계연구 및 졸업생 자료구축. 서울: 화랑대연구소.
육사. 1982.『2000년대를 향한 육사교과과정연구』. 서울: 육사.
___. 1996.『육군사관학교 50년사』. 서울: 육사.
Dornbush, Sanford M. 1955. "The Military Academy as an Assimilating Institution," *Social Forces*, 33: 4. Pp. 316-321.
Huntington, Samuel P. 1957. *The Soldier and the State*. New York: Vintage. pp 19-39.
Janowitz, Morris. 1971. The Professional Soldier. New York: Free Press.
_______, Morris. 1977. *Military Institution and Coercion in the Developing Nations*. Chicago: University of Chicago.
Lebby, David Edwin. "Professional Socialization of the Naval Officer: The Effect of Plebe Year at the U. S. Naval Academy," Unpublished Dissertation, University of Pennsylvania.
Lovell, John P. 1964. "The Professional Socialization of the West Point Cadet," *The New Military*, edited by Morris Janowitz, New York: Russel Sage.

제6장 군대복지

국방부. 1998. 장병사기/복지증진방안초안.
국방부 복지관리과. 2000. 외국군 복지제도.
김경동. 1978.『현대의 사회학』. 서울: 박영사.
온만금 외. 2001. 군 복지 Master plan 연구. 서울: 화랑대연구소.
육군본부. 21세기 군과 병영발전, 1997.
_______. 1998. 육군복지정책기획서.
_______. 1998. 군인복지의 현재와 미래.
전재일 외. 1999.『사회복지개론』. 서울: 형설.
정선구 외. 1989. 직업군인 복지증진방안 연구. 서울: 국방연구원.
_______. 1991. 직업군인 전역후 생활안정방안 연구. 서울: 국방연구원.
통계청. 2000.『한국의 사회지표』.
한완상 외. 1987.『전환기의 한국 사회조사자료집』. 서울: 을유문화사.
Gilbert, Dennis & Joseph A. Kahl. 1982. *American Class Structure*. Homewood: Dorsey Press.
Huntington, Samuel P. 1959. *The Soldier and the State*. New York: Vintage Books.
Mills, C. Wright. 1951. *White Collar*. New York: Oxford Univ. Press.

Segal, Mady Wechesler. 1986."The Military and the Family As Greedy Institutions," *Armed Forces and Society*, Vol. 13 No 1, pp 9-38.
US Congress, 1954. USC Title 5, Section 5303.
US DoD, 2000. Personnel & Readiness Strategic Plan 2001-2006.
US DoD, 2000. Personnel & Readiness Mission, Goals, Initiatives and Challenges.

제7장 장교단의 경력이동

김영제. 1996. "공무원 승진제도에 관한 연구." 『지역개발연구』 8: 123-144.
김안나. 2003. "가족과 사회연결망." 『한국사회학』. 37: 67-99.
김용학. 1996. "연결망과 거래비용." 『사회비평』. 14: 86-118.
신영수. 2003. "한국기업의 승진결정요인과 1980-90년대 변화분석." 『산업관계연구』 13: 27-40.
온만금. 1999. "생도생활과 야전생활의 관계연구." 육사: 화랑대연구소.
이재혁, 1996. "신뢰, 거래비용, 그리고 연결망." 『한국사회학』. 30: 519-543.
윤종화. 1974. "육군엘리트의 역할과 육사교육에 관한 연구." 석사논문, 서울대 행정대학원.
홍두승 1993. 『한국 군대의 사회학』. 서울: 나남.
Allison, Paul D. 1995. *Survival Analysis Using the SAS System: A Practical Guide*. Gary, NC: SAS Institute Inc.
Becker, Gary. 1967. *Human Capital and the Personal Distribution of Income*, Ann Arbor: University of Michigan Press.
Blau, Peter M. and Otis D. Duncan. 1967. *The American Occupational Structure*. New York: John Wiley & Sons.
Cailleteau, Fran ois. 1982. "Elite Selection in the French Army Officers Corps." *Armed Forces and Society* 8: 55-69.
Davis, James A., 1982. "Achievement Variables and Class Cultures: Family, Schooling, Job, and Forty-nine Dependent Variables in the Cumulative GSS." *American Sociological Review* 47: 569-586.
Featherman, David L. and Robert M. Hauser. 1978. *Opportunity and Change*. New York: Academic Press.
Granovetter, Mark. 1985. "Economic Action and Social Structure: The Problem of Embededness." American Journal of Sociology 91: 481-510.
______________. 1995[1974]. Getting a Job: A Study of Contacts and Careers (2nd edition). Chicago: University of Chicago Press.
Howerton, James L. 1945. "West Point Generals of the Wartime Army: Their Performance While Cadets at The U. S. Military Academy."(unpublishedMaster's Thesis, George Washington University).
Janowitz, Morris. 1971. *The Professional Soldier: A Social and Political Portrait*. New York: Free Press.
________________. 1977. *Military Institutions and Coercion in the Developing Nations*. Chicago: University of Chicago Press.
Kohs, S. C. & K. W. Irle, 1920. "Prophesying Army Promotion." *Journal of Applied Psychology* 4: 73-87.
Knottnerus, David J. 1987. "Status Attainment Research and Its Image of Society." *American Sociological Review* 52: 113-121.
Krimkowski, Daniel H. 1991. "The Process of Status Attainment Among Men in

Poland, The U. S., and West Germany." *American Sociological Review* 56: 46–59.
Lin, N., W. M. Ensel and J. C. Vaughn. 1981. "Social Resources and Strength of Ties: Structural Factors in Occupational Status Attainment." *American Sociological Review* 46: 393–405.
Lovell, John P. 1964. "The Professional Socialization of the West Point Cadets," pp.119–57 in *The New Military*, edited by Morris Janowitz. New York: Russell Sage.
Peck, B. Mitchell. 1994. "Assessing the Career Mobility of U.S. Army Officers: 1950–1974." *Armed Forces and Society* 20: 217–238.
Razell, P. E. 1963. "Social Origins of Officers in the Indian and British Home Army: 1758–1962." *British Journal of Sociology* 14: 248–260.
Sewall, William H., Archibald O Haller, and Alejandro Portes. 1969. "The Educational and Early Occupational Status Attainment Process." *American Sociological Review* 34: 82–92.
Sewall, William H., Archibald O Haller, and George W. Ohlendorf. 1970. "The Educational and Early Occupational Status Attainment Process: Replication and Revision." *American Sociological Review* 35: 1014–1027.
Sicherman, Nachum and Oded Galor. 1990. "A Theory of Career Mobility." *The Journal of Political Economy* 98: 169–192.
SPSS. 2001. *SPSS Advanced Models 11.0*. Chicago: SPSS inc.
Warren, John R., Robert Hauser, and Jennifer T. Sheridan. 2002. "Occupational Stratification across the Life Course: Evidence from the Wisconsin Longitudinal Study." *American Sociological Review* 67: 432–455.

제8장 군대에 대한 사회적 쟁점과 변혁

곽용수. "대만의 신병역제도." 병무 46호 〈2000년 가을호〉.
권혁철. "더는 참기 힘든 고참님의 포옹." 한겨레 21 505호 〈04/04/14〉.
김대영. "자르카위 이번에는 美 여군 납치 계획." 연합뉴스 〈04/07/02〉.
김삼석. "아프간 전쟁과 한국의 징병제." UNEWS 〈01/11/28〉.
김선미. "동성애자 인권운동 팔 걷었다." 동아닷컴 〈02/03/20〉.
김재명. "전쟁과 여성, 그 역할과 고통." 국방저널 365호. 2004년 5월호.
김연희. "여군 기합 준다며 집단 성폭행." 문화일보 〈05/03/12〉.
김영인. "양심적 병역거부 첫 무죄." 한겨레신문 〈04/05/21〉.
김정호. "군인이 아니라 성 노리개였다." 주간한국 〈03/07/23〉.
김한신. "Minority 동성애자들." 메트로폴리탄의 소리 〈00/07/12〉.
남성준. "양심적 병역거부 심사부터 받는다." 주간동아 494호 〈05/07/19〉.
대한변호사협회. 2003. "군형법중개정법률안에 대한 의견." www.koreanbar.or.kr.
박진선. "여군학교 폐지, 여군발전의 기회로." 군사세계 2002년 8월호.
신을진. "동성애자 인권 논의의 장 마련." 주간동아 248호 〈00/08/24〉.
여군발전단. "금녀의 벽을 허문다." 국방여군. 2003년 6월호.
연합. "유럽 전역서 150만명 동성애자 퍼레이드." 연합뉴스 〈03/06/29〉.
정민. "미국 동성애 관련 정책 지지비율 꾸준히 증가추세." 위클리뉴스 〈04/04/04〉.
정원수. "군대 가느니 게이 흉내?" 한국일보 〈04/02/26〉.
정홍민. "인권위 '양심적 병역거부' 손댄다." 경향신문 〈05/07/02〉.

조창현. “여성, 우리도 군대에 가고 싶다.” 동아일보 〈05/07/19〉.
최재영. “여군 50년 전쟁발발 직후 창설.” 경향신문 〈00/07/27〉.
_____. “한국 여군 지위는 ‘세계 최고’ 수준.” 경향신문 〈03/08/24〉.
한홍구. “타이완 대체복무 제도 참관 보고서.” http://bahai.com.ne.kr/news/news_7-6.html.
홍세화. “잘못된 동성애 편견.” 한겨레 〈00/10/08〉.

Boëne, Bernard and Martin, Michel Louis. 2000. “France: In the Throes of Epoch-Making Change.” Charles C. Moskos(ed). *The Postmodern Military*. New York: Oxford University Press. 2000.
Dandeker, Christopher. 2000.“The United Kingdom: the Overstretched Military.” Charles C. Moskos(ed). *The Postmodern Military*. New York: Oxford University Press. 2000. .
Fleckenstein, Bernhard. 2000. “Germany: Forerunner of a Postnational military?” Charles C. Moskos(ed). *The Postmodern Military*. New York: Oxford University Press. 2000.
Fukuyama, Francis. 1993. The End of History and the Last Man. Harpercollins.
Gal, Reuven and Cohen, Stuart A. 2000. “Still Waiting in the Wings.” Charles C. Moskos(ed). *The Postmodern Military*. New York: Oxford University Press. 2000.
Moskos, Charles C. 2000. “Toward a Postmodern Military: The United States as a Paradigm.” Charles C. Moskos(ed). *The Postmodern Military*. New York: Oxford University Press. 2000.
Suro, Roberto. “ Military’s Discharges of Gays Increase.” Washington Post 〈01/06/02〉.
Turque, Bill. “Running a Gantlet of Sexual Assault.” Newsweek. 119(June 1, 1992).
국방일보, 2014-2-20.
Israel Defense Force, May 26, 2011.
MBCnews, 2014-2-28.

제9장 군대문화의 제 측면

강준만. 1995. 『전라도 죽이기』. 개마고원.
김덕련. 2005. “군대 위에 인권 있다.” 오마이뉴스 〈05/07/05〉
김성전. 2005. “바보들, 그러니까 국적 포기하는 거야.” 데일리 서프라이즈 〈05/06/20〉.
김영종. 1988. “군사문화가 부패를 구조화 시킨다.” 신동아 5월호.
김채윤 권진환 홍두승. 1986. 『사회학개론』. 서울대학교 출판부.
나기천. 2005. “군 폭력근절, 구호만 요란.” 세계일보 〈05/06/20〉.
박연수 편, 2001. 『군직업윤리』. 육사 철학과.
박재하 외. 1991. 『군문화와 사회발전』. 한국국방연구원.
변형주. 2005. “위기의 IT 비즈니스.” 한경비즈니스 〈05/06/05〉.
연합뉴스. 2005. “〈긴급점검〉 군내 폭력실태.” 연합뉴스 〈05/06/19〉.
오홍근. 1988. “청산해야할 군사문화.” 월간중앙 8월호.
육군본부. 1988. 『정신전력 발전방향』. 육군본부.
_______. 1999. 『육군문화: 새천년 선진 육군문화』. 육군본부.

이광규. 1980. 『문화인류학개론』. 일조각.
이남석. 2001. 『양심에 따른 병역거부와 시민 불복종』. 그린비.
한홍구. 2002. "그들은 왜 말뚝을 안 박았을까." 한겨레 21 <02/05/08>.
한화준. 2005. "한류스타와 군대." 동아일보 <05/04/19>.
정강현. 2005. "나도 신병 때 인권주장, 고참 되니 군대 알아." 중앙일보 <05/06/22>.
홍두승. 1996. 『한국군대의 사회학』. 나남출판.
Caser, Nico. 1994. 『군대명령과 복종』. 조승옥외 역. 법문사.

Adler, P. S. and Borys, B. 1996. "Two types of Bureaucracy: Enabling and Coercive." *Administrative Science Quarterly* 41. 61-89
Alvesson, M. and Billing, D. B. 1997. *Understanding Gender and Organizations*. London: Sage.
Hannerz, U.. 1992. *Cultural Complexity: Studies in the Social Organization of Meaning*. New York: Columbia University Press.
Harris, Jenkins, G. and Segal, D.R.. 1985. "Observation From the Sinai: The Boredom Factor." *Armed Forces and Society*. 11(2). pp. 235-248.
Heffron, F.. 1989. Organizational Theory and Public Organizations: *The Political Connection*. Englewood Cliffs: Prentice Hall.
Hockey, J.. 1986. *Squaddies: Portrait of a Subculture*. Exeter: Exeter University Press.
Martin, J.. 1992. *Cultures in Organizations: Three Perspectives*. Oxford: Oxford University Press.
McCormick, D.. 1998. The Downsized Warrior: *America's Army in Transition*. New York: New York University Press.
Minzberg, H.. 1979. *The Structuring of Organizations*. Englewood Cliff: Prentice Hall.
Moskos, C.. 1977. "From Institution to Occupation: Trends in Military Organization." *Armed Forces and Society*. 4(Fall). 41-50.
Shalit, B.. 1988. *The Psychology of Conflict and Combat*. New york: Praeger.
Soeters, J.L.. 1997. "Value Orientations in Military Academies: A thirteen country study." *Armed forces and Society* 24(1). 7-32.
____________. 2000. "Military Culture." Giuseppe Caforio(ed). *Handbook of the Sociology of the Military*. New York: Plenum Publisher.
Soeters, J.L. and Recht, R.. 1998. "Culture and Discipline in Military Academies: an International Comparison." *Journal of Political and Military Sociology*. 26. 169-189.
Vogelaar, A.. and Kramer, F.J.. 1997. "Mission-Oriented Command in Ambiguous Situations." *Netherlands Annual Review of Military Studies*. 1. pp. 74-94.
Weick, K.E.. and Roberts, K.H.. 1993. "Collective Minds in Organizations. Heedful Interrelating on Flight Deck." *Administrative Science Quarterly*. 38. pp. 357-381.
Winslow, D.. 2000. *Army Culture*. Virginia: Army Research Institute.

제10장 군직업주의의 변화와 도전

백락서 · 이상희. 1975. 『군대와 사회』. 법문사.

조영갑. 1993. 『한국민군관계론』. 한원.
홍두승. 1996. 『한국 군대의 사회학』. 나남출판.
존 하키트(John Hackett). 1989. 서석봉 · 이재호 공역. 『전문직업군』. 연경문화사.

Fitch, J. Samuel. 1989. "Military Professionalism, National Security and Democracy: Lessons from the Latin American Experience." *Pacific Focus*. Vol. IV. No. 2. pp. 99–147.
Feld, M. D. 1975. "Military Professionalism and the Mass Army." *Armed Forces and Society*. Vol. 1. No. 1. pp. 191–214.
Friedson, Eliot. 1984. "The Changing Nature of Professional Control." *American Review of Sociology*. Vol. 10. No. 1. pp. 1–20.
Janowitz, Morris. 1977. *Military Institution and Coercion in the Developing Nations*. Chicago: University of Chicago Press.
Johnson, Terrence. 1972. *Professionals and Power*, London: Macmillan.
Gabriel, Richard A. 1982. To Serve with honor: *A Treaties on Military Ethics and the Way of the Solider*. Westport. Connecticut: Greenwood Press.
Greenwood, Ernest. 1957. *Attributes of a Profession*. Social Work Vol. 2. No. 3.
Hauser, William L. 1984. "Careerism vs. Professionalism in the Military." *Armed Forces & Society*. Vol. 10. No. 3. pp. 449–463.
Huntington. S.P. 1957. The soldiers and the state: *The theory and politics of Civil–Military relations*. Cambridge: Harvard University Press.
Moskos, Charles C. 1977. "From institution to Occupation: Trends in Military Organization." *Armed Forces & Society*. Vol. 4. No. 1. pp. 44–50.
________________. 1986. "Institutional/Organizational Trends in Armed Forces: An Up–date." *Armed Forces & Society*. Vol. 12. No. 3. pp. 377–382.
Segal, David R. 1986. "Measuring the Institutional/Occupational Change Thesis." *Armed Forces and Society*. Vol 12. No. 3. pp. 351–376.
SØrensen, Henning. 1994. "New Perspectives on the Military Profession: The I/O Model and Esprit de Corps Reevaluated." *Armed Forces and Society*. Vol. 20. No. 4. pp. 600–617.
Stepan, Alfred. 1986. "The New Professionalism of Internal Warfare and Military Role Extension." Abraham Lowenthal and J. Samuel Fitch(eds). *Armies and Politics in Latin America*. New York: Holmes & Meier.
Kinslow, Milton A. 2005. "Today's Army", unpublished lecture note.

제11장 민군관계의 이론과 유형

브루스 커밍스(Bruce Cummings). 2005. 『김정일 코드』. 남성욱 역. 따뜻한손.
백락서 · 이상희. 1975. 『군대와 사회』. 법문사.
백종천 외. 1994. 『한국의 군대와 사회』. 나남출판.
서춘식. 1994. "소련의 민군관계." 김병하 편. 『민군관계의 이론과 실제』. 대청마루.
시오노 나나미(Siono Nanami). 1997. 『로마인이야기 6』. 김석희 역. 한길사.
유용원. 2004. "軍心, 서로 못 믿는 상과 하." <조선 04/07/25>.
이대근. 2003. 『북한 군부는 왜 쿠데타를 하지 않을까』. 한울.
이동희. 1990. 『민군관계론』. 일조각.
조승옥 외. 1995. 『군대윤리』. 경희종합출판사. pp. 16–223.

조영갑. 1993.『한국민군관계론』. 한원.
존 하키트(John Hackett) 1989.『전문직업군』. 서석봉 · 이재효 공역. 연경문화사.
찰스 틸리(Charles Tilly). 1994.『국민국가의 형성과 계보』. 이향순 역. 학문과 사상사.

Andreski, Stanislaw. 1968. *Military Organization and Society*. University of California Press.
Born, Hans. 2003. "Democratic Control of Armed Forces". Giuseppe Caforio(ed). *Handkook of the Sociology of the Military*. New York: Kluwer Academy/Plenum Publishers.
Haltiner, Karl. 1999. "Civil military relations: Separation or Concordance? The case of Switzerland." *Paper presented at the ERGOMAS interim meeting*. Birmingham.
Huntington, S. P. 1957. *The Soldiers and the State: The Theory and Politics of Civil-Military Relations*. Cambridge: Harvard University Press.
__________ 1964. *The Soldier and the State: The Theory and Politics of Civil-Military Relations*. New York: Random House.
Kemp, Kenneth and Hudlin, Charles. 1992. "Civil Supremacy over the Military: Its Nature and Limits." *Armed Forces and Society*. Vol. 18. No. 3.
Lasswell, Harold. 1941. "The Garrison State and Specialists on Violence." *American Journal of Sociology*(January 1941). pp 455-68.
Rapoport, David. 1962. "A Comparative Theory of Military and Political Types." in S. P. Huntington(ed). *Changing patterns of Military Politics*. The Free Press of Glencoe.
Stein, Harold. 1963. "Introduction." in H. S.(ed). *American Civil-Military Relations: A Book of Case Studies*. Birmingham: University of Alabama Press.
Van Doorn, Jacques. 1968. "Armed Forces and Society: Patterns and Trends." van Doorn(ed). *Armed Forces and Society*. The Haque: Mouton.

제12장 과학기술의 발전과 군대

권태영 외. 1998.『21세기 군사혁신과 한국의 국방비전: 전쟁패러다임의 변화와 군사발전』. 한국국방연구원.
김병륜. 2003. "세상엔 이런 무기도〈9〉 美 M1 에이브럼스 전차." 국방일보〈03/09/25〉.
김형국 외. 1998.『과학기술의 정치경제학』. 오름.
김희재 외. 1997.『무기체계학』. 청문각.
노병천. 1989.『도해세계전사』. 한원.
이영희. 2000.『과학기술의 사회학』. 한울.
최윤대 · 문장렬. 2003.『군사과학기술의 이해』. 양서각.
마뉴엘 카스텔(Manuel Castells). 2003.『네트워크 사회의 도래』. 김묵한 외 역. 한울.
배리 존스(Barry Jones). 1988.『기술과 인간의 미래』. 박궁식 역. 한국동력자원연구소.
스티븐 컷클리프(Steven Cutcliff).『과학, 기술 그리고 사회의 발전』. 윤소영 외 역. 한국과학기술진흥재단.
아께찌 쯔토무(明地力). 1981. 세계병기발달사. 과학도서.
이이오 카나메(飯尾 要). 1993.『변혁기의 사회와 기술』. 김성찬 역. 한국경제신문사.
토플러(Alvin & Heidi Toffler). 1994. 전쟁과 반전쟁. 이규행 역. 한국경제신문사.
하키트(John Hackett). 1989.『전문직업군』. 서석봉 · 이재호 공역. 연경출판사.

Creveld, Martin van. 1989. *Technology and War*. New York: The Free Press.
Edge, D. 1988. "The Social Shaping of Technology." *Edinburgh PICT Working paper*. No. 1.
Fallows, James. "The American Army and the M-16 rifle." MacKenzie, D. & Wajcman. J.(eds). *The Social Shaping of technology, How the refrigerator got its hum*. Philadelphia: Open University Press. pp. 239-251.
Huntington, Samuel P. 1957. *The Soldier and the State*. Cambridge University Press. p. 30.
Kerr, C. & Dunlop, J.T. & Myers, C. A. 1973. *Industrialism and Industrial Man*. Harmondsworth: Penguin.
Macniell, William H. 1988. Men, Machine, and War. Haycock, Ronald and Neilson, Keith(ed). *Men, Machine, and War. Waterloo*: Wilfrid Laurier University Press. p. 6.
Moelker, René. 2003. "Technology, Organization, and Power." Giuseppe Caforio(ed). *Handbook of the Sociology of the Military*.
Murray, Williamson and Millett, Allan R. 1996. *Military Innovation in the Interwar Period*. New York: Cambridge University Press.
Restivo, Sal. 1989. "Critical Sociology of Science." D. Chubin & E. Chu(eds). *Science off the Pedestal: Social Perspectives on Science and Technology*. Belmont Cal: Wadsworth Publishing Company.
Rogers, Clifford J. 1995. The Military Revolution Debate. Boulder; Westview Press.
Rogers, E. M. 1983. *Diffusion of Innovations*. New York: The Free Press.
Slipchenko, Vladimir I. "A Russian Analysis of Warfare Leading to the Sixth Generation." *Field Artillery*. October 1993. pp 38-41.
Murray, Williamson. 1996. "Innovation: Past and Future." Murray, Williamson and Millett, Allan R. 1996. *Military Innovation in the Interwar Period*. New York: Cambridge University Press.
Weber, Max. 1992. *Wissenschaft als Beruf*. Berlin: Duncker en Humblat.

제13장 탈근대 시대의 군대 변화

국방부. 2004.『국방백서』. 국방부.
김광원. 2001.『관훈저널』2001년 겨울호.
김정호. 2003. "군인이 아니라 성노리개였다." 주간한국/03/07/23.
박창권. 2003. "한국의 군사전략 개념과 지향방향."『해양전략』120호.
박의섭. 2002. "비군사적 위협에 대한 군 대비책."『KIDA 정책토론회 발표자료』(2002.7월).
새무엘 헌팅톤(S. Hungtington). 1997.『문명의 충돌』. 이희재 역. 김영사.
일요시사/04/08/05, "노무현 vs 군부 대충돌 전모."
홍두승. 1996.『한국 군대의 사회학』. 나남.

Burk, James. 1994. "Thinking Through the End of the Cold War." pp.1-24. in J. Burk(ed). *The Military in New Times*. Oxford: Westview Press.
Fukuyama, Francis. 1993. The End of History and the Last Man. Harpercollins.
Moskos, Charles C. 1994. "Toward a Post-modern Military." p.15. in J. Burk(ed). The Military in New Times. Oxford: Westview Press.

_______________. 2000. The Post-modern Military. Newyork, Oxford: Oxford University Press.
Segal, David R. & Walman. Robert J. 1994. "Multinational Peace-keeping Operations: Background and Effectiveness." pp.163-180. in J. Burk(ed). *The Military in New Times*. Oxford: Westview Press.
William Perry. 1996. "Managing Conflict in the Post-Cold War Era." pp. 55-61. *In Managing Conflict in the Post-Cold War World: The Role of Intervention*. Report of the Aspen Institute Conference(August 2-6, 1995). Aspen: Aspen Institute.

제14장 과학화, 정보화 시대의 군대

국방부. 1995. 『21세기를 지향하는 한국의 국방』. 국방부.
_____. 2003. 『국방정책 1998-20002』. 국방부.
권태영 · 정춘일. 1998. 『선진 국방의 지평』. 을지서적.
김재홍. "4강 해군력 각축 한국해군 설 곳 없다." 신동아 97년 3월호.
김종대. "FX사업 난맥상을 고발한다." 신동아 02년 4월호
노훈 · 이상현. 2001. 『2001년도 국방비 관련 정책과제 연구보고서』. 국방연구원.
심경욱. 2000. "21세기의 새로운 군사 패러다임." 한국전략문제연구소편. 『21세기 미래전 패러다임과 육군의 비전 및 발전방향』. 한국전략문제연구소.
육군사관학교. 2001. 『국가안보론』. 박영사.
윤현근. 2002. "안보현실과 주한미군."『국방저널』 2002년 11월호.
정권현. "자위대 '정식군대' 된다." 조선일보(04/08/10).
정춘일. 2000. "21세기의 새로운 군사 패러다임." 한국전략문제연구소편. 『21세기 미래전 패러다임과 육군의 비전 및 발전방향』. 한국전략문제연구소. pp. 11-72.
최호원. "軍 2008년 독자 정찰능력 확보…협력적 자주국방 계획." 시사디지털스토리(04/11/18).
KRIS. 2001. 『동북아전략균형 2001』. 한국전략문제연구소.
_____. 2002. 『동북아전략균형 2002』. 한국전략문제연구소.
_____. 2003. 『동북아전략균형 2003』. 한국전략문제연구소.
피터 드러커(Peter Drucker). 2002. 『Next Society』. 이재규 역. 한국경제신문.
앨빈 토플러(Alvin & Heidi Toffler). 1994. 『전쟁과 반전쟁』. 이규행 감역. 한국경제신문사.
조지 프리드먼 · 메르디스 프리드먼(George and Meredith Friedman). 2001. 『전쟁의 미래』. 권재상 역. 자작.
죤 하키트(John Hackett). 1989. 『전문직업군』. 이재호 · 서석봉 역. 연경문화사.
클라우제비츠(Karl von Clausewitz). 1974. 『전쟁론』 이종혁 역. 일조각.
국방일보, 2005년 10월 11일자, 10월 18일자, 10월 20일자.
Drucker, Peter F. 1993. Post-Capitalist Society. New York: Harper Business.
Kinslow, Milton A. 2005. "Today's Army", unpublished lecture note.
Toffler, Alvin & Heidi. 1980. *The Third World Wave*. New York: Bantam.
중앙일보, 2014년 3월 7일자.